U0616480

高职高专公共基础课系列教材

高等应用数学

主　编　郑凯源
副主编　林志锋　黄顺发　王　超

西安电子科技大学出版社

内 容 简 介

本书依照教育部颁布的《高职高专教育数学课程教学基本要求》，由工作在教学一线的教师结合多年的教学实践经验编写而成. 全书共十章，主要内容包括函数、极限与连续，导数与微分，导数的应用，不定积分，定积分及其应用，空间解析几何与向量代数，多元函数微积分及其应用，二重积分，常微分方程，级数等. 各章节配有相应的习题，书末附有习题答案.

本书说理浅显，例题详尽，可以作为高职高专学生的数学教材，还可以作为数学爱好者的参考用书.

图书在版编目(CIP)数据

高等应用数学 / 郑凯源主编. —西安：西安电子科技大学出版社，2021.9(2022.3 重印)
ISBN 978 - 7 - 5606 - 6190 - 2

Ⅰ. ①高⋯　Ⅱ. ①郑⋯　Ⅲ. ①应用数学—高等职业教育—教材　Ⅳ. ①O29

中国版本图书馆 CIP 数据核字(2021)第 188633 号

策划编辑　李鹏飞　李　伟
责任编辑　李鹏飞
出版发行　西安电子科技大学出版社(西安市太白南路 2 号)
电　　话　(029)88202421　88201467　　邮　　编　710071
网　　址　www.xduph.com　　　　电子邮箱　xdupfxb001@163.com
经　　销　新华书店
印刷单位　陕西天意印务有限责任公司
版　　次　2021 年 9 月第 1 版　2022 年 3 月第 2 次印刷
开　　本　787 毫米×1092 毫米　1/16　印张　12.25
字　　数　289 千字
印　　数　3001～6000 册
定　　价　35.00 元
ISBN 978 - 7 - 5606 - 6190 - 2 / O

XDUP 6492001 - 2

＊＊＊如有印装问题可调换＊＊＊

前　　言

为了适应高职高专教育的需求，依照教育部最新制定的《高职高专教育数学课程教学基本要求》，本着提高高职高专教育教学质量，培养高素质应用型人才的目标，我们编写了本书.

本书在编写过程中，基于编者多年来在高职高专教学实践中的经验，以"必需、易学、够用"为指导思想，注重内容的系统性、逻辑性，力求体现基础性、实用性和发展性的和谐统一.

本书有以下几方面的特点：

（1）充分考虑了高职高专学生的特点，突出了初等数学与高等应用数学的紧密衔接. 为了使学生从初等数学到高等应用数学顺利过渡，对传统高等应用数学中涉及的初等数学内容进行了适当回顾，较好地解决了学生在初学高等应用数学过程中知识的承上启下问题.

（2）针对高职高专学生的接受能力和理解程度，适当淡化了深奥的数学理论，注重从实际问题引入基本概念，突出基础知识和基本技能的培养，力求教学内容通俗易懂，便于学生理解和掌握.

（3）结合高职高专人才的培养目标，注重内容的实用性，在计算方面降低难度，但在数学知识的应用和趣味故事阅读方面进行了补充，可以提高学生学习数学的兴趣.

（4）强调对学生的数学思想和数学方法的培养，体现启发式教学和直观性教学的原则，力争保证基本要求与拓宽知识面相结合，有利于不同层次的学生对知识的掌握.

本书在编写过程中查阅和借鉴了许多优秀的数学教材和数学文献，在此向各位前辈与同仁致以崇高的敬意与诚挚的谢意.

由于编写人员水平有限，书中不足之处，恳请广大读者批评指正.

编　者

2021 年 5 月

目　　录

第一章　函数、极限与连续

微积分是高等数学中研究函数的微分、积分以及有关概念和应用的数学分支，是数学的一个基础学科．函数是整个微积分理论的研究对象，极限是其研究手段，本章先引入函数的概念，再讨论函数的特性、函数的极限和连续性，为微积分的学习奠定基础．

第一节　函数及其性质

一、函数的概念

引例　设球的半径为 r，体积为 V，则 V 与 r 的关系式由球的体积公式

$$V = \frac{4}{3}\pi r^3$$

确定．

由引例知，在半径 r 的取值范围 $(0，+\infty)$ 内任取一值，由上面公式可得 V 都有唯一确定的值和它对应．

1. 函数的定义

定义 1　设 x 和 y 是两个变量，D 是一个给定的数集，如果对于每个数 $x \in D$，变量 y 按照一定法则总有唯一确定的数值与其对应，则称 y 是 x 的函数，记作

$$y = f(x)，x \in D$$

其中，x 称为自变量，y 称为因变量，数集 D 称为该函数的定义域．与 x 的值相对应的 y 值叫作函数值，函数值的集合 $\{f(x) \mid x \in D\}$ 叫作函数的值域．

2. 函数的两要素

函数 $y = f(x)$ 的定义域 D 是自变量 x 的取值范围，而函数值 y 又是由对应法则 f 来确定的，所以函数实质上是由其定义域 D 和对应法则 f 确定的．因此通常称函数的定义域和对应法则为函数的两个要素．也就是说，只要两个函数的定义域相同，对应法则也相同，就称这两个函数为相同的函数，与变量用什么符号表示无关，如 $y = |x|$ 与 $z = \sqrt{v^2}$，就是相同的函数．

小贴士　判定两个函数是否相同的依据是：函数的两个要素，即定义域和对应法则．

例 1　求函数 $y = \begin{cases} 2\sqrt{x}，& 0 \leqslant x \leqslant 1 \\ 1+x，& x > 1 \end{cases}$ 的定义域．

解　这是一个分段函数，其定义域为 $D = [0，1] \cup (1，+\infty) = [0，+\infty)$．

例 2　求 $y=\sqrt{4-x^2}+\ln(x^2-1)$ 的定义域.

解　要使函数有意义，必须 $4-x^2\geqslant 0$ 且 $x^2-1>0$，即
$$\begin{cases} -2\leqslant x\leqslant 2 \\ x<-1\ 或\ x>1 \end{cases}$$

定义域为 $[-2,-1)\cup(1,2]$.

例 3　下列各题中，$f(x)$ 与 $g(x)$ 是否表示同一函数? 为什么?

(1) $f(x)=|x|$，$g(x)=\sqrt{x^2}$；

(2) $f(x)=x$，$g(x)=\sin(\arcsin x)$.

解　(1) $f(x)$ 和 $g(x)$ 是同一函数. 因为尽管二者的形式不一样，但定义域和对应法则都相同.

(2) $f(x)$ 和 $g(x)$ 不是同一函数. 因为 $f(x)$ 的定义域是 $(-\infty,+\infty)$，而 $g(x)$ 的定义域是 $[-1,1]$.

3. 函数的三种表示方法

(1) 图像法.

用函数的图像来表示函数的方法称为函数的图像表示方法，简称图像法. 这种方法直观性强并可观察函数的变化趋势，但根据函数图像所求出的函数值准确度不高且不便于作理论研究.

如 $y=|x|=\begin{cases} x, & x\geqslant 0 \\ -x, & x<0 \end{cases}$，其图像如图 1.1 所示.

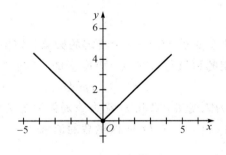

图 1.1　函数 $y=|x|$ 的图像

(2) 表格法.

将自变量的某些取值及与其对应的函数值列成表格表示函数的方法称为函数的表格表示方法，简称表格法，如表 1.1 所示. 这种方法的优点是查找函数值方便，缺点是数据有限、不直观、不便于作理论研究.

表 1.1　函数 $y=x^2$ 的数据表

x	1	2	3	4	5	6	⋯
y	2	4	9	16	25	36	⋯

（3）解析法.

用一个等式表示两个变量的函数关系（解析式）的方法，称为解析法. 这种方法的优点是形式简明，便于作理论研究与数值计算，缺点是不如图像法直观.

如某城市居民用的天然气，$1\ \text{m}^3$ 收费 2 元，则使用 $x\ \text{m}^3$ 天然气应缴纳的费用 y 为 $y=2x$.

请尝试写出半径为 r 的圆的周长公式.

二、函数的性质

1. 单调性

若对任意 x_1，$x_2 \in (a, b)$，当 $x_1 < x_2$ 时，有 $f(x_1) < f(x_2)$，则称函数 $y=f(x)$ 是区间 (a, b) 上的单调增加函数；当 $x_1 < x_2$ 时，有 $f(x_1) > f(x_2)$，则称函数 $y=f(x)$ 是区间 (a, b) 上的单调减少函数，单调增加函数和单调减少函数统称单调函数. 若函数 $y=f(x)$ 是区间 (a, b) 上的单调函数，则称区间 (a, b) 为单调区间.

函数单调性举例：

函数 $y=x^2$ 在区间 $(-\infty, 0]$ 上是单调减少的，在区间 $[0, +\infty)$ 上是单调增加的，在 $(-\infty, +\infty)$ 上不是单调的，如图 1.2 所示.

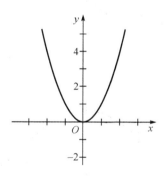

图 1.2　函数 $y=x^2$ 的图像

2. 有界性

如果存在 $M > 0$，使对于任意 $x \in D$ 满足 $|f(x)| \leqslant M$，则称函数 $y=f(x)$ 是有界的.

函数有界性举例：

（1）$f(x)=\sin x$ 在 $(-\infty, +\infty)$ 上是有界的：$|\sin x| \leqslant 1$.

（2）函数 $f(x)=\dfrac{1}{x}$ 在开区间 $(0, 1)$ 内是无上界的，或者说它在 $(0, 1)$ 内有下界，无上界. 这是因为，对于任一 $M > 1$，总有 $x_1 : 0 \leqslant x_1 < \dfrac{1}{M} < 1$，使 $f(x_1)=\dfrac{1}{x_1} > M$，所以函数无上界.

3. 奇偶性

设函数 $y=f(x)$ 的定义域 D 关于原点对称，若对任意 $x \in D$ 满足 $f(-x)=f(x)$，则称

$f(x)$ 是 D 上的偶函数；若对任意 $x \in D$ 满足 $f(-x) = -f(x)$，则称 $f(x)$ 是 D 上的奇函数；既不是奇函数也不是偶函数的函数，称为非奇非偶函数.

Ⓩ 小贴士　偶函数的图形关于 y 轴对称，奇函数的图形关于原点对称.

奇偶函数举例：

$y = x^2$，$y = \cos x$ 都是偶函数. $y = x^3$，$y = \sin x$ 都是奇函数，$y = \sin x + \cos x$ 是非奇非偶函数.

4. 周期性

如果存在常数 T，使对于任意 $x \in D$，$x + T \in D$，有 $f(x + T) = f(x)$，则称函数 $y = f(x)$ 是周期函数，通常所说的周期函数的周期是指它的最小正周期.

周期函数举例：

$y = \cos x$ 或 $y = \sin x$ 都是周期函数，其周期为 2π，如图 1.3、图 1.4 所示.

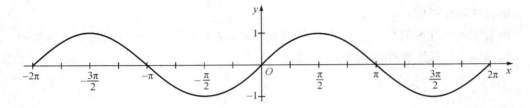

图 1.3　函数 $y = \sin x$ 的图像

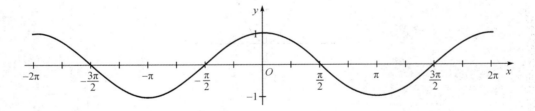

图 1.4　函数 $y = \cos x$ 的图像

三、反函数

设函数 $f(x)$ 的定义域是 D，值域为 M，对任一 $y \in M$，都可由 $f(x) = y$ 确定唯一的 x 和 y 对应，则确定了一个以 y 为自变量的新函数 $x = g(y)$，我们把这个新函数称为 $y = f(x)$ 的反函数.

一般地，$y = f(x)$，$x \in D$ 的反函数记成 $y = f^{-1}(x)$，$x \in f(D)$.

Ⓩ 小贴士　函数 $y = f(x)$ 和它的反函数 $y = f^{-1}(x)$ 的图像关于直线 $y = x$ 是对称的.

很容易证得，点 $A(a, f(a))$ 与点 $B(f(a), a)$ 关于直线 $y = x$ 对称. 而点 $A(a, f(a))$ 是函数 $y = f(x)$ 上的点，点 $B(f(a), a)$ 则是其反函数 $y = f^{-1}(x)$ 的点. 由 a 的任意性可知，函数 $y = f(x)$ 和它的反函数 $y = f^{-1}(x)$ 的图像关于直线 $y = x$ 对称，如图 1.5 所示.

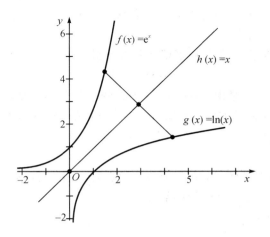

图 1.5 函数 $y=e^x$ 与反函数 $y=\ln x$ 的图像

例 4 求函数 $y=\ln(x-1)+2$ 的反函数.

解 先解出 x 来,由原函数得

$$\ln(x-1)=y-2$$
$$x-1=e^{y-2}$$
$$x=1+e^{y-2}$$

再将上式中的 x、y 分别以 y、x 替换(这是为符合书写习惯),得 $y=1+e^{x-2}$.

四、初等函数

我们以前学习了如表 1.2 所示函数,这些函数统称为基本初等函数.

表 1.2 基本初等函数

函 数	解析表达式
常函数	$y=C$(C 为常数)
幂函数	$y=x^a$(a 为常数)
指数函数	$y=a^x$($a>0$ 且 $a\neq1$,a 为常数)
对数函数	$y=\log_a x$($a>0$ 且 $a\neq1$,a 为常数)
三角函数	$y=\sin x$,$y=\cos x$,$y=\tan x$,$y=\cot x$,$y=\sec x$,$y=\csc x$
反三角函数	$y=\arcsin x$,$y=\arccos x$,$y=\arctan x$,$y=\text{arccot}\,x$,$y=\text{arcsec}\,x$,$y=\text{arccsc}\,x$

初等函数是由基本初等函数经过有限次的四则运算和复合运算所得到的函数,如 $y=\sin2x$,$y=2x+e^x$ 等.

五、复合函数

现实中,自变量和函数有时并不直接联系,而是通过中间变量才联系起来的. 如 $y=\sin x^2$ 可看成是由 $y=\sin u$,$u=x^2$ 通过中间变量 u 构成的.

定义 2　若 $y=f(u)$，$u=\varphi(x)$，当 $\varphi(x)$ 的值域落在 $f(u)$ 的定义域内时，称 $y=f[\varphi(x)]$ 是由中间变量 u 复合成的复合函数.

例 5　指出下列函数是由哪些初等函数复合而成的.

(1) $y=e^{\sin x}$；　　　　　　　　　(2) $y=\ln(x^2+1)$.

解　(1) $y=e^{\sin x}$ 可看成是由 $y=e^u$，$u=\sin x$ 两个初等函数复合而成的；

(2) $y=\ln(x^2+1)$ 可看成是由 $y=\ln u$，$u=x^2+1$ 两个初等函数复合而成的.

六、常见的经济函数

用数学方法解决经济问题时，首先要将经济问题转化为数学问题，即建立经济数学模型，实际上就是找出经济变量之间的函数关系.

1. 需求函数与供给函数

1）需求函数

消费者对市场中商品的需求量是受到诸多因素影响的. 为讨论问题方便起见，我们先忽略其他因素的影响，即假定某种商品的市场需求量 Q 只与该商品的市场价格 p 有关，则需求函数 Q 可以看作价格 p 的一元函数，即

$$Q=ap^2+bp+c$$

一般来说，需求函数为价格 p 的单调减少函数. 另外，常见的需求函数还有以下几种类型：

(1) 线性需求函数：$Q=ap+b$；

(2) 二次需求函数：$Q=ap^2+bp+c$.

2）供给函数

如果市场的每一种商品直接由生产者提供，供给量也是受多种因素影响的. 在这里我们不考虑其他因素的影响，只是将供给量 S 看作该商品的市场价格 p 的函数. 由于生产者向市场提供商品的目的是赚取利润，则价格上涨将促使生产者提供更多的商品，从而使供给量增加；反之，价格下跌则使供给量减少. 供给函数 S 可以看作是价格 p 的一元函数，即

$$S=S(p)$$

常见的供给函数有线性函数、二次函数、指数函数等.

3）市场均衡

对一种商品而言，如果需求量等于供给量，这种商品就达到了市场均衡，而这时的商品价格 p_0 称为均衡价格. 当市场价格高于均衡价格时，供给量增加而需求量相应减少，这时出现"供过于求"的现象；当市场价格低于均衡价格时，需求量大于供给量，此时出现"供不应求"的现象.

例 6　某种商品的供给函数和需求函数分别为

$$S=25p-10,\ Q=-5p+200$$

求该商品的均衡价格 p_0.

解　由供需均衡的条件 $Q=S$，可得

$$25p-10=-5p+200$$

因此，均衡价格 $p_0=7$.

2. 成本函数、收入函数和利润函数

在生产和销售经营活动中人们总希望尽可能地降低成本，提高收入和利润. 而成本、收入、利润这些都与产品的产量或销售量 q 密切相关，在不考虑其他因素影响的条件下，它们都可以看作是 q 的函数，分别称为成本函数 C、收入函数 R、利润函数 L.

成本 C 可分为固定成本 C_0 和可变成本 C_1 两部分，在生产规模和能源、材料价格不变的条件下，固定成本 C_0 是不变的，而可变成本 C_1 是产量 q 的函数，所以成本函数 C 也是产量 q 的函数，即

$$C = C_0 + C_1(q)$$

成本函数是多种多样的，常见的有线形函数、二次函数和三次函数等，它们的共同点是总成本随着产量的增加而增加，即成本是产量的增函数.

只研究总成本不能看出生产者生产水平的高低，还需要研究单位商品的成本，也就是平均成本 $\overline{C}$，即

$$\overline{C} = \frac{C}{q}$$

我们称之为平均成本函数.

如果产品的单位售价为 p，销售量为 q，则总收入函数为

$$R = pq$$

总利润函数为总收入函数和总成本函数的差，即

$$L = R - C$$

例 7 生产某种商品的总成本函数是

$$C = 2q + 500$$

求生产 50 件该种商品时的总成本和平均成本.

解 生产 50 件商品时的总成本为

$$C = 2 \times 50 + 500 = 600$$

平均成本为

$$\overline{C} = \frac{C}{q} = \frac{600}{50} = 12$$

习题 1.1

1. 下列各对函数是否相同？为什么？

(1) $f(x) = x$，$g(x) = (\sqrt{x})^2$；

(2) $f(x) = x + 1$，$g(x) = \dfrac{x^2 - 1}{x - 1}$；

(3) $f(x) = x$，$g(x) = \sqrt[3]{x^3}$；

(4) $f(x) = \lg x$，$g(x) = 2\lg|x|$.

2. 求下列函数的定义域.

(1) $y = \dfrac{1}{x} - \sqrt{1 - x^2}$；

(2) $y = \sqrt{x^2 - 4x + 3}$；

(3) $y = \sqrt{x} + \sqrt[3]{\dfrac{1}{x - 2}}$；

(4) $y = \dfrac{1}{\lg(1 - x)} + \sqrt{x + 2}$；

(5) $y=\sqrt{16-x^2}+\sqrt{\sin x}$;　　　　　　(6) $y=\log_2(\log_2 x)$.

3. 求下列函数的反函数

(1) $y=1+\log_4 x$;　　　　　　(2) $y=\dfrac{2^x}{2^x+1}$;

(3) $y=\sqrt[3]{x^2+1}$;　　　　　　(4) $y=\dfrac{1}{2}\left(x+\dfrac{1}{x}\right)$　$(|x|\geqslant 1)$.

4. 指出下列函数中哪些是奇函数? 哪些是偶函数? 哪些是非奇非偶函数(其中 $a>1$)?

(1) $y=2^x$;　　　　　　(2) $y=\log_a(x+\sqrt{x^2+1})$;

(3) $y=\dfrac{1}{2}(a^x-a^{-x})$;　　　　　　(4) $y=x\dfrac{a^x-1}{a^x+1}$.

5. 下列函数中哪些是周期函数? 对于周期函数指出其周期.

(1) $y=\sin(x^2)$;　　　　　　(2) $y=\sin\dfrac{1}{x}$;

(3) $y=\cos(x-2)$;　　　　　　(4) $y=\arctan(\tan x)$.

6. 对于下列各对函数 $f(x)$ 与 $g(x)$, 求复合函数 $f[g(x)]$ 与 $g[f(x)]$, 并确定它们的定义域.

(1) $f(x)=x+1$, $g(x)=2x$;　　　　　　(2) $f(x)=\sqrt{x+1}$, $g(x)=x^4$;

(3) $f(x)=\dfrac{x}{x+2}$, $g(x)=\dfrac{x-1}{x}$;　　　　　　(4) $f(x)=|x|$, $g(x)=-x$

第二节　极 限 的 定 义

极限研究的是变量在某一过程中的变化趋势, 下面我们将讨论数列和函数的极限问题.

一、数列的极限

1. 数列的概念

定义 1　如果按照某一法则, 有第一个数 x_1, 第二个数 x_2, …这样依次序排列着, 使得对应任何一个正整数 n 有一个确定的数 x_n, 那么, 这列有次序的数 x_1, x_2, x_3, …, x_n, …就叫作数列, 记为 $\{x_n\}$.

数列中的每一个数叫作数列的项, 第 n 项 x_n 叫作数列的一般项. 例如:

$$2, 4, 6, 8, \cdots, 2n, \cdots$$

2. 数列的极限

三国时期我国数学家刘徽(约公元 225 年—295 年)创造了"割圆术", 成功地推算出圆周率和圆的面积. 圆周率是对圆形和球体进行数学分析时不可缺少的一个常数, 各国古代科学家均将求算圆周率作为一个重要研究课题. 我国最早采用的圆周率数值为三, 即所谓"径一周三".《九章算术》中就采用了这个数据.

对于一个半径为 R 的圆, 先作圆内接正六边形, 记其面积为 A_1; 再作圆内接正十二边形, 记其面积为 A_2, 循此下去, 每次边数成倍增加, 得到一系列圆内接正多边形的面积

$$A_1, A_2, A_3, \cdots, A_n, \cdots$$

构成一列有次序的数,其中内接正 $6 \times 2^{n-1}$ 边形的面积记为 $A_n(n \in \mathbf{Z})$.

(1) 当 n 越大,内接正多边形与圆的差别就越小,从而以 A_n 作为圆面积的近似值也越精确.

(2) 无论 n 取得如何大,只要 n 取定了,A_n 终究只是多边形的面积,还不是圆的面积.

因此,设想 n 无限增大(记为 $n \to \infty$,读作 n 趋于无穷大),即内接正多边形的边数无限增加,在这个过程中,内接正多边形无限接近于圆,同时 A_n 也无限接近于某一确定的数值,这个确定的数值就理解为圆的面积.这个确定的数值在数学上称为上面这列有次序的数(所谓数列)$A_1, A_2, A_3, \cdots, A_n, \cdots$ 当 $n \to \infty$ 时的极限.

定义 2　对于数列 $\{x_n\}$,当 n 无限增大时,数列的一般项 x_n 能无限接近常数 l,就称 l 是数列 $\{x_n\}$ 当 $n \to \infty$ 时的极限,记作 $\lim\limits_{n \to \infty} x_n = l$,也称数列 $\{x_n\}$ 收敛于 l.

例 1　观察下列数列的极限.

(1) $u_n = \dfrac{n+1}{n}$;　　　(2) $u_n = (-1)^n$;　　　(3) $u_n = 3n - 1$.

解　(1) 由通项 $u_n = \dfrac{n+1}{n}$ 知,该数列为 $2, \dfrac{3}{2}, \dfrac{4}{3}, \dfrac{5}{4}, \dfrac{6}{5}, \cdots, \dfrac{n+1}{n}, \cdots$

当 $n = 10\,000$ 时,$u_{10\,000} = 1.000\,1$,当 $n = 100\,000\,000$ 时,$u_{100\,000\,000} = 1.000\,000\,01$,当 $n \to \infty$ 时,$u_n \to 1$,即 $\lim\limits_{n \to \infty} u_n = 1$.

(2) 由通项 $u_n = (-1)^n$ 知,该数列为 $-1, 1, -1, 1, -1, 1, \cdots, (-1)^n, \cdots$,可以看到,数列的取值有两个,$-1$ 和 1,当 $n \to \infty$ 时,无法确定某一个固定值,故数列极限不存在.

(3) 由通项 $u_n = 3n - 1$ 知,该数列为 $2, 5, 8, 11, 14, \cdots, 3n - 1, \cdots$,当 $n = 10\,000$ 时,$u_{10\,000} = 29\,999$,知当 $n \to \infty$ 时,$u_n \to \infty$,即数列极限不存在.

二、函数的极限

首先研究自变量趋于 x_0 时和趋于无穷时函数的变化趋势.

1. $x \to x_0$ 时函数的极限

观察函数 $y = x^2$ 的图像,当 $x \to 1^-$ 时和 $x \to 1^+$ 时,函数的变化趋势.

由图 1.6 和图 1.7 可知,当 $x \to 1$ 时,$f(x) \to 1$.

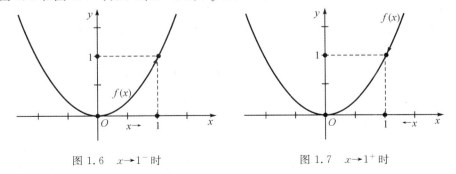

图 1.6　$x \to 1^-$ 时　　　　　　　　　图 1.7　$x \to 1^+$ 时

定义 3　设函数 $f(x)$ 在点 x_0 的某一去心邻域内有定义,若当 $x \to x_0$ 时,函数 $f(x)$ 无限接近于某一确定的常数 A，则 A 叫作函数 $f(x)$ 在 $x \to x_0$ 时的极限，记作 $\lim\limits_{x \to x_0} f(x) = A$.

例如：$\lim\limits_{x \to 1} x^2 = 1$.

2. $x \to \infty$ 时函数的极限

观察函数 $y = \dfrac{1}{x}$ 的图像，当 $x \to +\infty$ 时和 $x \to -\infty$ 时，函数的变化趋势.

由图 1.8 可知，当 $x \to \infty$ 时，$f(x) \to 0$.

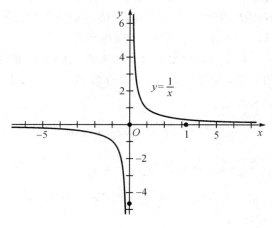

图 1.8　函数 $y = \dfrac{1}{x}$ 的图像

定义 4　设函数 $f(x)$ 在实数集有定义，若当 $x \to \infty$ 时，函数 $f(x)$ 无限接近于某一确定的常数 A，则 A 叫作函数 $f(x)$ 在 $x \to \infty$ 时的极限，记作 $\lim\limits_{x \to \infty} f(x) = A$.

注：若 $\lim\limits_{x \to \infty} f(x) = l$，则

（1）l 是唯一的确定的常数；

（2）$x \to \infty$ 既表示趋于 $+\infty$，也表示趋于 $-\infty$.

例如：$\lim\limits_{x \to \infty} \dfrac{1}{x} = 1$.

3. 左右极限

定义 5　设函数 $f(x)$ 在点 x_0 的某一去心邻域内有定义，若当 $x \to x_0^-$（$x \to x_0^+$）时，函数 $f(x)$ 无限接近于某一确定的常数 A，则 A 叫作函数 $f(x)$ 在 $x \to x_0^-$（$x \to x_0^+$）时的左（右）极限，记作

$$\lim_{x \to x_0^-} f(x) = A, \quad 或 \quad f(x_0^-) = A$$

$$\lim_{x \to x_0^+} f(x) = A, \quad 或 \quad f(x_0^+) = A$$

例如：$\lim\limits_{x \to 1^+} x^2 = 1$，$\lim\limits_{x \to 1^-} x^2 = 1$.

可知，函数 $y = x^2$ 在点 $x = 1$ 处极限存在，且左右极限相等. 反之，函数在某一点的左右极限相等，则函数在这点的极限是否存在呢？

小贴士　函数在某一点存在极限的充要条件是函数的左右极限存在且相等，即

$$\lim_{x \to x_0^-} f(x) = A = \lim_{x \to x_0^+} f(x)$$

4. 极限的性质

定理 1(唯一性)　如果极限 $\lim f(x)$ 存在，则它只有一个极限，即若 $\lim f(x) = A$，$\lim f(x) = B$，则 $A = B$.

定理 2(有界性)　若极限 $\lim\limits_{x \to x_0} f(x)$ 存在，则函数 $f(x)$ 在 x_0 的某一空心邻域内有界.

定理 3(局部保号性)　如果 $\lim\limits_{x \to x_0} f(x) = A$，并且 $A > 0$(或 $A < 0$)，则在 x_0 的某一空心邻域内，有 $f(x) > 0$(或 $f(x) < 0$).

推论　若在 x_0 的某一空心邻域内有 $f(x) \geqslant 0$(或 $f(x) \leqslant 0$)，且 $\lim\limits_{x \to x_0} f(x) = A$，则 $A \geqslant 0$(或 $A \leqslant 0$).

5. 极限的运算

计算极限，有其运算法则.

定理 4　设 $\lim f(x) = A$，$\lim g(x) = B$，则

(1) $\lim[f(x) \pm g(x)] = \lim f(x) \pm \lim g(x) = A \pm B$.

(2) $\lim[f(x)g(x)] = \lim f(x) \lim g(x) = A \cdot B$；若 $g(x) = C$(常数)，则 $\lim[Cf(x)] = C\lim f(x) = CA$.

(3) $\lim \dfrac{f(x)}{g(x)} = \dfrac{\lim f(x)}{\lim g(x)} = \dfrac{A}{B}$ $(B \neq 0)$.

定理说明：上述法则还可以推广到两个以上函数的情形.

$$\lim[f(x) \pm g(x) \pm h(x)] = \lim f(x) \pm \lim g(x) \pm \lim h(x)$$
$$\lim[f(x)g(x)h(x)] = \lim f(x) \lim g(x) \lim h(x)$$

例 2　求 $\lim\limits_{x \to 2}(3x^2 - x + 5)$.

解　$\lim\limits_{x \to 2}(3x^2 - x + 5) = 15$.

例 3　求 $\lim\limits_{x \to 1}\dfrac{x^2 + 2x + 3}{x^3 - x + 5}$.

解　$\lim\limits_{x \to 1}\dfrac{x^2 + 2x + 3}{x^3 - x + 5} = \dfrac{6}{5}$.

例 4　$\lim\limits_{n \to \infty}\dfrac{2^n - 1}{3^n + 1}$.

解　$\lim\limits_{n \to \infty}\dfrac{2^n - 1}{3^n + 1} = \lim\limits_{n \to \infty}\dfrac{\left(\dfrac{2}{3}\right)^n - \dfrac{1}{3^n}}{1 + \dfrac{1}{3^n}} = \dfrac{0}{1} = 0$.

6. 两个重要极限

在微积分中，经常会遇到极限的计算. 下面介绍两个重要极限的公式，以便计算极限问题时应用它们来简化计算.

1）第一个重要极限

$$\lim_{x \to 0} \frac{\sin x}{x} = 1$$

观察图 1.9 可知，当 $x \to 0^-$ 或 $x \to 0^+$ 时，函数 $f(x) \to 1$，即 $\lim\limits_{x \to 0} \dfrac{\sin x}{x} = 1$.

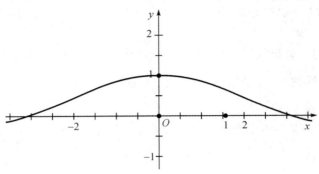

图 1.9　函数 $y = \dfrac{\sin x}{x}$ 的图像

上述公式证明思路为 $x \to 0$ 时函数值 $\dfrac{\sin x}{x}$ 进行放大和缩小后的极限均为 1，由夹逼准则知其极限为 1. 证明过程略.

夹逼准则　如果数列 $\{x_n\}$，$\{y_n\}$ 及 $\{z_n\}$ 满足下列条件：

（1）$y_n \leqslant x_n \leqslant z_n (n = 1, 2, 3, \cdots)$；

（2）$\lim\limits_{n \to \infty} y_n = a$，$\lim\limits_{n \to \infty} z_n = a$；

那么数列 $\{x_n\}$ 的极限存在，且 $\lim\limits_{n \to \infty} x_n = a$.

例 5　计算 $\lim\limits_{x \to 0} \dfrac{\tan x}{x}$.

解　$\lim\limits_{x \to 0} = \dfrac{\tan x}{x} = \lim\limits_{x \to 0} \dfrac{\sin x}{x} \cdot \dfrac{1}{\cos x} = \lim\limits_{x \to 0} \dfrac{\sin x}{x} \cdot \lim\limits_{x \to 0} \dfrac{1}{\cos x} = 1.$

例 6　计算 $\lim\limits_{x \to 0} \dfrac{1 - \cos x}{x^2}$.

解　$\lim\limits_{x \to 0} \dfrac{1 - \cos x}{x^2} = \lim\limits_{x \to 0} \dfrac{2 \sin^2 \frac{x}{2}}{x^2} = \lim\limits_{x \to 0} \dfrac{1}{2} \left[\dfrac{\sin \frac{x}{2}}{\frac{x}{2}} \right]^2 = \dfrac{1}{2} \lim\limits_{\frac{x}{2} \to 0} \left[\dfrac{\sin \frac{x}{2}}{\frac{x}{2}} \right]^2 = \dfrac{1}{2}.$

2）第二个重要极限

$$\lim_{x \to \infty} \left(1 + \frac{1}{x} \right)^x = \mathrm{e}$$

观察图 1.10 可知，当 $x \to -\infty$ 或 $x \to +\infty$ 时，函数 $f(x) \to$ 某一个常数，通过计算，得表 1.3.

表 1.3　函数 $f(x) = \left(1 + \dfrac{1}{x} \right)^x$ 的数据表

x	5	20	100	200	800	2000	800 000
$f(x)$	2.488 32	2.653 297 705	2.704 813 829	2.711 517 123	2.716 584 847	2.717 602 569	2.718 264 839

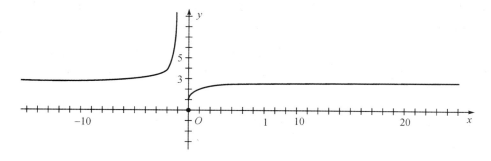

图 1.10 函数 $f(x) = \left(1 + \dfrac{1}{x}\right)^x$ 的图像

可知，$f(x) \to \mathrm{e}(\mathrm{e} = 2.718\ 281\ 828\cdots)$.

上述公式证明思路为 $x \to +\infty$ 时函数 $f(x) = \left(1 + \dfrac{1}{x}\right)^x$ 是单调递增的，$x \to -\infty$ 时函数是单调递减的，但有界，根据单调有界定理，知函数存在极限值. 证明过程略.

单调有界定理：若数列 $\{a_n\}$ 递增（递减）有上界（下界），则数列 $\{a_n\}$ 收敛，即单调有界数列必有极限.

例 7 求极限 $\displaystyle\lim_{x \to \infty}\left(1 + \dfrac{2}{x}\right)^x$.

解 $\displaystyle\lim_{x \to \infty}\left(1 + \dfrac{2}{x}\right)^x = \lim_{x \to \infty}\left(\left(1 + \dfrac{1}{\frac{x}{2}}\right)^{\frac{x}{2}}\right)^2 = \lim_{x \to \infty}\left(\left(1 + \dfrac{1}{\frac{x}{2}}\right)^{\frac{x}{2}}\right)^2$.

令 $t = \dfrac{x}{2}$，则原式 $= \left(\displaystyle\lim_{t \to \infty}\left(1 + \dfrac{1}{t}\right)^t\right)^2 = \mathrm{e}^2$.

例 8 求极限 $\displaystyle\lim_{x \to 0}(1 + x)^{\frac{1}{x}}$.

解 $\displaystyle\lim_{x \to 0}(1 + x)^{\frac{1}{x}} = \lim_{x \to 0}\left(1 + \dfrac{1}{\frac{1}{x}}\right)^{\frac{1}{x}}$.

令 $t = \dfrac{1}{x}$，则原式 $= \displaystyle\lim_{x \to \infty}\left(1 + \dfrac{1}{t}\right)^t = \mathrm{e}$.

应用实例（连续复利公式）：

设初始本金为 A_0，年利率为 r，由复利率计算公式得 t 年后的资金总额为 $A(t) = A_0(1 + r)^t$. 若一年分 m 期计算，每期利率取为 r/m，则 t 年后资金总额为 $A_m(t) = A_0(1 + r/m)^{mt}$，令 $m \to +\infty$，得 $A(t) = A_0\mathrm{e}^{rt}$.

此即资金总额的连续计算公式，连续的意思是指，一年分无限多次计算，使计息期缩减为零.

由第二个重要极限知，$m \to +\infty$ 时，

$$A(t) = \lim_{m \to \infty}A_0\left(1 + \dfrac{r}{m}\right)^{mt} = A_0\lim_{m \to \infty}\left(1 + \dfrac{1}{\frac{m}{r}}\right)^{\frac{m}{r}rt} = A_0\mathrm{e}^{rt}$$

就是说，本金为 A_0，年利率为 r 时，存款 t 年按连续复利计算的本息之和为 $A(t)=A_0\mathrm{e}^{rt}$.

7. 无穷大与无穷小

前面我们已经接触了无穷大，那么它的定义是什么？又如何定义它的倒数无穷小呢？

定义 6 对于函数 $y=f(x)$，当 $x\to x_0$ 时，$|f(x)|$ 无限增大，则称 $f(x)$ 是 $x\to x_0$ 时的无穷大，记作 $\lim\limits_{x\to x_0}f(x)=\infty$.

定义 7 对于函数 $y=f(x)$，当 $x\to x_0$ 时，$f(x)$ 以零为极限，则称 $f(x)$ 是 $x\to x_0$ 时的无穷小，即 $\lim\limits_{x\to x_0}f(x)=0$.

小贴士 无穷大、无穷小的概念是反映变量的变化趋势，因此任何常量都不是无穷大，任何非零常量都不是无穷小.

定理 5 在自变量的同一变化过程中，如果 $f(x)$ 为无穷大，则 $\dfrac{1}{f(x)}$ 为无穷小；反之，如果 $f(x)$ 为无穷小，且 $f(x)\neq 0$，则 $\dfrac{1}{f(x)}$ 为无穷大.

定义 8 设 α，β 是自变量在同一变化过程中的无穷小，$\lim\dfrac{\alpha}{\beta}$ 也是这一过程中的极限.

如果 $\lim\dfrac{\alpha}{\beta}=0$，则称 α 是比 β 高阶的无穷小，记作 $\alpha=o(\beta)$；

如果 $\lim\dfrac{\alpha}{\beta}=\infty$，则称 α 是比 β 低阶的无穷小；

如果 $\lim\dfrac{\alpha}{\beta}=c\neq 0$，则称 α 与 β 是同阶无穷小；

如果 $\lim\dfrac{\alpha}{\beta}=1$，则称 α 与 β 是等价无穷小，记作 $\alpha\sim\beta$.

显然，等价无穷小是同阶无穷小的特殊情形.

根据定义，$x\to 0$ 时，x^2 是比 $2x$ 高阶的无穷小；$2x$ 是比 x^2 低阶的无穷小；$\sin x$ 与 x 是等价无穷小；$2x$ 与 $\sin x$ 是同阶无穷小. 关于等价无穷小，有下面的性质：

定理 6 若 $\alpha\sim\alpha'$，$\beta\sim\beta'$，且 $\lim\dfrac{\alpha'}{\beta'}$ 存在，则 $\lim\dfrac{\alpha}{\beta}=\lim\dfrac{\alpha'}{\beta'}$.

证 $\lim\dfrac{\alpha}{\beta}=\lim\left(\dfrac{\beta'}{\beta}\cdot\dfrac{\alpha'}{\beta'}\cdot\dfrac{\alpha}{\alpha'}\right)=\lim\dfrac{\beta'}{\beta}\cdot\lim\dfrac{\alpha'}{\beta'}\cdot\lim\dfrac{\alpha}{\alpha'}=\lim\dfrac{\alpha'}{\beta'}$.

例 9 求 $\lim\limits_{x\to\infty}\dfrac{\sin ax}{\tan bx}(b\neq 0)$.

解 因为当 $x\to 0$ 时，$\sin ax\sim ax$，$\tan bx\sim bx$，所以

$$\lim\limits_{x\to 0}\frac{\sin ax}{\tan bx}=\lim\limits_{x\to 0}\frac{ax}{bx}=\frac{a}{b}$$

例 10 求 $\lim\limits_{x\to 0}\dfrac{\sin x}{x^3+3x}$.

解 因为当 $x\to 0$ 时，$\sin x\sim x$，所以

$$\lim\limits_{x\to 0}\frac{\sin x}{x^3+3x}=\lim\limits_{x\to 0}\frac{x}{x^3+3x}=\lim\limits_{x\to 0}\frac{1}{x^2+3}=\frac{1}{3}$$

1. 求下列极限.

(1) $\lim\limits_{x\to\sqrt{3}}\dfrac{x^2-3}{x^4+x^2+1}$；　(2) $\lim\limits_{x\to1}\dfrac{x}{1-x}$；　(3) $\lim\limits_{x\to0}\dfrac{4x^3-2x^2+x}{3x^2+2x}$；

(4) $\lim\limits_{n\to\infty}\left(1+\dfrac{1}{n}\right)^{n+5}$；　(5) $\lim\limits_{x\to\infty}\left(\dfrac{x}{1+x}\right)^x$；　(6) $\lim\limits_{x\to\frac{\pi}{2}}(1+\cos x)^{3\sec x}$.

2. 求 $f(x)=\dfrac{x}{x}$，$\varphi(x)=\dfrac{|x|}{x}$ 当 $x\to0$ 时的左、右极限，并说明它们在 $x\to0$ 时的极限是否存在.

第三节　函数的连续性

生活中，处处可见连续性，如岁月的流逝、植物的生长和雨滴的飘落等. 本节内容主要探讨函数连续在数学中的定义及性质.

一、连续的定义

1. 函数的增量

对 $y=f(x)$，当自变量从 x_0 变到 x，称 $\Delta x=x-x_0$ 为自变量 x 的增量，而 $\Delta y=f(x)-f(x_0)$ 为函数 y 的增量.

例 1　函数 $y=x^2$，求 x 分别由 1 变化到 1.1 和由 -1 变化到 -1.1 时的自变量增量和函数增量（见图 1.11）.

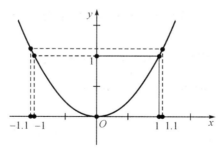

图 1.11　函数 $y=x^2$ 的图像

解　(1) $\Delta x=1.1-1=0.1$，$\Delta y=1.1^2-1=0.21$；

　　(2) $\Delta x=-1.1-(-1)=-0.1$，$\Delta y=(-1.1)^2-(-1)^2=-0.21$.

小贴士　增量不一定大于 0，它不是指增加的量，是指改变量.

2. 函数连续的定义

定义 1　设函数 $y=f(x)$ 在点 x_0 的某一邻域内有定义，如果当自变量的增量 $\Delta x=x-x_0$

趋于零时$(x→x_0)$，对应的函数的增量 $\Delta y=f(x+x_0)-f(x_0)$ 也趋于零，即 $\lim\limits_{x→x_0}f(x)=f(x_0)$，那么就称函数 $y=f(x)$ 在点 x_0 连续.

由图 1.12 可以看出，当 $\Delta x→0(x→x_0)$ 时，有 $\Delta y→0(f(x)→f(x_0))$.

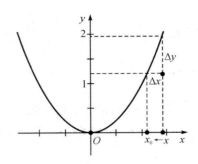

图 1.12　函数 $y=f(x)$ 的图像

定义 2　设函数 $y=f(x)$ 在区间 (a,b) 内每点都连续，则称函数 $y=f(x)$ 在区间 (a,b) 内连续.

小贴士　函数 $y=f(x)$ 表现为一条曲线，由曲线两端向中间缩小，如果能缩小成一点，就是连续的.

下面给出在 $x→x_0^-$ 和 $x→x_0^+$ 时函数左连续及右连续的概念.

如果 $\lim\limits_{x→x_0^-}f(x)=f(x_0)$，则称函数 $f(x)$ 在点 x_0 左连续.

如果 $\lim\limits_{x→x_0^+}f(x)=f(x_0)$，则称函数 $f(x)$ 在点 x_0 右连续.

3. 函数连续的判定

由函数连续的定义，可知函数在某一点连续，需满足三个条件：

(1) 函数 $f(x)$ 在 x_0 有定义；

(2) 函数 $f(x)$ 在 x_0 的极限存在，即 $\lim\limits_{x→x_0^-}f(x)=\lim\limits_{x→x_0^+}f(x)$；

(3) 极限值等于函数值，即 $\lim\limits_{x→x_0^-}f(x)=\lim\limits_{x→x_0^+}f(x)=f(x_0)$.

例 2　分析函数 $f(x)=\begin{cases}1+x, & x\geqslant0 \\ 1-x, & x<0\end{cases}$ 在 $x=0$ 处的连续性.

解　因为 $\lim\limits_{x→0^+}f(x)=\lim\limits_{x→0^+}(x+1)=1$，$f(0)=1$，$\lim\limits_{x→0^-}f(x)=\lim\limits_{x→0^-}(1-x)=1$，所以 $\lim\limits_{x→0^+}f(x)=\lim\limits_{x→0^-}f(x)=f(0)$.

即函数 $y=f(x)$ 在 $x=0$ 处连续.

例 3　确定 a、b 使 $f(x)=\begin{cases}\dfrac{\sin x}{x}, & x<0 \\ a, & x=0,在 x=0 处连续. \\ x\sin\dfrac{1}{x}+b, & x>0\end{cases}$

解　$f(x)$ 在 $x=0$ 处连续 $\Leftrightarrow \lim\limits_{x\to 0^+} f(x)=\lim\limits_{x\to 0^-} f(x)=f(0)$.

因为 $\lim\limits_{x\to 0^+} f(x)=\lim\limits_{x\to 0^+}\left(x\sin\dfrac{1}{x}+b\right)=b$；$\lim\limits_{x\to 0^-} f(x)=\lim\limits_{x\to 0^-}\dfrac{\sin x}{x}=1$；$f(0)=a$，所以 $a=b=1$ 时，$f(x)$ 在 $x=0$ 处连续.

4. 函数的间断点

设函数 $f(x)$ 在点 x_0 的某去心邻域内有定义. 在此前提下，如果函数 $f(x)$ 有下列三种情形之一：

（1）在 $x=x_0$ 没有定义；

（2）虽在 $x=x_0$ 有定义，但 $\lim\limits_{x\to x_0} f(x)$ 不存在；

（3）虽在 $x=x_0$ 有定义，且 $\lim\limits_{x\to x_0} f(x)$ 存在，但 $\lim\limits_{x\to x_0} f(x)\neq f(x_0)$；

则函数 $f(x)$ 在点 x_0 为不连续，而点 x_0 称为函数 $f(x)$ 的不连续点或间断点.

观察下列函数的曲线在 $x=1$ 处的情况.

① $y=\begin{cases} x+1, & x<1 \\ x, & x\geqslant 1 \end{cases}$.

$x\to 1^-$ 时左极限为 2，$x\to 1^+$ 时右极限为 1. 故函数在 $x=1$ 处间断（见图 1.13）.

② $y=\dfrac{1}{x-1}$.

由 $\lim\limits_{x\to 1}\dfrac{1}{x-1}=\infty$，故函数在 $x=1$ 处间断（见图 1.14）.

像①这样在 x_0 点左右极限都存在的间断，称为第一类间断；像②这样在 x_0 点左右极限有一个不存在的间断，称为第二类间断.

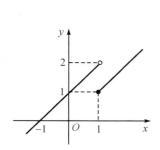
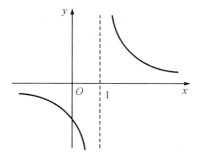

图 1.13　函数①的图像　　　　　图 1.14　函数②的图像

二、函数的连续性

1. 初等函数的连续性

由初等函数的图像可以看出，初等函数在定义域内都是连续的，因此，求初等函数的连续区间就是求其定义域区间.

例 4　讨论函数 $y=\sin\dfrac{1}{x}$ 的连续区间.

解　$y=\sin\dfrac{1}{x}$ 可看成 $y=\sin u$，$u=\dfrac{1}{x}$ 复合而成. 而 $y=\sin u$ 在 $(-\infty,+\infty)$ 上连续，

$u=\dfrac{1}{x}$ 在 $(-\infty, 0)\bigcup(0, +\infty)$ 上连续，所以 $y=\sin\dfrac{1}{x}$ 在 $(-\infty, 0)\bigcup(0, +\infty)$ 上连续.

2. 复合函数的连续性

前面讨论了初等函数的连续性，那么由初等函数复合而成的复合函数，其连续性如何？

定义 3　设函数 $u=\varphi(x)$ 在点 $x=x_0$ 处连续，且 $\varphi(x_0)=u_0$，而函数 $y=f(u)$ 在点 $u=u_0$ 处连续，那么复合函数 $y=f[\varphi(x)]$ 在点 $x=x_0$ 处连续.

3. 初等函数的极限

根据初等函数的定义、初等函数的连续性及定义 3 可得：一切初等函数在其定义区间内都是连续的. 利用初等函数的连续性求极限，往往比较方便.

例 5　求 $\lim\limits_{x\to 0}\dfrac{\ln(1+x)}{x}$.

解　因为 $\dfrac{\ln(1+x)}{x}=\ln(1+x)^{\frac{1}{x}}$，而对数函数是连续的，所以

$$\lim_{x\to 0}\frac{\ln(1+x)}{x}=\lim_{x\to 0}\ln(1+x)^{\frac{1}{x}}=\ln\lim_{x\to 0}(1+x)^{\frac{1}{x}}=\ln e=1$$

三、闭区间上连续函数的性质

如果函数 $f(x)$ 在开区间 (a, b) 内连续，且在左端点 a 右连续，在右端点 b 左连续，就称函数 $f(x)$ 在闭区间 $[a, b]$ 上连续.

下面介绍在闭区间上连续的函数的几个重要性质.

1. 有界性与最大值和最小值定理

定义 4　设函数 $f(x)$ 在区间 I 上有定义，如果有 $x_0\in I$，使得对于任一 $x\in I$ 都有 $f(x)\leqslant f(x_0)$（或 $f(x)\geqslant f(x_0)$），则称 $f(x_0)$ 为函数 $f(x)$ 在区间 I 上的最大值（或最小值）.

定理 1（最大值和最小值定理）　闭区间上的连续函数在该区间上一定有最大值和最小值.

这就是说，如果函数 $f(x)$ 在闭区间 $[a, b]$ 上连续，那么至少存在一点 $x_1\in[a, b]$，使得 $f(x_1)$ 为函数 $f(x)$ 在闭区间 $[a, b]$ 上的最大值；也至少存在一点 $x_2\in[a, b]$，使得 $f(x_2)$ 为函数 $f(x)$ 在闭区间 $[a, b]$ 上的最小值.

注意：如果定理中的条件不满足，结论就不一定成立. 例如，函数 $y=\sin x$ 在 $\left(0, \dfrac{\pi}{2}\right)$ 内连续，但没有最大值也没有最小值. 而在开区间内连续的函数也可以取得最大值与最小值，如函数 $y=\sin x$ 在 $(0, 2\pi)$ 内连续，它在该区间内有最大值 $f\left(\dfrac{\pi}{2}\right)=1$ 与最小值 $f\left(\dfrac{3\pi}{2}\right)=-1$.

函数 $f(x)=\begin{cases} x+1, & -1\leqslant x<0 \\ 0, & x=0 \\ x-1, & 0<x\leqslant 1 \end{cases}$　在 $[-1, 1]$ 上有间断点 $x=0$，它在 $[-1, 1]$ 上没有最大值与最小值.

推论（有界性定理）　闭区间上的连续函数一定是该区间上的有界函数.

2. 零点定理与介值定理

如果 x_0 使 $f(x_0)=0$，则 x_0 称为 $f(x)$ 的零点.

定理 2（零点定理）　设函数 $f(x)$ 在闭区间 $[a,b]$ 上连续，且 $f(a)$ 与 $f(b)$ 异号（即 $f(a)\cdot f(b)<0$），那么在开区间 (a,b) 内至少有一点 $\xi(a<\xi<b)$，使 $f(\xi)=0$.

从几何上看，定理 2 表示：如果连续曲线弧 $y=f(x)$ 的两个端点位于 x 轴的不同侧，那么，这段曲线弧与 x 轴至少有一个交点（图 1.15）.

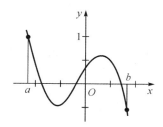

图 1.15　零点定理示例

例 6　证明方程 $x^5-3x-1=0$ 在 $(1,2)$ 内至少有一个实根.

证　设 $f(x)=x^5-3x-1$，则 $f(x)$ 在 $[1,2]$ 上连续，且 $f(1)\cdot f(2)=-3\times25<0$.

由零点定理知，在 $(1,2)$ 内至少有一点 ξ，使 $f(\xi)=0$，即 ξ 是方程 $x^5-3x-1=0$ 在 $(1,2)$ 内的一个根.

由定理 2 可推得下面更一般的情形.

定理 3（介值定理）　设函数 $f(x)$ 在闭区间 $[a,b]$ 上连续，那么它在 $[a,b]$ 上能取到介于其最大值 M 与最小值 m 之间的任何值.

证　因 $f(x)$ 在闭区间 $[a,b]$ 上连续，由定理 1 知，必存在 ξ_1、ξ_2 使 $f(\xi_1)=M$，$f(\xi_2)=m$，设 $m\neq M$，c 为 M 与 m 之间的任意一个数，即 $m<c<M$. 作辅助函数 $\varphi(x)=f(x)-c$，则 $\varphi(x)$ 在 $[\xi_1,\xi_2]$（或 $[\xi_2,\xi_1]$）上连续，$\varphi(\xi_1)\cdot\varphi(\xi_2)=(m-c)\cdot(M-c)<0$，由定理 2 得，至少有一点 ξ（ξ 在 ξ_1 与 ξ_2 之间），使 $\varphi(\xi)=0$. 而 $\varphi(\xi)=f(\xi)-c$，所以 $f(\xi)=c$（ξ 在 ξ_1 与 ξ_2 之间）. 因 $\xi_1,\xi_2\in[a,b]$，故 $\xi\in(a,b)$.

例 7　设 $f(x)$ 在闭区间 $[0,1]$ 上连续且 $0\leqslant f(x)\leqslant1$，则至少存在一点 $\xi\in[0,1]$，使得 $f(\xi)=\xi$.

证　令 $F(x)=f(x)-x$，则 $F(x)$ 在闭区间 $[0,1]$ 上连续且
$$F(0)=f(0)-0=f(0)\geqslant0,\ F(1)=f(1)-1\leqslant0$$

根据零点定理，至少存在一点 $\xi\in[0,1]$，使得 $F(\xi)=0$，即 $f(\xi)=\xi$.

例 8　方程 $x^4-4x=2$ 至少有一个根介于 1 和 2 之间.

证　令 $f(x)=x^4-4x-2$，则 $f(1)=-6<0$，$f(2)=6>0$.

根据零点定理，至少存在一点 $\xi\in(1,2)$，使得 $f(\xi)=0$，即方程 $x^4-4x=2$ 至少有一个根介于 1 和 2 之间.

习题 1.3

1. 设函数 $f(x)=\begin{cases}e^x, & x<0 \\ a+x, & x\geqslant0\end{cases}$ 应当怎样选择数 a，使得 $f(x)$ 成为在 $(-\infty,+\infty)$ 内的连续函数.

2. 设 $f(x)=\begin{cases}x, & x\leqslant1 \\ 6x-5, & x>1\end{cases}$，试讨论 $f(x)$ 在 $x=1$ 处的连续性，写出 $f(x)$ 的连续区间.

3. 设 $f(x)$ 在 $[a,b]$ 上连续，且 $a\leqslant f(x)\leqslant b(x\in[a,b])$，证明：存在 $x_0\in[a,b]$，使得 $f(x_0)=x_0$.

4. 证明函数 $f(x)=\begin{cases}x\sin\dfrac{1}{x}, & x\neq0 \\ 0, & x=0\end{cases}$ 在点 $x=0$ 处连续.

 阅读材料

美国著名的科学家，避雷针的发明人本杰明·富兰克林(1706年—1790年). 一生为科学和民主革命而工作，他死后留下的财产只有一千英镑. 令人惊讶的是，他竟留下了一份分配几百万英镑财产的遗嘱！这份有趣的遗嘱是这样写的：

"……一千英镑赠给波士顿的居民，如果他们接受了这一千英镑，那么这笔钱应该托付给一些挑选出来的公民，他们得把这钱按每年 5% 的利率借给一些年轻的手工业者去生息. 等这笔款过了 100 年增加到 131 000 英镑. 我希望，那时候用 100 000 英镑来建立一所公共建筑物，剩下的 31 000 英镑拿去继续生息 100 年. 在第二个 100 年末，这笔款增加到 4 061 000 英镑，其中 1 061 000 英镑还是由波士顿的居民来支配，而其余的 3 000 000 英镑让马萨诸州的公众来管理. 过此之后，我可不敢多作主张了！"

富兰克林，留下区区的 1000 英镑，竟立了百万富翁般的遗嘱，聪明的读者，你知道是怎么回事吗？

第二章 导数与微分

微分学是微积分的重要组成部分,它的基本概念是导数与微分.导数反映事物相对于自身要素之间变化的快慢程度,即变化率的问题.而微分反映当事物的要素发生微小变化时,对事物本身的影响有多大.本章主要介绍导数和微分的概念及其运算法则.

第一节 导数的概念

微积分是牛顿和莱布尼兹共同创立的.牛顿是从物理学的角度研究微积分的,而莱布尼茨是从几何角度创立了微积分.

1. 引例

(1) 变速直线运动的瞬时速度问题.

设动点 M 作变速直线运动,其经过的路程 s 是时间 t 的函数,即 $s=s(t)$,求它在时刻 t_0 的瞬时速度.

如图 2.1 所示,假定在某一瞬时 t_0,动点 M 的位置是 $s_0=s(t_0)$,而经过极短的时间间隔 Δt 后,即在瞬时 $t_0+\Delta t$,动点的位置到达 $s=s(t_0+\Delta t)$,于是动点 M 在时间间隔 Δt 内所走过的路程是

$$\Delta s=s-s_0=s(t_0+\Delta t)-s(t_0)$$

动点 M 在 Δt 这段时间内的平均速度 $\overline{v}$ 为

$$\overline{v}=\frac{\Delta s}{\Delta t}=\frac{s(t_0+\Delta t)-s(t_0)}{\Delta t}$$

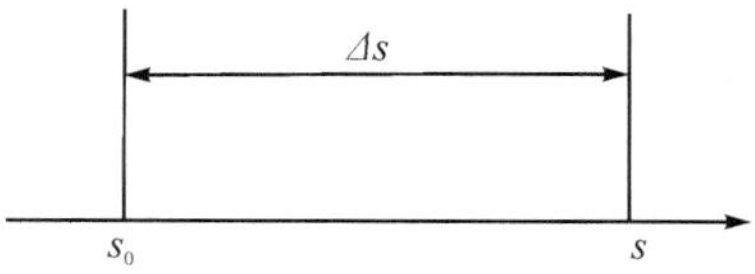

图 2.1 直线运动图

由于时间间隔 Δt 较短,它可以大致说明动点 M 在 t_0 时刻的速度,且时间间隔 Δt 取得越小,这段时间内的平均速度越接近 t_0 时刻瞬时速度.若令 Δt 趋于零,则极限值 $\lim\limits_{\Delta t\to 0}\frac{s(t_0+\Delta t)-s(t_0)}{\Delta t}$ 精确地反映了动点在 t_0 时刻的瞬时速度

$$v(t_0)=\lim_{\Delta t\to 0}\frac{\Delta s}{\Delta t}=\lim_{\Delta t\to 0}\frac{s(t_0+\Delta t)-s(t_0)}{\Delta t}$$

(2) 切线的斜率问题.

如图 2.2 所示,如果割线 MN 绕点 M 旋转而趋向极限位置 MT,直线 MT 就称为曲线

C 在点 M 处的切线.

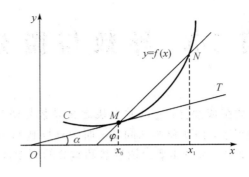

图 2.2　函数 $y=f(x)$ 的切线图

设 $M(x_0，y_0)$，$N(x_1，y_1)$，割线 MN 的斜率为

$$\tan\varphi=\frac{y_1-y_0}{x_1-x_0}=\frac{f(x_1)-f(x_0)}{x_1-x_0}$$

$N\xrightarrow{\text{沿曲线}C}M$，$x_1\to x_0$，$|MN|\to 0$，$\angle NMT\to 0$.

切线 MT 的斜率 $k=\tan\alpha=\lim\limits_{x_1\to x_0}\dfrac{f(x_1)-f(x_0)}{x_1-x_0}$.

2. 导数的定义

上面讨论的两个实例，虽然是不同的问题，但是它们在计算时都归结为如下的极限：

$$\lim_{\Delta x\to 0}\frac{f(x_0+\Delta x)-f(x_0)}{\Delta x}$$

其中 $\dfrac{f(x_0+\Delta x)-f(x_0)}{\Delta x}=\dfrac{\Delta y}{\Delta x}$ 是函数的增量与自变量的增量之比，表示函数的平均变化率.

定义 1　设函数 $y=f(x)$ 在点 x_0 的某个邻域内有定义，当自变量在 x_0 取得增量 Δx 时，相应的函数 y 取得的增量 $\Delta y=f(x_0+\Delta x)-f(x_0)$.

若极限 $\lim\limits_{\Delta x\to 0}\dfrac{\Delta y}{\Delta x}=\lim\limits_{\Delta x\to 0}\dfrac{f(x_0+\Delta x)-f(x_0)}{\Delta x}$ 存在，则函数 $f(x)$ 在点 x_0 处可导，并称此极限值为函数 $y=f(x)$ 在点 x_0 的导数，记为

$$f'(x_0)，\quad y'\big|_{x=x_0}，\quad \frac{\mathrm{d}y}{\mathrm{d}x}\Big|_{x=x_0}\quad 或 \quad \frac{\mathrm{d}f(x)}{\mathrm{d}x}\Big|_{x=x_0}$$

关于导数的说明：

（1）点 x_0 的导数是因变量在点 x_0 处的变化率，它反映了因变量随自变量的变化而变化的快慢程度.

（2）如果函数 $y=f(x)$ 在开区间 I 内的每点处都可导，就称函数 $f(x)$ 在开区间 I 内可导.

（3）对于任意 $x\in I$ 都对应着 $f(x)$ 一个确定的导数值. 这个函数叫作原函数 $f(x)$ 的导函数，记作 y' 或 $f'(x)$.

3. 导数的几何意义

如图 2.3 所示，$f'(x_0)$ 表示曲线 $y=f(x)$ 在点 $M(x_0，f(x_0))$ 处的切线的斜率，即 $f'(x_0)=\tan\alpha$（α 为倾角）.

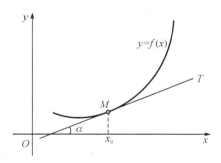

图 2.3　函数 $y=f(x)$ 的切线图

切线方程为 $y-y_0=f'(x_0)(x-x_0)$；

法线方程为 $y-y_0=\dfrac{-1}{f'(x_0)}(x-x_0)$．

4. 由导数的定义求导

例 1　求函数 $f(x)=C$（C 为常数）的导数．

解　$f'(x)=\lim\limits_{h\to 0}\dfrac{f(x+h)-f(x)}{h}=\lim\limits_{h\to 0}\dfrac{C-C}{h}=0$，即 $(C)'=0$．

例 2　根据导数的定义求 $y=x^n$ 的导数，其中 n 为正整数．

解　由二项式定理得

$$\Delta y=(x+\Delta x)^n-x^n=C_n^1 x^{n-1}\Delta x+C_n^2 x^{n-2}(\Delta x)^2+\cdots+C_n^n(\Delta x)^n$$

$$\frac{\Delta y}{\Delta x}=C_n^1 x^{n-1}+C_n^2 x^{n-2}\Delta x+\cdots+C_n^n(\Delta x)^{n-1}$$

于是

$$y'=\lim_{\Delta x\to 0}\frac{\Delta y}{\Delta x}=nx^{n-1}\quad 即\ (x^n)'=nx^{n-1}$$

例 3　求函数 $f(x)=\cos x$ 的导数．

解

$$f'(x)=\lim_{h\to 0}\frac{f(x+h)-f(x)}{h}=\lim_{h\to 0}\frac{\cos(x+h)-\cos x}{h}=\lim_{h\to 0}\frac{1}{h}\cdot(-2)\sin\left(x+\frac{h}{2}\right)\sin\frac{h}{2}$$

$$=-\lim_{h\to 0}\sin\left(x+\frac{h}{2}\right)\cdot\frac{\sin\dfrac{h}{2}}{\dfrac{h}{2}}=-\sin x$$

即 $(\cos x)'=-\sin x$．

更多初等函数的求导就不再计算了，下面给出基本初等函数的导数公式：

(1) $(C)'=0$；　　　　　　　　　(2) $(x^\mu)'=\mu x^{\mu-1}$；

(3) $(\sin x)'=\cos x$；　　　　　　(4) $(\cos x)'=-\sin x$；

(5) $(\tan x)'=\sec^2 x$；　　　　　(6) $(\cot x)'=-\csc^2 x$；

(7) $(\sec x)'=\sec x\tan x$；　　　　(8) $(\csc x)'=-\csc x\cot x$；

(9) $(a^x)'=a^x\ln a$；　　　　　　(10) $(e^x)'=e^x$；

(11) $(\log_a x)' = \dfrac{1}{x \ln a}$;　　　　　(12) $(\ln x)' = \dfrac{1}{x}$;

(13) $(\arcsin x)' = \dfrac{1}{\sqrt{1-x^2}}$;　　　　(14) $(\arccos x)' = -\dfrac{1}{\sqrt{1-x^2}}$;

(15) $(\arctan x)' = \dfrac{1}{1+x^2}$;　　　　(16) $(\operatorname{arccot} x)' = -\dfrac{1}{1+x^2}$.

5. 连续与导数的关系

若 $\lim\limits_{\Delta x \to 0} \dfrac{\Delta y}{\Delta x} = f'(x)$ 存在，则由极限的函数与无穷小的关系可知，$\dfrac{\Delta y}{\Delta x} = f'(x) + \alpha$ 即 $\Delta y = f'(x)\Delta x + \alpha \Delta x$（当 $\Delta x \to 0$ 时，α 为无穷小），由 $\lim\limits_{\Delta x \to 0} \Delta y = \lim\limits_{\Delta x \to 0} f'(x)\Delta x + \lim\limits_{\Delta x \to 0} \alpha \Delta x = 0$ 可知，如果函数 $y = f(x)$ 在点 x 处可导，则函数在该点必连续.

反之，一个函数在某点连续却不一定在该点处可导.

例 4　讨论函数 $f(x) = \begin{cases} x \sin \dfrac{1}{x}, & x \neq 0 \\ 0, & x = 0 \end{cases}$ 在点 $x = 0$ 处的连续性和可导性.

解　因为 $\lim\limits_{x \to 0} f(x) = \lim\limits_{x \to 0} x \sin \dfrac{1}{x} = 0 = f(0)$，所以 $f(x)$ 在点 $x = 0$ 处连续，但是

$$\lim\limits_{x \to 0} \frac{f(x) - f(0)}{x - 0} = \lim\limits_{x \to 0} \frac{x \sin \dfrac{1}{x} - 0}{x} = \lim\limits_{x \to 0} \sin \frac{1}{x}$$

不存在，故 $f(x)$ 在点 $x = 0$ 处不可导.

习题 2.1

1. 选择题.

(1) 设函数 $f(x)$ 在点 0 可导，且 $f(0) = 0$，则 $\lim\limits_{x \to 0} \dfrac{f(x)}{x} = ($　　$)$.

A. $f'(x)$　　　　B. $f'(0)$　　　　C. 不存在　　　　D. ∞

(2) 若 $f'(x_0) = -3$，则 $\lim\limits_{\Delta x \to 0} \dfrac{f(x_0 + \Delta x) - f(x_0 + 3\Delta x)}{\Delta x} = ($　　$)$.

A. -3　　　　B. 6　　　　C. -9　　　　D. -12

(3) 若函数 $f(x)$ 在点 a 可导，则 $\lim\limits_{h \to 0} \dfrac{f(a) - f(a + 2h)}{3h} = ($　　$)$.

A. $-\dfrac{2}{3} f'(a)$　　B. $-\dfrac{3}{2} f'(a)$　　C. $\dfrac{2}{3} f'(a)$　　D. $\dfrac{3}{2} f'(a)$

(4) 设 $f(x) = \begin{cases} x^2 - 2x + 2, & x > 1 \\ 1, & x \leqslant 1 \end{cases}$，则 $f(x)$ 在 $x = 1$ 处（　　）.

A. 不连续　　　　　　　　　　B. 连续，但不可导

C. 连续，且有一阶导数　　　　D. 有任意阶导数

（5）函数 $f(x)=\begin{cases}\dfrac{\sqrt{1+x}-1}{x}, & x\neq0 \\ \dfrac{1}{2}, & x=0\end{cases}$ 在 $x=0$ 处（　　）.

A. 不连续　　　　　　　　　　B. 连续不可导

C. 连续且仅有一阶导数　　　　D. 不确定

2. 求曲线 $y=x^3$ 在点（1，1）处的切线和法线方程.

3. 设 $f(x)=\begin{cases}1-e^x, & x\leq0 \\ -x, & x>0\end{cases}$，试分析 $f(x)$ 在 $x=0$ 处的连续性和可导性.

4. 设 $f(x)=\begin{cases}e^x, & x\leq0 \\ a+bx, & x>0\end{cases}$，当 a,b 为何值时，$f(x)$ 在 $x=0$ 处连续且可导？

第二节　导　数　的　运　算

前面我们学习了初等函数的求导方法，那么，针对多项式，如 $y=x^2-\sin x+10$ 怎样求它的导数呢？我们要先研究导数的运算法则.

1. 导数的四则运算

定理 1　设函数 $u(x)$，$v(x)$ 在点 x 处可导，则函数 $u\pm v$、uv、$\dfrac{u}{v}(v\neq0)$ 在点 x 处可导，且有：

（1）若 $f(x)=\alpha u(x)\pm\beta v(x)$，则 $f'(x)=\alpha u'(x)\pm\beta v'(x)$，$\alpha$，$\beta$ 为常数.

（2）若 $f(x)=u(x)\cdot v(x)$，则 $f'(x)=u'(x)\cdot v(x)+u(x)\cdot v'(x)$；

推广：$(uvw)'=u'vw+uv'w+uvw'$.

（3）若 $f(x)=\dfrac{u(x)}{v(x)}$，$v(x)\neq0$，则 $f'(x)=\dfrac{u'x\cdot v(x)-u(x)\cdot v'(x)}{[v'(x)]^2}$.

证　（1）$[u(x)\pm v(x)]'=\lim\limits_{h\to0}\dfrac{[u(x+h)\pm v(x+h)]-[u(x)\pm v(x)]}{h}$

$$=\lim\limits_{h\to0}\left[\dfrac{u(x+h)-u(x)}{h}\pm\dfrac{v(x+h)-v(x)}{h}\right]=u'(x)\pm v'(x).$$

法则（1）可简单地表示为

$$(u\pm v)'=u'\pm v'$$

（2）$[u(x)\cdot v(x)]'=\lim\limits_{h\to0}\dfrac{u(x+h)v(x+h)-u(x)v(x)}{h}$

$$=\lim\limits_{h\to0}\dfrac{1}{h}[u(x+h)v(x+h)-u(x)v(x+h)+u(x)v(x+h)-u(x)v(x)]$$

$$=\lim\limits_{h\to0}\left[\dfrac{u(x+h)-u(x)}{h}v(x+h)+u(x)\dfrac{v(x+h)-v(x)}{h}\right]$$

$$=\lim\limits_{h\to0}\dfrac{u(x+h)-u(x)}{h}\cdot\lim\limits_{h\to0}v(x+h)+u(x)\cdot\lim\limits_{h\to0}\dfrac{v(x+h)-v(x)}{h}$$

$$=u'(x)v(x)+u(x)v'(x).$$

法则(2)可简单地表示为

$$(uv)' = u'v + uv'$$

法则(3)留给读者自行证明.

例 1 $y = 2x^3 - 5x^2 + 3x - 7$，求 y'.

解 $y' = (2x^3 - 5x^2 + 3x - 7)' = (2x^3)' - (5x^2)' + (3x)' - (7)' = 2(x^3)' - 5(x^2)' + 3(x)'$
$= 2 \cdot 3x^2 - 5 \cdot 2x + 3 = 6x^2 - 10x + 3.$

例 2 $f(x) = x^3 + 4\cos x - \sin \dfrac{\pi}{2}$，求 $f'(x)$ 及 $f'\left(\dfrac{\pi}{2}\right)$.

解 $f'(x) = (x^3)' + (4\cos x)' - \left(\sin \dfrac{\pi}{2}\right)' = 3x^2 - 4\sin x$，$f'\left(\dfrac{\pi}{2}\right) = \dfrac{3}{4}\pi^2 - 4.$

例 3 $y = e^x(\sin x + \cos x)$，求 y'.

解 $y' = (e^x)'(\sin x + \cos x) + e^x(\sin x + \cos x)'$
$= e^x(\sin x + \cos x) + e^x(\cos x - \sin x)$
$= 2e^x\cos x.$

2. 复合函数的导数

前面已经讨论过了导数的四则运算，但如果多项式中出现了复合函数，如 $y = \sin 2x$，那它的导数该怎么求？

$y = \sin 2x$，可看作是 $y = \sin u$，$u = 2x$，复合而成. $y'_u = \cos u$，$u'_x = 2$，而 $y' = (\sin 2x)' = (2\sin x\cos x)' = 2(\cos^2 x - \sin^2 x) = 2\cos 2x$，故有 $y' = (\sin 2x)' = 2\cos 2x = y'_u \cdot u'_x$，那么对于其他复合函数，这个结论是否都成立？

定理 2 如果 $u = g(x)$ 在点 x 可导，函数 $y = f(u)$ 在点 $u = g(x)$ 可导，则复合函数 $y = f[g(x)]$ 在点 x 可导，且其导数为

$$\frac{dy}{dx} = f'(u) \cdot g'(x) \quad \text{或} \quad \frac{dy}{dx} = \frac{dy}{du} \cdot \frac{du}{dx}$$

证 当 $u = g(x)$ 在 x 的某邻域内为常数时，$y = f[g(x)]$ 也是常数，此时导数为零，结论自然成立.

当 $u = g(x)$ 在 x 的某邻域内不等于常数时，$\Delta u \neq 0$，此时有

$$\frac{\Delta y}{\Delta x} = \frac{f[g(x+\Delta x)] - f[g(x)]}{\Delta x} = \frac{f[g(x+\Delta x)] - f[g(x)]}{g(x+\Delta x) - g(x)} \cdot \frac{g(x+\Delta x) - g(x)}{\Delta x}$$

$$= \frac{f(u+\Delta u) - f(u)}{\Delta u} \cdot \frac{g(x+\Delta x) - g(x)}{\Delta x}$$

$$\frac{dy}{dx} = \lim_{\Delta x \to 0} \frac{\Delta y}{\Delta x} = \lim_{\Delta u \to 0} \frac{f(u+\Delta u) - f(u)}{\Delta u} \cdot \lim_{\Delta x \to 0} \frac{g(x+\Delta x) - g(x)}{\Delta x} = f'(u) \cdot g'(x)$$

简要证明:

$$\frac{dy}{dx} = \lim_{\Delta x \to 0} \frac{\Delta y}{\Delta x} = \lim_{\Delta x \to 0} \frac{\Delta y}{\Delta u} \cdot \frac{\Delta u}{\Delta x} = \lim_{\Delta u \to 0} \frac{\Delta y}{\Delta u} \cdot \lim_{\Delta x \to 0} \frac{\Delta u}{\Delta x} = f'(u)g'(x)$$

例 4 $y = e^{x^2}$，求 $\dfrac{dy}{dx}$.

解 函数 $y = e^{x^2}$ 可看作是由 $y = e^u$，$u = x^2$ 复合而成的，因此

$$\frac{\mathrm{d}y}{\mathrm{d}x}=\frac{\mathrm{d}y}{\mathrm{d}u}\cdot\frac{\mathrm{d}u}{\mathrm{d}x}=\mathrm{e}^u\cdot 2x=2x\mathrm{e}^{x^2}$$

例 5　$y=\sin\dfrac{2x}{1+x^2}$，求$\dfrac{\mathrm{d}y}{\mathrm{d}x}$.

解　函数 $y=\sin\dfrac{2x}{1+x^2}$ 是由 $y=\sin u$，$u=\dfrac{2x}{1+x^2}$ 复合而成的，因此

$$\frac{\mathrm{d}y}{\mathrm{d}x}=\frac{\mathrm{d}y}{\mathrm{d}u}\cdot\frac{\mathrm{d}u}{\mathrm{d}x}=\cos u\cdot\frac{2(1+x^2)-(2x)2}{(1+x^2)^2}=\frac{2(1-x^2)}{(1+x^2)^2}\cos\frac{2x}{1+x^2}$$

例 6　$\ln\sin x$，求$\dfrac{\mathrm{d}y}{\mathrm{d}x}$.

解　$\dfrac{\mathrm{d}y}{\mathrm{d}x}=(\ln\sin x)'=\dfrac{1}{\sin x}\cdot(\sin x)'=\dfrac{1}{\sin x}\cdot\cos x=\cot x.$

对复合函数的复合过程熟悉后，可不必写出中间变量，直接按照复合的次序，由外到里，层层求导.

例 7　求 $y=(1-2x)^{10}$ 的导数.

解　$y'=10(1-2x)^9(1-2x)'$
$\qquad=10(1-2x)^9(-2)$
$\qquad=-20(1-2x)^9$

3. 隐函数的求导

一般的函数呈现，是形如 $y=f(x)$ 的函数，称为显函数. 例如 $y=\sin x$，$y=\ln x+\mathrm{e}^x$. 而有时 y 无法直接用自变量 x 来表示，形如方程 $F(x,y)=0$ 所确定的函数称为隐函数.

例如，方程 $x+y^3-1=0$ 确定的隐函数为 $y=\sqrt[3]{1-x}$.

定义　如果在方程 $F(x,y)=0$ 中，当 x 取某区间内的任一值时，相应地总有满足这方程的唯一的 y 值存在，那么就说方程 $F(x,y)=0$ 在该区间内确定了一个隐函数.

在实际问题中，有时需要计算隐函数的导数，我们通过一个例子来说明隐函数的求导法则.

例 8　求由方程 $\mathrm{e}^y+xy-\mathrm{e}=0$ 所确定的隐函数 y 的导数.

解　把方程两边的每一项对 x 求导数得

$$(\mathrm{e}^y)'+(xy)'-(\mathrm{e})'=(0)'$$

即

$$\mathrm{e}^y\cdot y'+y+xy'=0$$

从而

$$y'=-\frac{y}{x+\mathrm{e}^y}\ (x+\mathrm{e}^y\neq 0)$$

隐函数的求导法则：在方程 $F(x,y)=0$ 中，将 y 看作是 x 的函数，y 的表达式看作是 x 的复合函数. 然后方程两端对 x 求导，解出 y'_x，即为所求的隐函数的导数.

例 9　求由方程 $y^5+2y-x-3x^7=0$ 所确定的隐函数 $y=f(x)$ 在 $x=0$ 处的导数 $y'|_{x=0}$.

解　把方程两边分别对 x 求导数得

$$5y\cdot y'+2y'-1-21x^6=0$$

由此得 $y'=\dfrac{1+21x^6}{5y^4+2}.$

因为当 $x=0$ 时，从原方程得 $y=0$，所以

$$y'|_{x=0}=\frac{1+21x^6}{5y^4+2}\Big|_{x=0}=\frac{1}{2}$$

例 10 求椭圆 $\frac{x^2}{16}+\frac{y^2}{9}=1$ 在 $\left(2,\frac{3}{2}\sqrt{3}\right)$ 处的切线方程.

解 把椭圆方程的两边分别对 x 求导，得

$$\frac{x}{8}+\frac{2}{9}y\cdot y'=0$$

从而 $y'=\frac{9x}{16y}$.

当 $x=2$ 时，$y=\frac{3}{2}\sqrt{3}$，代入上式得所求切线的斜率

$$k=y'|_{x=2}=-\frac{\sqrt{3}}{4}$$

所求的切线方程为

$$y-\frac{3}{2}\sqrt{3}=-\frac{\sqrt{3}}{4}(x-2)$$

即 $\sqrt{3}x+4y-8\sqrt{3}=0$.

例 11 求由方程 $x-y+\frac{1}{2}\sin y=0$ 所确定的隐函数 y 的一阶导数.

解 方程两边对 x 求导，得

$$1-\frac{dy}{dx}+\frac{1}{2}\cos y\cdot\frac{dy}{dx}=0$$

于是 $\frac{dy}{dx}=\frac{2}{2-\cos y}$.

隐函数求导方法小结：

(1) 方程两端同时对 x 求导数，注意把 y 当作复合函数求导的中间变量来看待.

(2) 从求导后的方程中解出 y' 来.

(3) 隐函数求导允许其结果中含有 y. 但求某一点的导数时不但要把 x 值代进去，还要把对应的 y 值代进去.

对数求导法：先在 $y=f(x)$ 的两边取对数，然后再求出 y 的导数.

设 $y=f(x)$，两边取对数，得

$$\ln y=\ln f(x)$$

两边对 x 求导，得

$$\frac{1}{y}y'=[\ln f(x)]'$$

$$y'=f(x)\cdot[\ln f(x)]'$$

对数求导法适用于求幂指函数 $y=[u(x)]^{v(x)}$ 的导数及多因子之积和商的导数.

例 12 设 $y=a^x(a>0,a\neq1)$，证明 $y'=a^x\ln a$.

证 对 $y=a^x$ 两边取对数，得

$$\ln y = x \ln a$$

方程两边对 x 求导，得

$$\frac{1}{y} y' = \ln a$$

$$y' = y \ln a = a^x \ln a$$

习题 2.2

1. 求下列函数的导数.

(1) $y = x^3 + 3^x - \cos x + \ln 3$;　　(2) $y = \sqrt{x}(x^2 + 1)$;　　(3) $y = 3\lg x + 2\cot x - x^{0.7}$;

(4) $y = e^x + \cos a - \dfrac{1}{x^2}$;　　(5) $y = \dfrac{x^7 + \sqrt{x} - 5}{x^3}$;　　(6) $y = \dfrac{3x^2 + 2x - 1}{\sqrt{x}}$.

2. 求下列复合函数的导数.

(1) $y = e^{3x+1}$;　　(2) $y = (3x + 5)^{10}$;　　(3) $y = \ln \tan x$;　　(4) $y = \sqrt{1 - x^2}$;

(5) $y = \sin^3 \dfrac{x}{2}$;　　(6) $y = \sqrt{\cot(2x+1)}$;　　(7) $y = \sqrt[3]{1 + \ln^2 x}$;　　(8) $y = e^{\cos \frac{1}{x}}$.

3. 求下列方程所确定的隐函数的导数 $\dfrac{dy}{dx}$.

(1) $2x^2 y - xy^2 + y^3 = 0$;　　(2) $\dfrac{x}{y} = \ln(xy)$;

(3) $\arctan \dfrac{y}{x} = \ln \sqrt{x^2 + y^2}$;　　(4) $e^{xy} + y\ln x = \sin 2x$.

4. 求曲线 $y = x^3$ 在点 $(1,1)$ 处的切线和法线方程.

5. 求曲线 $y = x^2$ 上与直线 $4x - y + 5 = 0$ 平行的切线方程.

第三节　高 阶 导 数

函数求导之后得到导函数，有时仍要对导函数进行分析，若导函数可导，则对导函数再求导，称为函数的二阶导数.

定义　如果函数 $y = f(x)$ 的导数 $f'(x)$ 在点 x 处可导，则称 y' 的导数为函数 $y = f(x)$ 在点 x 处的二阶导数，记为 y''，$f''(x)$，或 $\dfrac{d^2 y}{dx^2}$.

类似地，二阶导数的导数称为三阶导数，记为 y'''，$f'''(x)$，或 $\dfrac{d^3 y}{dx^3}$.

三阶导数的导数称为四阶导数，记为 $y^{(4)}$，$f^{(4)}(x)$，或 $\dfrac{d^4 y}{dx^4}$.

函数 $f(x)$ 的 $n-1$ 阶导数的导数称为函数 $f(x)$ 的 n 阶导数，记作

$$y^{(n)}，f^{(n)}(x)，或 \dfrac{d^n y}{dx^n}$$

二阶和二阶以上的导数统称为高阶导数.

相应地，$f(x)$ 称为零阶导数；$f'(x)$ 称为一阶导数.

例 1　$y=ax+b$，求 y''.

解　$y'=a$，$y''=0$.

例 2　$s=\sin\omega t$，求 s''.

解　$s'=\omega\cos\omega t$，$s''=-\omega^2\sin\omega t$.

例 3　求函数 $y=e^x$ 的 n 阶导数.

解　$y'=e^x$，$y''=e^x$，$y'''=e^x$，$y^{(4)}=e^x$.

一般地，可得

$$y^{(n)}=e^x$$

即 $(e^x)^{(n)}=e^x$.

例 4　求正弦函数与余弦函数的 n 阶导数.

解　$y=\sin x$，

$$y'=\cos x=\sin\left(x+\frac{\pi}{2}\right),$$

$$y''=\cos\left(x+\frac{\pi}{2}\right)=\sin\left(x+\frac{\pi}{2}+\frac{\pi}{2}\right)=\sin\left(x+2\cdot\frac{\pi}{2}\right),$$

$$y'''=\cos\left(x+2\cdot\frac{\pi}{2}\right)=\sin\left(x+2\cdot\frac{\pi}{2}+\frac{\pi}{2}\right)=\sin\left(x+3\cdot\frac{\pi}{2}\right),$$

$$y^{(4)}=\cos\left(x+3\cdot\frac{\pi}{2}\right)=\sin\left(x+4\cdot\frac{\pi}{2}\right).$$

一般地，可得 $y^{(n)}=\sin\left(x+n\cdot\frac{\pi}{2}\right)$，即 $(\sin x)^{(n)}=\sin\left(x+n\cdot\frac{\pi}{2}\right)$.

用类似方法，可得 $(\cos x)^{(n)}=\cos\left(x+n\cdot\frac{\pi}{2}\right)$.

注意：求 n 阶导数时，求出 1～3 阶或 4 阶后，不要急于合并，分析结果的规律性，写出 n 阶导数.（数学归纳法证明）

习题 2.3

1. 求下列函数的高阶导数.

(1) $y=\sqrt{5-3x^2}$，求 y''；　　　　(2) $y=(1+x^2)\arctan x$，求 y''；

(3) $y=e^{3x}\cos 2x$，求 y'''；　　　　(4) $y=x^3\ln x$，求 $y^{(4)}$；

(5) $y=\ln(3+x^2)$，求 $y'''(0)$；　　　(6) $y=x\cos x$，求 $y''(0)$.

2. 设 $y=\sin 2x\cos 2x$，求 $y^{(n)}$.

第四节　函数的微分

函数的增量 $\Delta y=f(x_0+\Delta x)-f(x_0)$ 是我们非常关心的. 一般来说函数的增量的计算是比较复杂的，我们希望寻求计算函数增量的近似计算方法.

先分析一个具体问题，一块正方形金属薄片受温度变化的影响，其边长由 x_0 变到 $x_0+\Delta x$（见图 2.4），问此薄片的面积改变了多少？

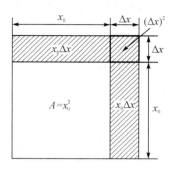

图 2.4　金属薄片受温度变化图

设此薄片的边长为 x，面积为 A，则 A 是 x 的函数：$A=x^2$. 薄片受温度变化的影响时面积的改变量，可以看成是当自变量 x 自 x_0 取得增量 Δx 时，函数 A 相应的增量 ΔA，即

$$\Delta A=(x_0+\Delta x)^2-x_0^2=2x_0\Delta x+(\Delta x)^2$$

从上式可以看出，ΔA 分成两部分，第一部分 $2x_0\Delta x$ 是 Δx 的线性函数，即图中带有斜线的两个矩形面积之和，而第二部分 $(\Delta x)^2$ 在图中是带有交叉斜线的小正方形的面积，当 $\Delta x\to 0$ 时，第二部分 $(\Delta x)^2$ 是比 Δx 高阶的无穷小，即 $(\Delta x)^2=o(\Delta x)$. 由此可见，如果边长改变很微小，即 $|\Delta x|$ 很小时，面积的改变量 ΔA 可近似地用第一部分来代替.

一般地，如果函数 $y=f(x)$ 满足一定条件，则函数的增量 Δy 可表示为

$$\Delta y=A\Delta x+o(\Delta x)$$

其中 A 是不依赖于 Δx 的常数，因此 $A\Delta x$ 是 Δx 的线性函数，且它与 Δy 之差，是比 Δx 高阶的无穷小. 所以，当 $A\neq 0$，且 $|\Delta x|$ 很小时，就可近似地用 $A\Delta x$ 来代替 Δy.

1. 微分的定义

定义　设函数 $y=f(x)$ 在某区间内有定义，x_0 及 $x_0+\Delta x$ 在该区间内，如果函数的增量 $\Delta y=f(x_0+\Delta x)-f(x_0)$ 可表示为 $\Delta y=A\Delta x+o(\Delta x)$，其中 A 是不依赖于 Δx 的常数，那么称函数 $y=f(x)$ 在点 x_0 是可微的，而 $A\Delta x$ 叫作函数 $y=f(x)$ 在点 x_0 相应于自变量增量 Δx 的微分，记作 $\mathrm{d}y$，即 $\mathrm{d}y=A\Delta x$.

2. 可微的条件

函数可微的条件　函数 $f(x)$ 在点 x_0 可微的充分必要条件是函数 $f(x)$ 在点 x_0 可导，且当函数 $f(x)$ 在点 x_0 可微时，其微分一定是

$$\mathrm{d}y=f'(x_0)\Delta x$$

证　设函数 $f(x)$ 在点 x_0 可微，则按定义有

$$\Delta y=A\Delta x+o(\Delta x)$$

上式两边除以 Δx，得

$$\frac{\Delta y}{\Delta x}=A+\frac{o(\Delta x)}{\Delta x}$$

于是，当 $\Delta x\to 0$ 时，由上式就得到

$$A = \lim_{\Delta x \to 0} \frac{\Delta y}{\Delta x} = f'(x_0)$$

因此，如果函数 $f(x)$ 在点 x_0 可微，则 $f(x)$ 在点 x_0 也一定可导，且 $A = f'(x_0)$.

反之，如果 $f(x)$ 在点 x_0 可导，即

$$\lim_{\Delta x \to 0} \frac{\Delta y}{\Delta x} = f'(x_0)$$

存在，根据极限与无穷小的关系，上式可写成

$$\frac{\Delta y}{\Delta x} = f'(x_0) + \alpha$$

其中 $\alpha \to 0$（当 $\Delta x \to 0$），且 $A = f'(x_0)$ 是常数，$\alpha \Delta x = o(\Delta x)$. 由此又有

$$\Delta y = f'(x_0)\Delta x + \alpha \Delta x$$

因 $f'(x_0)$ 不依赖于 Δx，故上式相当于

$$\Delta y = A\Delta x + o(\Delta x)$$

所以 $f(x)$ 在点 x_0 也是可微的.

自变量的微分　因为当 $y = x$ 时，$dy = dx = (x)'\Delta x = \Delta x$，所以当 $\Delta x \to 0$ 时，通常把自变量 x 的增量 Δx 称为自变量的微分，记作 dx，即 $dx = \Delta x$. 于是函数 $y = f(x)$ 的微分又可记作

$$dy = f'(x)dx$$

从而有 $\dfrac{dy}{dx} = f'(x)$.

这就是说，函数的微分 dy 与自变量的微分 dx 之商等于该函数的导数. 因此，导数也叫作"微商".

小贴士　Δx 与 dx 的区别在于，Δx 是指自变量发生了改变（未必很小），dx 指自变量发生了微小改变.

3. 微分的几何意义

几何意义：（见图 2.5）当 Δy 是曲线 $y = f(x)$ 上点的纵坐标的增量时，dy 就是曲线的切线上点纵坐标的相应增量. 当 $|\Delta x|$ 很小时，$|\Delta y - dy|$ 比 $|\Delta x|$ 小得多. 因此在点 M 的邻近，切线段 MP 可近似代替曲线段 MN.

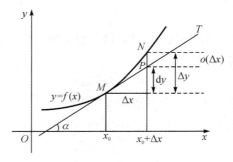

图 2.5　函数 $y = f(x)$ 微分的几何意义图

4. 微分的计算

由微分的定义知，微分的计算和导数一样，只是要在导数结果后乘以 $\mathrm{d}x$，为便于比较，我们还补充了导数公式.

（1）基本初等函数的微分公式.

导数公式：

$(x^{\mu})' = \mu x^{\mu-1}$

$(\sin x)' = \cos x$

$(\cos x)' = -\sin x$

$(\tan x)' = \sec^2 x$

$(\cot x)' = -\csc^2 x$

$(\sec x)' = \sec x \tan x$

$(\csc x)' = -\csc x \cot x$

$(a^x)' = a^x \ln a$

$(e^x)' = e^x$

$(\log_a x)' = \dfrac{1}{x \ln a}$

$(\ln x)' = \dfrac{1}{x}$

$(\arcsin x)' = \dfrac{1}{\sqrt{1-x^2}}$

$(\arccos x)' = -\dfrac{1}{\sqrt{1-x^2}}$

$(\arctan x)' = \dfrac{1}{1+x^2}$

$(\text{arccot} x)' = -\dfrac{1}{1+x^2}$

微分公式：

$\mathrm{d}(x^{\mu}) = \mu x^{\mu-1} \mathrm{d}x$

$\mathrm{d}(\sin x) = \cos x \mathrm{d}x$

$\mathrm{d}(\cos x) = -\sin x \mathrm{d}x$

$\mathrm{d}(\tan x) = \sec^2 x \mathrm{d}x$

$\mathrm{d}(\cot x) = -\csc^2 x \mathrm{d}x$

$\mathrm{d}(\sec x) = \sec x \tan x \mathrm{d}x$

$\mathrm{d}(\csc x) = -\csc x \cot x \mathrm{d}x$

$\mathrm{d}(a^x) = a^x \ln a \mathrm{d}x$

$\mathrm{d}(e^x) = e^x \mathrm{d}x$

$\mathrm{d}(\log_a x) = \dfrac{1}{x \ln a} \mathrm{d}x$

$\mathrm{d}(\ln x) = \dfrac{1}{x} \mathrm{d}x$

$\mathrm{d}(\arcsin x) = \dfrac{1}{\sqrt{1-x^2}} \mathrm{d}x$

$\mathrm{d}(\arccos x) = -\dfrac{1}{\sqrt{1-x^2}} \mathrm{d}x$

$\mathrm{d}(\arctan x) = \dfrac{1}{1+x^2} \mathrm{d}x$

$\mathrm{d}(\text{arccot} x) = -\dfrac{1}{1+x^2} \mathrm{d}x$

（2）函数和、差、积、商的微分法则.

求导法则：

$(u \pm v)' = u' \pm v'$

$(Cu)' = Cu'$

$(u \cdot v)' = u'v + uv'$

$\left(\dfrac{u}{v}\right)' = \dfrac{u'v - uv'}{v^2} \ (v \neq 0)$

微分法则：

$\mathrm{d}(u \pm v) = \mathrm{d}u \pm \mathrm{d}v$

$\mathrm{d}(Cu) = C\mathrm{d}u$

$\mathrm{d}(u \cdot v) = v\mathrm{d}u + v\mathrm{d}v$

$\mathrm{d}\left(\dfrac{u}{v}\right) = \dfrac{v\mathrm{d}u - u\mathrm{d}v}{v^2} \ (v \neq 0)$

例 1 求函数 $y = x^2$ 在 $x = 1$ 和 $x = 3$ 处的微分.

解 函数 $y = x^2$ 在 $x = 1$ 处的微分为

$$\mathrm{d}y = (x^2)'|_{x=1} \Delta x = 2\Delta x$$

函数 $y = x^2$ 在 $x = 3$ 处的微分为

$$\mathrm{d}y = (x^2)'|_{x=3} \Delta x = 6\Delta x$$

例 2 求函数 $y = x^3$ 当 $x = 2$，$\Delta x = 0.02$ 时的微分.

解　先求函数在任意点 x 的微分

$$\mathrm{d}y = (x^3)' \Delta x = 3x^2 \Delta x$$

再求当 $x=2$，$\Delta x = 0.02$ 时函数的微分

$$\mathrm{d}y|_{x=2, \Delta x = 0.02} = 3x^2 \Delta x|_{x=2, \Delta x = 0.02} = 3 \times 2^2 \times 0.02 = 0.24$$

5. 微分的应用

在工程问题中，经常会遇到一些复杂的计算公式. 如果直接用这些公式进行计算，那是很费力的. 利用微分往往可以用简单的近似公式代替一些复杂的计算公式.

例 3　有一批半径为 1 cm 的球，为了提高球面的光洁度，要镀上一层铜，厚度定为 0.01 cm. 估算一下每只球需用铜多少 g（铜的密度是 8.9 g/cm³）？

解　已知球体体积为 $V = \dfrac{4}{3} \pi R^3$，$R_0 = 1$ cm，$\Delta R = 0.01$ cm.

镀层的体积为

$$\Delta V = V(R_0 + \Delta R) - V(R_0) \approx V'(R_0) \Delta R = 4\pi R_0^2 \Delta R$$
$$= 4 \times 3.14 \times 1^2 \times 0.01 \approx 0.13 (\mathrm{cm}^3)$$

于是镀每只球需用的铜约为

$$0.13 \times 8.9 \approx 1.16 (\mathrm{g})$$

例 4　利用微分计算 $\sin 30°30'$ 的近似值.

解　已知 $30°30' = \dfrac{\pi}{6} + \dfrac{\pi}{360}$，$x_0 = \dfrac{\pi}{6}$，$\Delta x = \dfrac{\pi}{360}$.

$$\sin 30°30' = \sin(x_0 + \Delta x) \approx \sin x_0 + \Delta x \cos x_0$$
$$= \sin \frac{\pi}{6} + \cos \frac{\pi}{6} \cdot \frac{\pi}{360}$$
$$= \frac{1}{2} + \frac{\sqrt{3}}{2} \cdot \frac{\pi}{360}$$
$$\approx 0.5076$$

即 $\sin 30°30' \approx 0.5076$.

常用的近似公式（假定 $|x|$ 是较小的数值）：

(1) $\sqrt[n]{1+x} \approx 1 + \dfrac{1}{n} x$；

(2) $\sin x \approx x$（x 用弧度作单位来表达）；

(3) $\tan x \approx x$（x 用弧度作单位来表达）；

(4) $\mathrm{e}^x \approx 1 + x$；

(5) $\ln(1+x) \approx x$.

习题 2.4

1. 求下列函数的微分.

(1) $y = \ln(2 + x^2)$；　(2) $y = \arcsin \sqrt{x}$；　(3) $y = \tan^2(2x + 5)$；

(4) $y=\mathrm{e}^{\arctan 2x}$；　　　　(5) $y=\mathrm{e}^{-2x}\cot 3x$；　(6) $y=\dfrac{\ln x}{1-x^{2}}$.

2. 将适当的函数填入下列括号内，使等号成立.

(1) d(　　　)$=2\mathrm{d}x$；　　　(2) d(　　　)$=x\mathrm{d}x$；

(3) d(　　　)$=\sqrt{x}\,\mathrm{d}x$；　　(4) d(　　　)$=\dfrac{1}{1+x^{2}}\mathrm{d}x$；

(5) d(　　　)$=\sec^{2}3x\mathrm{d}x$；　(6) d(　　　)$=\mathrm{e}^{-2x}x\mathrm{d}x$；

(7) d(　　　)$=\dfrac{1}{x^{2}}\mathrm{d}x$；　　(8) d(　　　)$=\dfrac{x}{\sqrt{1-x^{2}}}\mathrm{d}x$.

3. 利用微分求近似值.

(1) $\sqrt[5]{4.01}$；　(2) $\ln 0.95$；　(3) $\sin 44°$；　(4) $\sqrt[6]{65}$.

4. 半径为 10 cm 的金属圆片，加热后半径伸长了 0.05 cm，求所增加的面积的近似值.

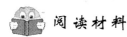 **阅读材料**

导数的起源

（一）早期导数概念——特殊的形式

大约在 1629 年，法国数学家费马研究了作曲线的切线和求函数极值的方法；1637 年左右，他写了一篇手稿《求最大值与最小值的方法》. 在作切线时，他构造了差分 $f(A+E)-f(A)$，发现的因子 E 就是我们现在所说的导数 $f'(A)$.

（二）17 世纪广泛使用的"流数术"

17 世纪生产力的发展推动了自然科学和技术的发展，在前人创造性研究的基础上，数学家牛顿、莱布尼兹等人从不同的角度开始系统地研究微积分. 牛顿的微积分理论被称为"流数术"，他称变量为流量，称变量的变化率为流数，相当于我们所说的导数. 牛顿的有关"流数术"的主要著作是《求曲边形面积》《运用无穷多项方程的计算法》和《流数术和无穷级数》，他把流数理论的实质概括为：它的重点在于一个变量的函数而不在于多变量的方程；在于自变量的变化与函数的变化的比的构成；在于决定这个比当变化趋于零时的极限.

（三）19 世纪导数逐渐成熟的理论

1750 年，达朗贝尔在为法国科学院出版的《百科全书》第四版写的"微分"条目中提出了关于导数的一种观点，可以用现代符号简单表示：$\langle \mathrm{d}y/\mathrm{d}x\rangle=\lim(oy/ox)$. 1823 年，柯西在他的《无穷小分析概论》中定义导数：如果函数 $y=f(x)$ 在变量 x 的两个给定的界限之间保持连续，并且我们为这样的变量指定一个包含在这两个不同界限之间的值，那么会使变量得到一个无穷小增量. 19 世纪 60 年代以后，维尔斯特拉斯创造了 $\varepsilon-\delta$ 语言，对微积分中出现的各种类型的极限重新表达，导数的定义也就成为了今天常见的形式.

第三章　导数的应用

本章先介绍微分中值定理，它的伟大之处在于将原函数与导函数联系在一起，研究原函数的问题，可转化为研究导数的问题．微分中值定理的应用非常广泛，本章主要以定理来指导实践应用．

第一节　微分中值定理

微分中值定理是一个统称，它包含罗尔定理、拉格朗日中值定理、柯西中值定理．本节将一一介绍．

1. 罗尔定理及其应用

定义 1　导数等于零的点称为函数的驻点(或稳定点，临界点).

定理 1(罗尔定理)　如果函数 $f(x)$ 满足：

(1) 在闭区间 $[a, b]$ 上连续；

(2) 在开区间 (a, b) 内可导；

(3) 在区间端点处的函数值相等，即 $f(a) = f(b)$.

那么在 (a, b) 内至少在一点 $\xi(a < \xi < b)$，使得函数 $f(x)$ 在该点的导数等于零，即 $f'(\xi) = 0$（见图 3.1）.

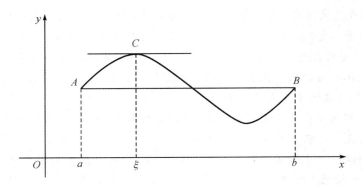

图 3.1　罗尔定理图

证　由于 $f(x)$ 在 $[a, b]$ 上连续，因此必有最大值 M 和最小值 m，于是有两种可能的情形：

(1) $M = m$，此时 $f(x)$ 在 $[a, b]$ 上必然取相同的数值 M，即 $f(x) = M$. 由此得 $f'(x) = 0$. 因此，任取 $\xi \in (a, b)$，有 $f'(\xi) = 0$.

（2）$M>m$，由于 $f(a)=f(b)$，所以 M 和 m 至少与一个不等于 $f(x)$ 在区间 $[a,b]$ 端点处的函数值. 不妨设 $M\neq f(a)$（若 $m\neq f(a)$，可类似证明），则必定在 (a,b) 有一点 ξ 使 $f(\xi)=M$. 因此，任取 $x\in[a,b]$ 有 $f(x)\leqslant f(\xi)$，从而由费马引理有 $f'(\xi)=0$.

定理 2（费马引理）　$y=f(x)$ 在 x_0 的领域内有定义，且 $f(x)\leqslant$（或 $\geqslant$）$f(x_0)$，$f'(x_0)$ 存在，则 $f'(x_0)=0$.

小贴士　在 $[a,b]$ 中曲线 $y=f(x)$ 的局部最大值或最小值处的导数值为 0，即驻点中存在局部最大值或最小值.

例 1　验证罗尔定理对 $f(x)=x^2-2x-3$ 在区间 $[-1,3]$ 上的正确性.

解　显然 $f(x)=x^2-2x-3=(x-3)(x+1)$ 在 $[-1,3]$ 上连续，在 $(-1,3)$ 上可导，且 $f(-1)=f(3)=0$，又 $f'(x)=2(x-1)$，取 $\xi=1(1\in(-1,3))$，有 $f'(\xi)=0$.

说明　（1）若罗尔定理的三个条件中有一个不满足，其结论可能不成立；

（2）使得定理成立的 ξ 可能多于一个，也可能只有一个.

罗尔定理的应用　罗尔定理可用于讨论方程只有一个根，也可用于证明等式.

例 2　证明方程 $xe^x=2$ 在 $(0,1)$ 内有且仅有一个实根.

证　设 $f(x)=xe^x-2$，则 $f(x)$ 在 $(-\infty,+\infty)$ 内可导.

因为 $f(0)<0$，$f(1)>0$，根据零点存在定理，方程 $xe^x=2$ 在 $(0,1)$ 内有一个实根.

若方程 $xe^x=2$ 在 $(0,1)$ 内至少有两个实根 a,b，则 $f(a)=f(b)=0$. 不妨设 $a<b$，由罗尔定理，存在 $\xi\in(a,b)\subset(0,1)$，使 $f'(\xi)=0$，但 $f'(\xi)=e^\xi(1+\xi)>0$，矛盾.

这就证明了方程 $xe^x=2$ 在 $(0,1)$ 内有且仅有一个实根.

2. 拉格朗日中值定理及其应用

定义 2　在实际应用中，由于罗尔定理的条件（3）有时不能满足，使得其应用受到一定限制. 如果将条件（3）去掉，就是下面要介绍的拉格朗日中值定理.

定理 3（拉格朗日中值定理）　如果函数 $f(x)$ 满足：

（1）在闭区间 $[a,b]$ 上连续；

（2）在开区间 (a,b) 内可导.

那么在 (a,b) 内至少有一点 $\xi(a<\xi<b)$，使得等式

$$f(b)-f(a)=f'(\xi)(b-a)$$

成立.

证　弦 AB 的方程为 $y=f(a)+\dfrac{f(b)-f(a)}{b-a}(x-a)$. 曲线 $f(x)$ 减去弦 AB，所得曲线 AB 两端点的函数值相等. 作辅助函数

$$F(x)=f(x)-\left[f(a)+\frac{f(b)-f(a)}{b-a}(x-a)\right]$$

于是 $F(x)$ 满足罗尔定理的条件，则在 (a,b) 内至少存在一点 ξ，使得 $F'(\xi)=0$. 又 $F'(x)=f'(x)-\dfrac{f(b)-f(a)}{b-a}$，所以 $f'(\xi)=\dfrac{f(b)-f(a)}{b-a}$. 即在 (a,b) 内至少有一点 $\xi(a<\xi<b)$，使得 $f(b)-f(a)=f'(\xi)(b-a)$.

说明　（1）$f(b)-f(a)=f'(\xi)(b-a)$ 又称为拉格朗日公式，此公式对于 $b<a$ 也成立；

（2）拉格朗日中值定理精确地表达了函数在一个区间上的增量与函数在该区间内某点处的导数之间的关系（见图3.2）.

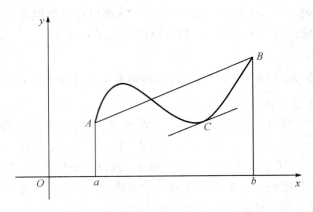

图 3.2　拉格朗日中值定理图

小贴士　　定理的几何意义为，曲线 $y=f(x)$ 在开区间 (a,b) 内必存在某一点，使得它的导数等于直线 AB 的斜率.

拉格朗日中值定理的应用　拉格朗日中值定理可用于证明等式，也可用于证明不等式.

例 3　证明 $\arcsin x + \arccos x = \dfrac{\pi}{2}(-1 \leqslant x \leqslant 1)$.

证　设 $f(x) = \arcsin x + \arccos x$，$x \in [-1,1]$. 由于

$$f'(x) = \frac{1}{\sqrt{1-x^2}} + \left(-\frac{1}{\sqrt{1-x^2}}\right) = 0$$

所以 $f(x) \equiv C$，$x \in [-1,1]$. 又

$$f(0) = \arcsin 0 + \arccos 0 = 0 + \frac{\pi}{2} = \frac{\pi}{2}$$

即 $C = \dfrac{\pi}{2}$. 故

$$\arcsin x + \arccos x = \frac{\pi}{2}$$

例 4　证明当 $x > 0$ 时，$\dfrac{x}{1+x} < \ln(1+x) < x$.

证　令 $f(t) = \ln(1+t)$. 当 $x > 0$ 时，显然 $f(t)$ 在 $[0,x]$ 上满足拉格朗日中值定理的条件. 根据拉格朗日中值定理，存在 $\xi \in (0,x)$，使 $f(x) - f(0) = f'(\xi)x$. 由于

$$f(0) = 0,\ f'(t) = \frac{1}{1+t}$$

所以

$$\ln(1+x) = \frac{x}{1+\xi}$$

又

$$\frac{x}{1+x} < \frac{x}{1+\xi} < x$$

故
$$\frac{x}{1+x}<\ln(1+x)<x$$

3. 柯西中值定理

定理 4(柯西中值定理) 如果函数 $f(x)$ 及 $F(x)$ 在闭区间 $[a,b]$ 上连续,在开区间 (a,b) 内可导,且 $F'(x)$ 在 (a,b) 内每一点处均不为零,那么在 (a,b) 内至少有一点 $\xi(a<\xi<b)$,使等式

$$\frac{f(b)-f(a)}{F(b)-F(a)}=\frac{f'(\xi)}{F'(\xi)}$$

成立.

证 作辅助函数

$$\varphi(x)=f(x)-f(a)-\frac{f(b)-f(a)}{F(b)-F(a)}\big[F(x)-F(a)\big]$$

则 $\varphi(x)$ 满足罗尔定理的条件,于是在 (a,b) 内至少存在一点 ξ,使得 $\varphi'(\xi)=0$,即

$$f'(\xi)=\frac{f(b)-f(a)}{F(b)-F(a)}F'(\xi)=0$$

所以

$$\frac{f(b)-f(a)}{F(b)-F(a)}=\frac{f'(\xi)}{F'(\xi)}$$

证毕.

说明 当 $F(x)=x$ 时,有 $F'(x)=1$,故

$$\frac{f(b)-f(a)}{F(b)-F(a)}=\frac{f'(\xi)}{F'(\xi)},\quad 即 \frac{f(b)-f(a)}{b-a}=f'(\xi)$$

即 $f(b)-f(a)=f'(\xi)(b-a)$,故拉格朗日中值定理是柯西中值定理的特例.

小贴士 柯西中值定理的几何解释是,曲线上必有一点,该点的斜率等于弦 AB 的斜率.

设函数的参数方程为 $\begin{cases} X=F(x) \\ Y=f(x) \end{cases}(a\leqslant x\leqslant b)$,则 $\frac{f(b)-f(a)}{F(b)-F(a)}$ 即为弦 AB 的斜率,而曲线上某一点 $x=\xi$ 处的切线的斜率为 $\frac{\mathrm{d}Y}{\mathrm{d}X}=\frac{f'(\xi)}{F'(\xi)}$. 由柯西中值定理的结论可知,$x=\xi$ 处的斜率等于弦 AB 的斜率.

例 5 设函数 $f(x)$ 在 $[0,1]$ 上连续,在 $(0,1)$ 内可导,证明:至少存在一点 $\xi\in(0,1)$,使 $f'(\xi)=2\xi[f(1)-f(0)]$.

证 结论可变形为 $\frac{f(1)-f(0)}{1-0}=\frac{f'(\xi)}{2\xi}=\frac{f'(x)}{(x^2)'}\Big|_{x=\xi}$.

设 $g(x)=x^2$,则 $f(x)$,$g(x)$ 在 $[0,1]$ 上满足柯西中值定理的条件,所以至少存在一点 $\xi\in(0,1)$,使 $\frac{f(1)-f(0)}{1-0}=\frac{f'(\xi)}{2\xi}$,即

$$f'(\xi)=2\xi[f(1)-f(0)]$$

┌ ─ ─ ─ ─ ─ ─ ┐
　习题 3.1
└ ─ ─ ─ ─ ─ ─ ┘

1. 函数 $f(x) = \sqrt{x}$，在 $[0,2]$ 区间上是否满足罗尔定理，若满足求出定理结论中的 ξ 值.

2. 证明方程 $x^3 + x - 1 = 0$ 只有一个正根.

3. 函数 $f(x) = e^x$，$g(x) = ex$，在区间 $[0,1]$ 是否满足柯西中值定理，若满足求出定理结论中的 ξ 值.

第二节　洛必达法则

在函数的极限运算中我们碰到过下面两种情况，即当 $x \to x_0$ 或 $x \to \infty$ 时，$f(x)$ 与 $g(x)$ 都趋向于 0 或趋向于 ∞，此时极限 $\lim\limits_{\substack{x \to x_0 \\ (x \to \infty)}} \dfrac{f(x)}{g(x)}$ 可能存在，也可能不存在，称这种极限形式为未定式，并分别简记为 $\dfrac{0}{0}$ 型或 $\dfrac{\infty}{\infty}$ 型. 对于这种形式的极限不能直接运用极限四则运算的法则. 本节介绍一种求这两类极限简便且重要的方法，即洛必达法则.

一、$\dfrac{0}{0}$ 型和 $\dfrac{\infty}{\infty}$ 型未定式的求解

1. $\lim\limits_{\substack{x \to x_0 \\ (x \to \infty)}} \dfrac{f(x)}{g(x)}$ 为 $\dfrac{0}{0}$ 型

定理　设

(1) $\lim\limits_{x \to x_0} f(x) = \lim\limits_{x \to x_0} g(x) = 0$；

(2) 在 x_0 的某邻域内（点 x_0 可除外），$f'(x)$ 与 $g'(x)$ 都存在，且 $g'(x) \neq 0$；

(3) $\lim\limits_{x \to x_0} \dfrac{f'(x)}{g'(x)} = A$ （或 ∞），

则有

$$\lim_{x \to x_0} \frac{f(x)}{g(x)} = \lim_{x \to x_0} \frac{f'(x)}{g'(x)} = A \quad (\text{或} \infty)$$

证　作辅助函数

$$f_1(x) = \begin{cases} f(x), & x \neq x_0 \\ 0, & x = x_0 \end{cases}, \quad g_1(x) = \begin{cases} g(x), & x \neq x_0 \\ 0, & x = x_0 \end{cases}$$

在 $\mathring{U}(a, \delta)$ 内任取一点 x，在以 x_0 和 x 为端点的区间上函数 $f_1(x)$ 和 $g_1(x)$ 满足柯西中值定理的条件，则有

$$\frac{f(x)}{g(x)} = \frac{f(x) - f(x_0)}{g(x) - g(x_0)} = \frac{f'(\xi)}{g'(\xi)} \quad (\xi \text{ 在 } x_0 \text{ 与 } x \text{ 之间})$$

当 $x \to x_0$ 时，有 $\xi \to x_0$，故 $\lim\limits_{x \to x_0} \dfrac{f(x)}{g(x)} = \lim\limits_{\xi \to x_0} \dfrac{f'(\xi)}{g'(\xi)} = \lim\limits_{x \to x_0} \dfrac{f'(x)}{g'(x)}$. 证毕.

说明 （1）如果 $\lim\limits_{x \to x_0} \dfrac{f'(x)}{g'(x)}$ 仍属于 $\dfrac{0}{0}$ 型，且 $f'(x)$ 和 $g'(x)$ 满足洛必达法则的条件，可继续使用洛必达法则，即 $\lim\limits_{x \to x_0} \dfrac{f(x)}{g(x)} = \lim\limits_{x \to x_0} \dfrac{f'(x)}{g'(x)} = \lim\limits_{x \to x_0} \dfrac{f''(x)}{g''(x)} = \cdots$；

（2）当 $x \to \infty$ 时，该法则仍然成立，有 $\lim\limits_{x \to \infty} \dfrac{f(x)}{g(x)} = \lim\limits_{x \to \infty} \dfrac{f'(x)}{g'(x)}$.

例 1 求 $\lim\limits_{x \to 0} \dfrac{1 - \cos x}{x^2}$.

解 这是 $\dfrac{0}{0}$ 型，由洛必达法则得

$$\lim_{x \to 0} \frac{1 - \cos x}{x^2} = \lim_{x \to 0} \frac{\sin x}{2x} = \frac{1}{2}$$

例 2 求 $\lim\limits_{x \to 0} \dfrac{\ln \sin ax}{\ln \sin bx}$.

解 这是 $\dfrac{\infty}{\infty}$ 型，由洛必达法则得

$$原式 = \lim_{x \to 0} \frac{a \cos ax \cdot \sin bx}{b \cos bx \cdot \sin ax} = \lim_{x \to 0} \frac{\cos bx}{\cos ax} = 1$$

注意：洛必达法则是求未定式的一种有效方法，与其他求极限方法结合使用，效果更好.

例 3 求 $\lim\limits_{x \to 0} \dfrac{\tan x - x}{x^2 \tan x}$.

解 这是 $\dfrac{0}{0}$ 型，由洛必达法则得

$$原式 = \lim_{x \to 0} \frac{\tan x - x}{x^3} = \lim_{x \to 0} \frac{\sec^2 x - 1}{3x^2} = \frac{1}{3} \lim_{x \to 0} \frac{\tan^2 x}{x^2} = \frac{1}{3}$$

例 4 求 $\lim\limits_{x \to +\infty} \dfrac{\ln x}{x^n}$.

解 这是 $\dfrac{\infty}{\infty}$ 型，由洛必达法则得

$$\lim_{x \to +\infty} \frac{\ln x}{x^n} = \lim_{x \to +\infty} \frac{\frac{1}{x}}{n x^{n-1}} = \lim_{x \to +\infty} \frac{1}{n x^n} = 0$$

二、$0 \cdot \infty, \infty - \infty, 0^0, 1^\infty, \infty^0$ 型未定式的求法

对于这几类未定型，要先化为 $\dfrac{0}{0}$ 型和 $\dfrac{\infty}{\infty}$ 型，然后用洛必达法则求解.

例 5 求 $\lim\limits_{x \to 0^+} x^x$.（$0^0$）型

解 原式 $= \lim\limits_{x \to 0^+} e^{x \ln x} = e^{\lim\limits_{x \to 0^+} x \ln x} = e^{\lim\limits_{x \to 0^+} \frac{\ln x}{\frac{1}{x}}} = e^{\lim\limits_{x \to 0^+} \frac{\frac{1}{x}}{-\frac{1}{x^2}}} = e^0 = 1$.

例 6　求 $\lim\limits_{x\to 1}x^{\frac{1}{1-x}}$ · (1^{∞}) 型

解　原式 $=\lim\limits_{x\to 1}e^{\frac{1}{1-x}\ln x}=e^{\lim\limits_{x\to 1}\frac{\ln x}{1-x}}=e^{\lim\limits_{x\to 1}\frac{\frac{1}{x}}{-1}}=e^{-1}$.

注意：洛必达法则的使用条件.

例 7　求 $\lim\limits_{x\to\infty}\dfrac{x+\cos x}{x}$.

解　原式 $=\lim\limits_{x\to\infty}\dfrac{1-\sin x}{1}=\lim\limits_{x\to\infty}(1-\sin x)$ 极限不存在（洛必达法条件不满足的情况）.

正确解法为：原式 $=\lim\limits_{x\to\infty}\left(1+\dfrac{1}{x}\cos x\right)=1$.

习题 3.2

1. 求下列极限：

(1) $\lim\limits_{x\to 0}\dfrac{\sin 3x}{3-\sqrt{2x+9}}$;

(2) $\lim\limits_{x\to 0}\dfrac{\ln(1+x)}{x}$;

(3) $\lim\limits_{x\to 0}\dfrac{e^x-1}{\sin x}$;

(4) $\lim\limits_{x\to a}\dfrac{x^n-a^n}{x^m-a^m}$;

(5) $\lim\limits_{x\to 0}\left(\dfrac{1}{x}-\dfrac{1}{e^x-1}\right)$;

(6) $\lim\limits_{x\to 1}\left(\dfrac{2}{x^2-1}-\dfrac{1}{x-1}\right)$;

(7) $\lim\limits_{x\to+\infty}\dfrac{e^x}{x^2+1}$;

(8) $\lim\limits_{x\to 0}x^x$.

2. 下列极限是否存在？是否可用洛必达法则求极限，为什么？

(1) $\lim\limits_{x\to+\infty}\dfrac{e^x+e^{-x}}{e^x-e^{-x}}$;

(2) $\lim\limits_{x\to\infty}\dfrac{x+\sin x}{x}$;

(3) $\lim\limits_{x\to 0}\dfrac{x^2\sin\dfrac{1}{x}}{\sin x}$;

(4) $\lim\limits_{x\to 0}\dfrac{e^x-\cos x}{x\sin x}$.

第三节　导数的应用

本节将介绍函数在某点取得极值的必要条件和充分条件，结合实际问题，会用导数求函数的极大值、极小值，从而以数学知识解决问题.

一、函数单调性的判定

如果函数 $y=f(x)$ 在 $[a,b]$ 上单调增加（单调减少），那么它的图形是一条沿 x 轴正向上升（下降）的曲线. 这时曲线的各点处的切线斜率是非负的（是非正的），即 $y'=f'(x)\geqslant 0$ $(y'=f'(x)\leqslant 0)$. 由此可见，函数的单调性与导数的符号有着密切的关系.

反过来，能否用导数的符号来判定函数的单调性呢？

定理 1（函数单调性的判定法）　设函数 $y=f(x)$ 在 $[a,b]$ 上连续，在 (a,b) 内可导.

(1) 如果在 (a,b) 内 $f'(x)>0$，那么函数 $y=f(x)$ 在 $[a,b]$ 上单调增加；

(2) 如果在 (a,b) 内 $f'(x)<0$，那么函数 $y=f(x)$ 在 $[a,b]$ 上单调减少.

证 （1）在 $[a,b]$ 上任取两点 x_1，$x_2(x_1<x_2)$，应用拉格朗日中值定理，得到

$$f(x_2)-f(x_1)=f'(\xi)(x_2-x_1)\ (x_1<\xi<x_2)$$

由于在上式中 $x_2-x_1>0$，因此，如果在 (a,b) 内导数 $f'(x)$ 保持正号，即 $f'(x)>0$，那么也有 $f'(\xi)>0$，于是

$$f(x_2)-f(x_1)=f'(\xi)(x_2-x_1)>0$$

从而 $f(x_1)<f(x_2)$，因此函数 $y=f(x)$ 在 $[a,b]$ 上单调增加.

（2）类似可得. 聪明的读者你能补充证明吗？

例 1 判定函数 $y=x-\sin x$ 在 $[0,2\pi]$ 上的单调性.

解 因为在 $(0,2\pi)$ 内 $y'=1-\cos x>0$，所以由判定法可知，函数 $y=x-\sin x$ 在 $[0,2\pi]$ 上单调增加.

例 2 讨论函数 $y=e^x-x-1$ 的单调性.

解 $y'=e^x-1$ 且函数 $y=e^x-x-1$ 的定义域为 $(-\infty,+\infty)$.

令 $y'=0$，得 $x=0$，因为在 $(-\infty,0)$ 内 $y'<0$，所以函数 $y=e^x-x-1$ 在 $(-\infty,0]$ 内单调减少；又在 $(0,+\infty)$ 内 $y'>0$，所以函数 $y=e^x-x-1$ 在 $[0,+\infty)$ 内单调增加.

例 3 确定函数 $f(x)=2x^3-9x^2+12x-3$ 的单调区间.

解 该函数的定义域为 $(-\infty,+\infty)$.

$f'(x)=6x^2-18x+12=6(x-1)(x-2)$，令 $f'(x)=0$，得 $x_1=1$，$x_2=2$.

列表判断（见表 3.1）.

表 3.1 函数单调区间判定表

x	$(-\infty,1)$	$[1,2]$	$[2,+\infty)$
$f'(x)$	$+$	$-$	$+$
$f(x)$	↗	↘	↗

函数 $f(x)$ 在区间 $(-\infty,1]$ 和 $[2,+\infty)$ 内单调增加，在区间 $[1,2]$ 上单调减少.

二、曲线的凹凸性与拐点

1. 凹凸性的概念

定义 1 设 $f(x)$ 在区间 I 上连续，如果对 I 上任意两点 x_1，x_2 恒有

$$f\left(\frac{x_1+x_2}{2}\right)<\frac{f(x_1)+f(x_2)}{2}$$

那么称 $f(x)$ 在 I 上的图形是（向上）凹的（或凹弧），如图 3.3(a) 所示；如果恒有

$$f\left(\frac{x_1+x_2}{2}\right)>\frac{f(x_1)+f(x_2)}{2}$$

那么称 $f(x)$ 在 I 上的图形是（向上）凸的（或凸弧），如图 3.3(b) 所示.

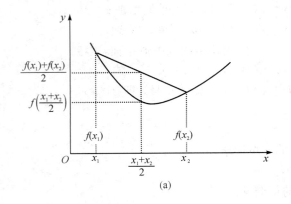
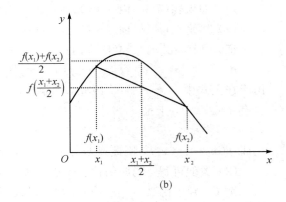

图 3.3　函数凹凸性示意图

2. 曲线凹凸性的判定

定理 2　设 $f(x)$ 在 $[a,b]$ 上连续,在 (a,b) 内具有一阶和二阶导数,那么:

(1) 若在 (a,b) 内 $f''(x) > 0$,则 $f(x)$ 在 $[a,b]$ 上的图形是凹的;

(2) 若在 (a,b) 内 $f''(x) < 0$,则 $f(x)$ 在 $[a,b]$ 上的图形是凸的.

证　只证(1)((2)的证明类似).

设 x_1,$x_2 \in [a,b]$　$(x_1 < x_2)$,记 $x_0 = \dfrac{x_1 + x_2}{2}$.

由拉格朗日中值公式,得

$$f(x_1) - f(x_0) = f'(\xi_1)(x_1 - x_0) = f'(\xi_1)\frac{x_1 - x_2}{2}, \ x_1 < \xi_1 < x_0$$

$$f(x_2) - f(x_0) = f'(\xi_2)(x_2 - x_0) = f'(\xi_2)\frac{x_2 - x_1}{2}, \ x_0 < \xi_2 < x_2$$

两式相加并应用拉格朗日中值公式得

$$f(x_1) + f(x_2) - 2f(x_0) = [f'(\xi_2) - f'(\xi_1)]\frac{x_2 - x_1}{2}$$

$$= f''(\xi)(\xi_2 - \xi_1)\frac{x_2 - x_1}{2} > 0, \ \xi_1 < \xi < \xi_2$$

即 $\dfrac{f(x_1) + f(x_2)}{2} > f\left(\dfrac{x_1 + x_2}{2}\right)$,所以 $f(x)$ 在 $[a,b]$ 上的图形是凹的.

拐点:连续曲线 $y = f(x)$ 上凹弧与凸弧的分界点称为该曲线的拐点.

确定曲线 $y = f(x)$ 的凹凸区间和拐点的步骤:

(1) 确定函数 $y = f(x)$ 的定义域;

(2) 求出在二阶导数 $f''(x)$;

(3) 求使二阶导数为零的点和使二阶导数不存在的点;

(4) 判断或列表判断,确定出曲线凹凸区间和拐点.

注:根据具体情况(1)(3)步有时省略.

例 4　判断曲线 $y = \ln x$ 的凹凸性.

解　$y' = \dfrac{1}{x}$,$y'' = -\dfrac{1}{x^2}$.

因为在函数 $y=\ln x$ 的定义域$(0,+\infty)$内，$y''<0$，所以曲线 $y=\ln x$ 是凸的.

例 5 判断曲线 $y=x^3$ 的凹凸性.

解 因为 $y'=3x^2,y''=6x$. 令 $y''=0$ 得 $x=0$.

当 $x<0$ 时，$y''<0$，所以曲线在$(-\infty,0]$内为凸的；

当 $x>0$ 时，$y''>0$，所以曲线在$[0,+\infty)$内为凹的.

例 6 求曲线 $y=2x^3+3x^2-12x+14$ 的拐点.

解 $y'=6x^2+6x-12$，$y''=12x+6=6(2x+1)$，令 $y''=0$，得 $x=-\dfrac{1}{2}$. 当 $x<-\dfrac{1}{2}$ 时，$y''<0$；当 $x>-\dfrac{1}{2}$ 时，$y''>0$，所以点 $\left(-\dfrac{1}{2},20\dfrac{1}{2}\right)$ 是曲线的拐点.

三、函数的极值与最值

1. 函数的极值及其求法

定义 2 设函数 $f(x)$在 x_0 的某一邻域 $U(x_0)$内有定义，如果对于去心邻域 $\mathring{U}(x_0)$内的任一 x，有 $f(x)<f(x_0)$（或 $f(x)>f(x_0)$），则称 $f(x_0)$是函数 $f(x)$的一个极大值（或极小值）.

函数的极大值与极小值统称为函数的极值，使函数取得极值的点称为极值点.

说明 函数的极大值和极小值概念是局部性的. 如果 $f(x_0)$是函数 $f(x)$的一个极大值，那只是就 x_0 附近的一个局部范围来说，$f(x_0)$是 $f(x)$的一个最大值；如果就 $f(x)$的整个定义域来说，$f(x_0)$不一定是最大值. 对于极小值情况类似.

由费马引理可得：

定理 3（必要条件） 设函数 $f(x)$在点 x_0 处可导，且在 x_0 处取得极值，那么函数在 x_0 处的导数为零，即 $f'(x_0)=0$.

定理 3 可叙述为：可导函数 $f(x)$的极值点必定是函数的驻点. 但是反过来，函数 $f(x)$的驻点却不一定是极值点.

小贴士 定理 3 告诉我们，极值点存在于一阶导数为 0 的驻点中. 因定理是必要条件，也就是所有的驻点不一定都是极值点.

定理 4（第一种充分条件） 设函数 $f(x)$在点 x_0 处连续，在 x_0 的某去心邻域 $\mathring{U}(x_0,\delta)$内可导.

(1) 若 $x\in(x_0-\delta,x_0)$时，$f'(x)>0$，而 $x\in(x_0,x_0+\delta)$时，$f'(x)<0$，则函数 $f(x)$在 x_0 处取得极大值；

(2) 若 $x\in(x_0-\delta,x_0)$时，$f'(x)<0$，而 $x\in(x_0,x_0+\delta)$时，$f'(x)>0$，则函数 $f(x)$在 x_0 处取得极小值；

(3) 如果 $x\in\mathring{U}(x_0,\delta)$时，$f'(x)$不改变符号，则函数 $f(x)$在 x_0 处没有极值.

2. 确定极值点和极值的步骤

(1) 求出导数 $f'(x)$；

(2) 求出 $f(x)$的全部驻点和不可导点；

（3）列表判断（考察 $f'(x)$ 的符号在每个驻点和不可导点的左右邻近的情况，以便确定该点是否是极值点，如果是极值点，还要按定理 4 确定对应的函数值是极大值还是极小值）；

（4）确定出函数的所有极值点和极值.

例 7　求出函数 $f(x)=x^3-3x^2-9x+5$ 的极值.

解　$f'(x)=3x^2-6x-9=3(x+1)(x-3)$.

令 $f'(x)=0$ 得驻点 $x_1=-1$，$x_2=3$.

列表讨论（见表 3.2）.

表 3.2　函数的一阶导数极值判定表

x	$(-\infty,-1)$	-1	$(-1,3)$	3	$(3,+\infty)$
$f'(x)$	$+$	0	$-$	0	$+$
$f(x)$	↗	极大值	↘	极小值	↗

所以极大值 $f(-1)=10$，极小值 $f(3)=-22$. 函数 $f(x)=x^3-3x^2-9x+5$ 的图像如图 3.4 所示.

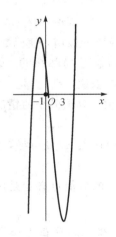

图 3.4　函数 $f(x)=x^3-3x^2-9x+5$ 的图像

例 8　求函数 $f(x)=(x-4)\sqrt[3]{(x+1)^2}$ 的极值.

解　显然函数 $f(x)$ 在 $(-\infty,+\infty)$ 内连续，除了 $x=-1$，处处可导，且 $f'(x)=\dfrac{5(x-1)}{3\sqrt[3]{x+1}}$. 令 $f'(x)=0$，得驻点 $x=1$，$x=-1$ 为 $f(x)$ 的不可导点.

列表判断（见表 3.3）.

表 3.3　函数的一阶导数极值判定表

x	$(-\infty,-1)$	-1	$(-1,1)$	1	$(1,+\infty)$
$f'(x)$	$+$	不可导	$-$	0	$+$
$f(x)$	↗	0	↘	$-3\sqrt[3]{4}$	↗

所以极大值为 $f(-1)=0$，极小值为 $f(1)=-3\sqrt[3]{4}$.

定理 5(第二种充分条件) 设函数 $f(x)$ 在点 x_0 处具有二阶导数且 $f'(x_0)=0$，$f''(x_0)\neq 0$，那么

(1) 当 $f''(x_0)<0$ 时，函数 $f(x)$ 在 x_0 处取得极大值；

(2) 当 $f''(x_0)>0$ 时，函数 $f(x)$ 在 x_0 处取得极小值.

证 对情形(1)，由于 $f''(x_0)<0$，由二阶导数的定义有

$$f''(x_0)=\lim_{x\to x_0}\frac{f'(x)-f'(0)}{x-x_0}<0$$

根据函数极限的局部保号性，当 x 在 x_0 的足够小的去心邻域内时，$\dfrac{f'(x)-f'(x_0)}{x-x_0}<0$. 但 $f'(x_0)=0$，所以上式即为 $\dfrac{f'(x)}{x-x_0}<0$. 于是对于去心邻域内的 x 来说，$f'(x)$ 与 $x-x_0$ 符号相反. 因此，当 $x-x_0<0$ 即 $x<x_0$ 时，$f'(x)>0$；当 $x-x_0>0$ 即 $x>x_0$ 时，$f'(x)<0$. 根据定理 4，$f(x)$ 在 x_0 处取得极大值.

类似地可以证明情形(2).

说明 如果函数 $f(x)$ 在驻点 x_0 处的二导数 $f''(x_0)\neq 0$，那么该点 x_0 一定是极值点，并可以按 $f''(x_0)$ 的符号来判定 $f(x_0)$ 是极大值还是极小值. 但如果 $f''(x_0)=0$，定理 5 就不能应用.

例如，讨论函数 $f(x)=x^4$，$g(x)=x^3$ 在点 $x=0$ 是否有极值.

因为 $f'(x)=4x^3$，$f''(x)=12x^2$，所以 $f'(0)=0$，$f''(0)=0$. 但当 $x<0$ 时，$f'(x)<0$；当 $x>0$ 时，$f'(x)>0$. 所以 $f(0)$ 为极小值. 而 $g'(x)=3x^2$，$g''(x)=6x$，所以 $g'(0)=0$，$g''(0)=0$. 但 $g(0)$ 不是极值.

例 9 求出函数 $f(x)=x^3+3x^2-24x-20$ 的极值.

解 $f'(x)=3x^2+6x-24=3(x+4)(x-2)$.

令 $f'(x)=0$，得驻点 $x_1=-4$，$x_2=2$.

由于 $f''(x)=6x+6$，$f''(-4)=-18<0$，所以极大值 $f(-4)=60$，而 $f''(2)=18>0$，所以极小值 $f(2)=-48$.

函数 $f(x)=x^3+3x^2-24x-20$ 的图像如图 3.5 所示.

注意 当 $f''(x_0)=0$ 时，$f(x)$ 在点 x_0 处不一定取得极值，此时仍用定理 4 判断. 函数的不可导点，也可能是函数的极值点.

例 10 求函数 $f(x)=(x^2-1)^3+1$ 的极值.

解 $f'(x)=6x(x^2-1)^2$，令 $f'(x)=0$，求得驻点 $x_1=-1$，$x_2=0$，$x_3=1$. 又 $f''(x)=6(x^2-1)(5x^2-1)$，所以 $f''(0)=6>0$，因此 $f(x)$ 在 $x=0$ 处取得极小值，极小值为 $f(0)=0$.

因为 $f''(-1)=f''(1)=0$，所以用定理 5 无法判别. 而 $f(x)$ 在 $x=-1$ 处的左右邻域内 $f'(x)<0$，所以 $f(x)$ 在 $x=-1$ 处没有极值；同理，$f(x)$ 在 $x=1$ 处也没有极值.

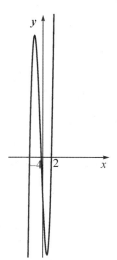

图 3.5 函数 $f(x)=x^3+3x^2-24x-20$ 的图像

四、最大值与最小值问题

1. 极值与最值的关系

如图 3.6 所示，函数有多个极大值和极小值. 那么在 $[a,b]$ 上，最大值是 $M1$、$M2$、$f(a)$、$f(b)$ 中的最大者，同样，最小值是 $m1$、$m2$、$f(a)$、$f(b)$ 中的最小者.

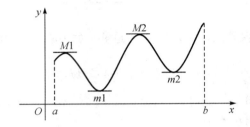

图 3.6　极值与最值的关系图

2. 求最大值和最小值的步骤

(1) 求驻点和不可导点；

(2) 求区间端点及驻点和不可导点的函数值，比较大小，哪个大哪个就是最大值，哪个小哪个就是最小值.

注意：如果区间内只有一个极值，则这个极值就是最值（最大值或最小值）.

例 11　求函数 $y=2x^3+3x^2-12x+14$ 在 $[-3,4]$ 上的最大值和最小值.

解　$f'(x)=6x^2+6x-12$　解方程 $f'(x)=0$，得 $x_1=-2$，$x_2=1$.

由于 $f(-3)=23$，$f(-2)=34$，$f(1)=7$，$f(4)=142$，因此函数 $y=2x^3+3x^2-12x+14$ 在 $[-3,4]$ 上的最大值为 $f(4)=142$，最小值为 $f(1)=7$.

3. 导数的应用

例 12　工厂铁路线上 AB 段的距离为 100 km. 工厂 C 距 A 处为 20 km，AC 垂直于 AB. 为了运输需要，要在 AB 线上选定一点 D 向工厂修筑一条公路，如图 3.7 所示. 已知铁路每千米货运的运费与公路上每千米货运的运费之比为 $3:5$. 为了使货物从供应站 B 运到工厂 C 的运费最省，问 D 点应选在何处？

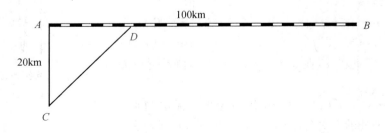

图 3.7　运输线路示意图

解　设 $AD=x$(km)，则

$$DB=(100-x)\ (\text{km}),\quad CD=\sqrt{20^2+x^2}=\sqrt{400+x^2}\ (\text{km})$$

再设从 B 点到 C 点需要的总运费为 y，那么 $y=5k\cdot CD+3k\cdot DB$（k 是某个正数），即

$$y=5k\sqrt{400+x^2}+3k(100-x)\quad (0\leqslant x\leqslant 100)$$

于是问题归结为 x 在 $[0,100]$ 上取何值时目标函数 y 的值最小.

先求 y 对 x 的导数：$y'=k\left(\dfrac{5x}{\sqrt{400+x^2}}-3\right)$. 解方程 $y'=0$ 得 $x=15$(km).

由于 $y|_{x=0}=400k$，$y|_{x=15}=380k$，$y|_{x=100}=500k\sqrt{1+\dfrac{1}{5^2}}$，其中以 $y|_{x=15}=380k$ 为最小，因此当 $AD=x=15$(km)时总运费最省.

说明　实际问题中往往根据问题的性质可以断定函数 $f(x)$ 确有最大值或最小值，和一定在定义区间内部取得. 这时如果 $f(x)$ 在定义区间内部只有一个驻点 x_0，那么不必讨论 $f(x_0)$ 是否是极值就可断定 $f(x_0)$ 是最大值或最小值，如图 3.8 所示.

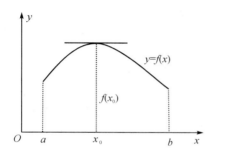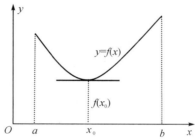

图 3.8　最值判定图

例 13　一房东有 50 套公寓要出租. 当租金定为每月 180 元时，公寓会全部租出去. 当租金每月增加 10 元时，就有一套公寓租不出去，而租出去的房子每月需花费 20 元的整修维护费. 试问房租定为多少可获得最大收入？

解　设房租定为 x 元. 显然，$x\geqslant 180$ 元.

则租不出去的套数为 $\dfrac{x-180}{10}$，每套租出去的公寓纯收益为 $(x-20)$ 元.

房东总收益为 $P(x)=\left(50-\dfrac{x-180}{10}\right)(x-20)=-\dfrac{x^2}{10}+70x-1360$

$$P'(x)=-\dfrac{x}{5}+70=0,\ 得\ x=350$$

因所求问题存在最优解，而驻点只有一个，故 $x=350$ 时，$P(350)=10\,890$ 就是最大收益.

例 14　某公司估算生产 x 件产品的成本为 $C(x)=2560+2x+0.001x^2$（元），问产量为多少时平均成本最低，平均成本的最小值为多少？

解　平均成本函数为 $\overline{C}(x)=\dfrac{2560}{x}+2+0.001x$，$x\in[0,+\infty)$.

由 $\overline{C}'(x)=-\dfrac{2560}{x^2}+0.001=0$ 得 $x=1600$ 件，而 $\overline{C}(1600)=5.2$（元/件），所以产量为

1600 件时平均成本最低，且平均成本的最小值为 5.2(元/件).

4. 边际与弹性

边际分析和弹性分析是经济数量分析的重要组成部分，是微分法的重要应用. 它密切了数学与经济问题的联系. 在分析经济量的关系时，不仅要知道因变量依赖于自变量变化的函数关系，还要进一步了解这个函数变化的速度，即函数的变化率，它的边际函数；不仅要了解某个函数的绝对变化率，还要进一步了解它的相对变化率，即它的弹性函数. 经过深层次的分析，就可以探求取得最佳经济效益的途径.

1) 边际分析

边际作为一个数学概念，是指函数 $y=f(x)$ 中变量 x 的某一值的"边缘"上 y 的变化. 它是瞬时变化率，也就是 y 对 x 的导数. 用数学语言表达为：设函数 $y=f(x)$ 在 (a,b) 内可导，则称导数 $f'(x)$ 为 $f(x)$ 在 (a,b) 内的边际函数；在 x_0 处的导数值 $f'(x_0)$ 称为 $f(x)$ 在 x_0 处的边际值. 根据不同的经济函数，边际函数有不同的称呼，如边际成本、边际收益、边际利润、边际需求、边际产值、边际消费、边际储蓄等. 本文主要分析前四个边际函数的应用.

(1) 边际成本. 在经济学中，把产量增加一个单位时所增加的总成本或增加这一个单位产品的生产成本定义为边际成本，边际成本就是总成本函数在所给定点的导数，即 $C=C(x)$ 的导数，记作 $C'(x)$.

(2) 边际收益. 是指销售量增加一个单位时所增加的总收益或增加这一个单位的销售产品的销售收入，是总收入函数在给定点的导数，即总收益函数 $R=R(x)$ 的导数 $R'(x)$.

(3) 边际利润. 对于利润函数 $L=L(x)$ 的导数 $L'(x)$，称产量为 x 单位时的边际利润.

(4) 边际需求. 对于需求函数 $Q=Q(p)$ 的导数 $Q'(p)$，称产量为 p 单位时的边际需求.

例 15　设某企业的产品成本函数和收入函数分别为 $C(x)=3000+200x+\dfrac{x^2}{5}$ 和

$R(x)=350x+\dfrac{x^2}{20}$，其中 x 为产量，单位为件，$C(x)$ 和 $R(x)$ 的单位为千元，求：

(1) 边际成本、边际收益、边际利润；

(2) 产量 $x=20$ 时的收入和利润，并求此时的边际收益和边际利润，解释其经济意义.

解　由边际的定义：

(1) 边际成本　　$C'(x)=200+\dfrac{2}{5}x$

边际收益　　$R'(x)=350+\dfrac{x}{10}$

边际利润　　$L'(x)=R'(x)-C'(x)=150-\dfrac{3}{10}x$

(2) 当产量为 20 件时，其收入和利润为

$$C(20)=3000+200\times20+\frac{(20)^2}{5}=7080(千元)$$

$$R(20)=350\times20+\frac{(20)^2}{20}=7020(千元)$$

$$L(20)=R(20)-C(20)=7020-7080=-60(千元)$$

其边际收益与边际利润为

$$C'(20)=200+\frac{2}{5}\times20=208(千元/件)$$

$$R'(20)=350+\frac{20}{10}=352(千元/件)$$

$$L'(20)=R'(20)-C'(20)=352-208=144(千元/件)$$

上面计算说明,在生产 20 件产品的水平上,再把产品都销售的利润为负值,即发生了亏损,亏损值为 60 千元;而此时的边际收益较大,即生产一件产品收入为 352 千元,从而得利润 144 千元.这样一来,该企业的生产水平由 20 件变到 21 件时,就将由亏损 60 千元的局面转变到盈利 144-60=84 千元的局面,故应该再增加产量.

2)弹性分析

引例 设 $y=x^2$,当 x 由 10 变到 11 时,y 由 100 变到 121.显然,自变量和函数的绝对改变量分别是 $\Delta x=1$,$\Delta y=21$,而它们的相对改变量 $\frac{\Delta x}{x}$ 和 $\frac{\Delta y}{y}$ 分别为

$$\frac{\Delta x}{x}=\frac{1}{10}=10\%$$

$$\frac{\Delta y}{y}=\frac{21}{100}=21\%$$

这表明,当自变量 x 由 10 变到 11 的相对变动为 10% 时,函数 y 的相对变动为 21%,这时两个相对改变量的比为

$$E=\frac{\Delta y/y}{\Delta x/x}=\frac{21\%}{10\%}=2.1$$

解释 E 的意义:$x=10$ 时,当 x 改变 1% 时,y 平均改变 2.1%,我们称 E 为从 $x=10$ 到 $x=11$ 时函数 $y=x^2$ 的平均相对变化率,也称为平均意义下函数 $y=x^2$ 的弹性.

这个大小度量了 $f(x)$ 对 x 变化反映的强烈程度.特别是在经济学中,定量描述一个经济变量对另一个经济变量变化的反映程度对科学决策至关重要.

如果极限

$$\lim_{\Delta x\to0}\frac{\Delta y/f(x_0)}{\Delta x/x_0}=\lim_{\Delta x\to0}\frac{[f(x_0+\Delta x)-f(x_0)]/f(x_0)}{\Delta x/x_0}$$

存在,则称此极限值为函数 $y=f(x)$ 在点 x_0 处的点弹性,记为 $\left.\frac{Ey}{Ex}\right|_{x=x_0}$,

$$\left.\frac{Ey}{Ex}\right|_{x=x_0}=\lim_{\Delta x\to0}\frac{x_0}{f(x_0)}\cdot\frac{\Delta y}{\Delta x}=\frac{x_0}{f(x_0)}f'(x_0)$$

称 $\frac{Ey}{Ex}=\frac{x}{f(x)}f'(x)$ 为函数 $y=f(x)$ 在区间 I 上的点弹性函数,简称弹性函数.

而称

$$\frac{\Delta y/f(x_0)}{\Delta x/x_0}=\frac{[f(x_0+\Delta x)-f(x_0)]/f(x_0)}{\Delta x/x_0}$$

为函数 $y=f(x)$ 在以 x_0 与 $x_0+\Delta x$ 为端点的区间上的弧弹性.

弧弹性表达了函数 $f(x)$ 当自变量 x 从 x_0 变到 $x_0+\Delta x$ 时函数的平均相对变化率,而点弹性正是函数 $f(x)$ 在点 x_0 处的相对变化率.

例 16 求指数函数 $y=a^x(a>0,a\neq1)$ 的弹性函数.

解　因为 $y'=a^x\ln a$，所以

$$\frac{Ey}{Ex}=y'\frac{x}{y}=a^x\ln a\cdot\frac{x}{a^x}=x\ln a$$

函数的弹性表达了函数 $f(x)$ 在 x 处的相对变化率，粗略来说，就是当自变量的值每改变百分之一所引起函数变化的百分数. 下面介绍常见的几个弹性.

（1）需求弹性. 它是在需求分析中经常用来测定需求对价格反映程度的一个经济指标. 设需求函数 $Q=Q(p)$，则需求弹性为

$$\frac{EQ}{Ep}=\frac{p}{Q(p)}Q'(p)$$

它表示价格为 p 时，价格改变 1%，需求量 Q 变化的百分数.

（2）成本弹性. 设总成本函数为 $C=C(x)$（x 为产量），则成本弹性为

$$\frac{EC}{Ex}=\frac{x}{C(x)}C'(x)$$

它表示产量为 x 时，产量改变 1%，总成本 C 变化的百分数.

（3）收益弹性. 设收益函数为 $R=R(x)$（x 为产量），则收益弹性为

$$\frac{ER}{Ex}=\frac{x}{R(x)}=R'(x)$$

它表示产量为 x 时，产量改变 1%，总收益 R 变化的百分数.

┌─────────┐
│ 习题 3.3 │
└─────────┘

1. 试求出函数 $y=\dfrac{1}{3}x^3-2x^2+3x$ 的单调区间.

2. 下列说法是否正确？为什么？

（1）若 $f'(x_0)=0$，则 x_0 为 $f(x)$ 的极值点.

（2）若在 x_0 的左边有 $f'(x)>0$，在 x_0 的右边有 $f'(x)<0$，则点 x_0 一定是 $f(x)$ 的极大值点.

（3）$f(x)$ 的极值点一定是驻点或不可导点，反之则不成立.

3. 求下列函数的极值点和极值.

（1）$y=2x^3-3x^2$；　　　　　　　（2）$y=x-\ln(1+x^2)$；

（3）$y=(x+1)^{\frac{2}{3}}(x-5x)^2$；　　　（4）$y=2x-\ln(4x)^2$.

4. 求函数 $f(x)=x^2-4x+1$ 在 $[-3,3]$ 上的最大值和最小值.

5. 轮船 A 位于轮船 B 以东 75 km 处，以 12 km/h 的速率向西行驶，而轮船 B 则以 6 km/h 的速率向北行驶. 问经过多长时间，两船相距最近？

6. 要造一个体积为 $2000\ \pi\text{m}^3$ 的圆柱形无盖水池，已知底部单位造价是周围单位造价的两倍. 问水池的底半径与高各是多少，才使水池造价最低？

7. 某商场一年内要分批购进某商品 2400 件，每件商品批发价为 6 元，每件商品每年占用银行资金为 10% 利率，每批商品的采购费用为 160 元，问分几批购进时，才能使上述两项开支之和最少（不包括商品批发价）？

8. 商品的需求函数为 $Q(p)=75-p^2$,

(1) 确定 $p=4$ 时的边际需求,并说明其经济意义;

(2) 确定 $p=4$ 时的需求弹性,并说明其经济意义;

(3) 确定 $p=4$ 时,若价格 p 上涨 1%,总收益将变化百分之几? 是增加还是减少?

(4) 当 $p=6$ 时,若价格 p 上涨 1%,总收益将变化百分之几? 是增加还是减少?

(5) 当 p 为多少时,总收益最大?

 阅读材料

第二次数学危机

十七世纪末牛顿和莱布尼兹发现微积分而发生的激烈争论,被称为第二次数学危机. 从历史或逻辑的观点来看,这次危机的发生带有必然性.

在 17 世纪晚期,形成了无穷小演算——微积分这门学科. 牛顿和莱布尼兹被公认为微积分的奠基者. 他们的功绩主要在于:把各种有关问题的解法统一成微分法和积分法;有明确的计算步骤. 微分法和积分法互为逆运算. 由于运算的完整性和应用的广泛性,微积分成为解决问题的重要工具. 同时,关于微积分基础的问题也越来越严重.

无穷小量究竟是不是零? 无穷小及其分析是否合理? 由此而引起了数学界甚至哲学界长达一个半世纪的争论,造成第二次动摇数学理论基础的危机.

无穷小量究竟是不是零? 两种答案都会导致矛盾. 牛顿曾对它作过三种不同解释:1669 年说它是一种常量;1671 年又说它是一个趋于零的变量;1676 年又说它是"两个正在消逝的量的最终比". 但是,他始终无法解决上述矛盾. 莱布尼兹试图用和无穷小量成比例的有限量的差分来代替无穷小量. 但是,他也没有找到从有限量过渡到无穷小量的桥梁.

19 世纪 70 年代初,魏尔斯特拉斯、狄德金、康托等人独立地建立了实数理论,而且在实数理论的基础上,建立起极限论的基本定理,给出现在通用的 $\varepsilon-\delta$ 的极限、连续定义,并把导数、积分等概念都严格地建立在极限的基础上,从而消除了危机和矛盾.

第四章　不 定 积 分

前面我们已经学过了微分运算，正如加法有其逆运算减法，乘法有其逆运算除法一样，微分也有其逆运算——积分. 我们已经知道，微分法的基本问题是研究如何从已知函数求出它的导函数，与之相反的问题是：求一个未知函数，使其导函数恰好是某一已知函数. 这就是本章要讲的不定积分.

第一节　原函数与不定积分

一、原函数的概念

我们知道 $\sin x$ 的导数是 $\cos x$，那么 $\sin x$ 是 $\cos x$ 的一个原函数，之所以说是一个原函数，是因为 $\sin x + 2$ 的导数也是 $\cos x$. 下面给出原函数的定义.

定义 1　设 $f(x)$ 是定义在区间 I 上的已知函数，若存在一个函数 $F(x)$，对于区间 I 上的每一点 x 都满足 $F'(x) = f(x)$ 或 $\mathrm{d}F(x) = f(x)\mathrm{d}x$，则称函数 $F(x)$ 是 $f(x)$ 在区间 I 上的一个原函数.

例如，在区间 R 内，因为 $(x^3)' = 3x^2$，故 x^3 是 $3x^2$ 的一个原函数，又因为 $(x^3+1)' = 3x^2$，$(x^3+C)' = 3x^2$（其中 C 是任意实数），故 x^3+1，x^3+C 也是 $3x^2$ 的原函数. 由此可知，如果一个函数有原函数，它的原函数不是唯一的.

性质　若函数 $f(x)$ 有原函数，则它有无数多个原函数，且任意两个原函数的差是一个常数.

此性质表明，若 $F(x)$ 是 $f(x)$ 的一个原函数，则 $f(x)$ 就有无数多个原函数，并且任意一个原函数都可以表示为 $F(x)+C$（其中 C 是任意常数）.

二、不定积分的定义

定义 2　函数 $f(x)$ 在区间 I 上的任意原函数叫作 $f(x)$ 的不定积分，记作 $\int f(x)\mathrm{d}x$，其中"$\int$"称为积分号，$f(x)$ 称为被积函数，$f(x)\mathrm{d}x$ 称为被积表达式，x 称为积分变量.

易知，若 $F(x)$ 是 $f(x)$ 的一个原函数，即 $F'(x) = f(x)$，则有 $\int f(x)\mathrm{d}x = F(x)+C$，其中 C 是任意常数，称为积分常数.

例如，因为 x^3 是 $3x^2$ 的一个原函数，所以 $3x^2$ 的不定积分是 x^3+C，即 $\int 3x^2\mathrm{d}x = x^3+C$.

为简便起见，在不致发生混淆的情况下，不定积分也简称为积分. 我们把求不定积分的运算称为积分运算，求不定积分的方法称为积分法.

例 1　求下列不定积分：

(1) $\displaystyle\int x^5 \mathrm{d}x$;　　　(2) $\displaystyle\int \mathrm{e}^x \mathrm{d}x$.

解 (1) 因为 $\left(\dfrac{1}{6}x^6\right)' = x^5$，即 $\dfrac{1}{6}x^6$ 是 x^5 的一个原函数，所以 $\displaystyle\int x^5 \mathrm{d}x = \dfrac{1}{6}x^6 + C$;

(2) 因为 $(\mathrm{e}^x)' = \mathrm{e}^x$，即 e^x 是 e^x 的一个原函数，所以 $\displaystyle\int \mathrm{e}^x \mathrm{d}x = \mathrm{e}^x + C$.

例 2 用微分法验证 $\displaystyle\int \dfrac{1}{x}\mathrm{d}x = \ln|x| + C$ 是否正确.

解 当 $x > 0$ 时，$(\ln|x|)' = (\ln x)' = \dfrac{1}{x}$；当 $x < 0$ 时，

$$(\ln|x|)' = [\ln(-x)]' = \frac{1}{-x} \cdot (-1) = \frac{1}{x}$$

即 $\ln|x|$ 是 $\dfrac{1}{x}$ 的一个原函数，因此 $\displaystyle\int \dfrac{1}{x}\mathrm{d}x = \ln|x| + C$.

由不定积分的定义，易得下面两条基本性质：

(1) $\left[\displaystyle\int f(x)\mathrm{d}x\right]' = f(x)$，或 $\mathrm{d}\left[\displaystyle\int f(x)\mathrm{d}x\right]' = f(x)\mathrm{d}x$;

(2) $\displaystyle\int F'(x)\mathrm{d}x = F(x) + C$，或 $\displaystyle\int \mathrm{d}F(x) = F(x) + C$.

由此可知，微分运算与积分运算是互逆的.

三、不定积分的几何意义

例 3 已知某曲线经过点 $A(0, 1)$，且其上任意一点处的切线的斜率等于 $4x$，求此曲线方程.

解 设所求曲线方程为 $y = f(x)$，则 $f'(x) = 4x$，从而 $f(x)$ 是 $4x$ 的一个原函数. 又因为 $(2x^2)' = 4x$，所以 $2x^2$ 是 $4x$ 的一个原函数. 故 $f(x) = 2x^2 + C$.

因为曲线过点 $A(0, 1)$，即令 $x = 0$，所以 $f(x) = 1$，得 $C = 1$. 于是所求的曲线方程是 $f(x) = 2x^2 + 1$.

若 $F(x)$ 是 $f(x)$ 的一个原函数，则称 $y = F(x)$ 的图像为 $f(x)$ 的一条积分曲线. $f(x)$ 的不定积分在几何上表示 $f(x)$ 的某一积分曲线沿纵轴方向任意平移所得一切积分曲线组成的曲线簇. 显然，若在每一条积分曲线上横坐标相同的点作切线，则这些切线互相平行，如图 4.1 所示.

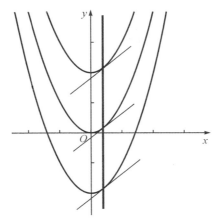

图 4.1　积分曲线图

习题 4.1

1. 填空.

(1) _____ 是 $x^2 + \cos x$ 的一个原函数，而 _____ 的一个原函数是 $x^2 + \cos x$.

(2) 设 $f(x)$ 是连续函数，则 $\mathrm{d}\displaystyle\int f(x)\mathrm{d}x =$ _____，$\displaystyle\int f'(x)\mathrm{d}x =$ _____，

$\dfrac{\mathrm{d}}{\mathrm{d}x}\displaystyle\int \mathrm{d}f(x) =$ _____.

2. 用微分法验证下列等式是否正确.

(1) $\displaystyle\int (3x^2 - 2\cos x)\mathrm{d}x = x^3 - 2\sin x + C$;

(2) $\displaystyle\int \left(\dfrac{2x}{1 + x^2} - \mathrm{e}^{-2x+1} \right)\mathrm{d}x = \ln(1 + x^2) + \dfrac{1}{2}\mathrm{e}^{-2x+1} + C$.

3. 求下列不定积分.

(1) $\displaystyle\int \sin x\,\mathrm{d}x$;　　　　　　(2) $\displaystyle\int \dfrac{1}{1 + x^2}\mathrm{d}x$.

4. 设曲线过点 $(1, 3)$，且其上任一点处切线的斜率是该点横坐标的两倍，求此曲线的方程.

5. 某工厂生产一种产品，已知其边际成本函数 $C'(Q) = 1\,600Q^{-\frac{1}{3}}$，其中 Q 为该产品的产量. 当产量 $Q = 512$ 时，成本 $C(512) = 17\,240$，求成本函数 $C(Q)$.

第二节　不定积分基本公式及直接积分法

一、不定积分基本公式

因为积分与微分是互逆运算，所以由微分基本公式易得积分基本公式.

(1) $\displaystyle\int 0\,\mathrm{d}x = C$;

(2) $\displaystyle\int 1\,\mathrm{d}x = \int \mathrm{d}x = x + C$;

(3) $\displaystyle\int x^a\,\mathrm{d}x = \dfrac{x^{a+1}}{a+1} + C \,(a \neq -1,\ x > 0)$;

(4) $\displaystyle\int \dfrac{1}{x}\,\mathrm{d}x = \ln|x| + C$;

(5) $\displaystyle\int \mathrm{e}^x\,\mathrm{d}x = \mathrm{e}^x + C$;

(6) $\displaystyle\int a^x\,\mathrm{d}x = \dfrac{a^x}{\ln a} + C \,(a \neq 1,\ a > 0)$;

(7) $\displaystyle\int \sin x\,\mathrm{d}x = -\cos x + C$;

(8) $\displaystyle\int \cos x\,\mathrm{d}x = \sin x + C$;

(9) $\displaystyle\int \sec^2 x \mathrm{d}x = \int \frac{1}{\cos^2 x} \mathrm{d}x = \tan x + C$;

(10) $\displaystyle\int \csc^2 x \mathrm{d}x = \int \frac{1}{\sin^2 x} \mathrm{d}x = -\cot x + C$;

(11) $\displaystyle\int \frac{1}{\sqrt{1-x^2}} \mathrm{d}x = \arcsin x + C$;

(12) $\displaystyle\int \frac{1}{1+x^2} \mathrm{d}x = \arctan x + C$.

以上积分基本公式,读者必须牢牢记住,因为其他函数的不定积分经运算变形后,最后都可归为这些基本不定积分的计算.

例 1 求下列不定积分.

(1) $\displaystyle\int x^5 \mathrm{d}x$; (2) $\displaystyle\int \frac{1}{x^3} \mathrm{d}x$; (3) $\displaystyle\int 2^x \mathrm{e}^x \mathrm{d}x$.

解 (1) $\displaystyle\int x^5 \mathrm{d}x = \frac{1}{6} x^6 + C$;

(2) $\displaystyle\int \frac{1}{x^3} \mathrm{d}x = \int x^{-3} \mathrm{d}x = -\frac{1}{2} x^{-2} + C = -\frac{1}{2x^2} + C$;

(3) $\displaystyle\int 2^x \mathrm{e}^x \mathrm{d}x = \int (2\mathrm{e})^x \mathrm{d}x = \frac{(2\mathrm{e})^x}{\ln(2\mathrm{e})} + C$.

二、不定积分基本运算法则

不定积分最简单的运算法则就是由导数的线性运算法则得到不定积分基本运算法则.

法则 1 两个函数和(差)的不定积分等于各个函数不定积分的和(差).

即:若函数 $f(x)$,$g(x)$ 在区间 I 上都可积,则 $f(x) \pm g(x)$ 在 I 上也可积,且

$$\int [f(x) + g(x)] \mathrm{d}x = \int f(x) \mathrm{d}x + \int g(x) \mathrm{d}x$$

$$\int [f(x) - g(x)] \mathrm{d}x = \int f(x) \mathrm{d}x - \int g(x) \mathrm{d}x$$

法则 2 被积函数中不为零的常数因子可以提到积分符号外面. 即

$$\int k f(x) \mathrm{d}x = k \int f(x) \mathrm{d}x \quad (k \neq 0)$$

例 2 求 $\displaystyle\int (x + 2\cos x - 4) \mathrm{d}x$.

解 $\displaystyle\int (x + 2\cos x - 4) \mathrm{d}x = \int x \mathrm{d}x + \int 2\cos x \mathrm{d}x - \int 4 \mathrm{d}x$

$$= \int x \mathrm{d}x + 2 \int \cos x \mathrm{d}x - 4 \int \mathrm{d}x$$

$$= \frac{1}{2} x^2 + 2\sin x - 4x + C$$

三、直接积分法

直接用积分基本公式与运算法则求不定积分,或者对被积函数进行适当的恒等变形,

转化为利用积分基本公式求出不定积分的计算方法称为直接积分法.

例3 求 $\int \dfrac{x^4+1}{x^2+1}\mathrm{d}x$.

解 $\displaystyle\int \frac{x^4+1}{x^2+1}\mathrm{d}x = \int\left(x^2-1+\frac{1}{x^2+1}\right)\mathrm{d}x = \frac{x^3}{3}-x+\arctan x+C$

例4 求 $\displaystyle\int \frac{1}{\cos^2 x\sin^2 x}\mathrm{d}x$.

解 $\displaystyle\int \frac{1}{\cos^2 x\sin^2 x}\mathrm{d}x = \int \frac{\sin^2 x+\cos^2 x}{\cos^2 x\sin^2 x}\mathrm{d}x = \int(\sec^2 x+\csc^2 x)\mathrm{d}x$
$$= \tan x-\cot x+C$$

例5 求 $\displaystyle\int (2x+5)^2\mathrm{d}x$.

解 $\displaystyle\int (2x+5)^2\mathrm{d}x = \int(4x^2+20x+25)\mathrm{d}x = \frac{4}{3}x^3+10x^2+25x+C$

习题 4.2

1. 求下列不定积分.

(1) $\displaystyle\int x\sqrt{x}\,\mathrm{d}x$;　　　　(2) $\displaystyle\int 2^x 3^x\mathrm{d}x$;　　　　(3) $\displaystyle\int \left(\mathrm{e}^x-\frac{2}{x}+6x^2\right)\mathrm{d}x$;

(4) $\displaystyle\int \left(\frac{x-2}{x}\right)^2\mathrm{d}x$;　　　(5) $\displaystyle\int \frac{x^2}{1+x^2}\mathrm{d}x$;　　　(6) $\displaystyle\int \frac{x^3-8}{x-2}\mathrm{d}x$;

(7) $\displaystyle\int \sin^2\frac{x}{2}\mathrm{d}x$;　　　(8) $\displaystyle\int \frac{\cos 2x}{\cos x+\sin x}\mathrm{d}x$;　　(9) $\displaystyle\int \frac{(\sqrt{x}-1)^2}{\sqrt{x\sqrt{x}}}\mathrm{d}x$;

(10) $\displaystyle\int \frac{x^4}{1+x^2}\mathrm{d}x$;　　(11) $\displaystyle\int \frac{1+x+x^2}{x(1+x^2)}\mathrm{d}x$;　　(12) $\displaystyle\int \frac{\mathrm{e}^x(x-\mathrm{e}^{-x})}{x}\mathrm{d}x$.

2. 已知曲线过点 $(1,3)$,并且曲线上任一点的切线斜率是 $x+1$,求此曲线方程.

3. 已知导函数 $y=f'(x)$ 的图像是一条二次抛物线,它开口向着 y 轴的正向,且与 x 轴相交于 $x=0$, $x=2$. 函数 $f(x)$ 的极大值为 4,极小值为 0,求 $y=f(x)$.

4. 一物体做直线运动,其速度 $v=3t^2+4t$(单位:m/s),当 $t=2$ s 时,物体经过的路程是 18 m,求这个物体的运动方程.

第三节　不定积分的换元积分法与分部积分法

一、第一换元积分法

引例 求 $\displaystyle\int (2x+5)^{10}\mathrm{d}x$.

若对 $(2x+5)^{10}$ 展开,比较麻烦,可先把 $2x+5$ 看成整体,即令 $t=2x+5$,则 $\mathrm{d}t=2\mathrm{d}x$,

此时 $dx = \dfrac{1}{2}dt$，所以

$$\int (2x+5)^{10} dx = \int t^{10} \cdot \frac{1}{2} dt = \frac{1}{2} \int t^{10} dt = \frac{1}{22} t^{11} + C = \frac{1}{22}(2x+5)^{11} + C$$

显然 $\left[\dfrac{1}{22}(2x+5)^{11} \right]' = (2x+5)^{10}$，故上面的计算方法是正确的. 这里用到的方法叫作第一换元积分法.

一般地，若所求的积分 $\int g(x) dx$ 中的被积函数 $g(x)$ 可化为 $g(x) = f[\varphi(x)]\varphi'(x)$，且 $\int f(x) dx = F(x) + C$，则有

$$\int f(x) dx = \int f[\varphi(x)]\varphi'(x) dx = \int f[\varphi(x)] d\varphi(x)$$

$$= \int f(u) du = F(u) + C = F[\varphi(x)] + C$$

这种求不定积分的方法叫作第一换元积分法，它的关键是怎样选择适当的变量代换 $u = \varphi(x)$，将 $g(x) dx$ 凑成 $f[\varphi(x)] d\varphi(x)$，因此第一换元积分法也叫凑微分法.

🌀 **小贴士**　第一类换元法的关键是要将 $\varphi'(x) dx$ 换成 $d\varphi(x)$，从而与被积函数 $f[\varphi(x)]$ 有统一的变量 $\varphi(x)$. 此法需要多练习.

例 1　求 $\int e^{2x+1} dx$.

解　$\int e^{2x+1} dx = \int e^{2x+1} \cdot \dfrac{1}{2} d(2x+1) = \dfrac{1}{2} \int e^{2x+1} d(2x+1)$

可令 $u = 2x+1$，得

$$\int e^{2x+1} dx = \frac{1}{2} \int e^u du = \frac{1}{2} e^u + C = \frac{1}{2} e^{2x+1} + C$$

例 2　求 $\int \tan x dx$.

解　$\int \tan x dx = \int \dfrac{\sin x}{\cos x} dx = -\int \dfrac{1}{\cos x} d(\cos x)$

可令 $u = \cos x$，得

$$\int \tan x dx = -\int \frac{1}{u} du = -\ln|u| + C = -\ln|\cos x| + C$$

对换元积分法比较熟练后，可以不写成换元变量 u.

例 3　求 $\int \dfrac{1}{a^2 + x^2} dx$.

解　$\int \dfrac{1}{a^2 + x^2} dx = \dfrac{1}{a^2} \int \dfrac{1}{1 + \left(\dfrac{x}{a} \right)^2} dx = \dfrac{1}{a} \int \dfrac{1}{1 + \left(\dfrac{x}{a} \right)^2} d\left(\dfrac{x}{a} \right)$

$$= \frac{1}{a} \arctan \frac{x}{a} + C$$

例 4　求 $\int \dfrac{1}{x^2 - a^2} dx$.

解
$$\int \frac{1}{x^2 - a^2}dx = \int \frac{1}{(x+a)(x-a)}dx = \frac{1}{2a}\int \left(\frac{1}{x-a} - \frac{1}{x+a}\right)dx$$
$$= \frac{1}{2a}\left(\int \frac{1}{x-a}dx - \int \frac{1}{x+a}dx\right)$$
$$= \frac{1}{2a}\left[\int \frac{1}{x-a}d(x-a) - \int \frac{1}{x+a}d(x+a)\right]$$
$$= \frac{1}{2a}(\ln|x-a| - \ln|x+a|) + C$$
$$= \frac{1}{2a}\ln\left|\frac{x-a}{x+a}\right| + C$$

例 5　求 $\int \sec x dx$．（本题可利用例 4 的结论）

解　$\int \sec x dx = \int \frac{1}{\cos x}dx = \int \frac{\cos x}{\cos^2 x}dx = \int \frac{1}{1-\sin^2 x}d\sin x = \frac{1}{2}\ln\left|\frac{1+\sin x}{1-\sin x}\right| + C$

二、第二换元积分法

第一换元积分法也叫凑微分法，但是不少积分不容易凑出微分，例如 $\int \frac{1}{1+\sqrt{x}}dx$，利用

凑微分不能求解．这里也可把 $\sqrt{x}$ 看成整体，即令 $\sqrt{x} = t$，则 $x = t^2$，从而 $dx = 2tdt$，故
$$\int \frac{1}{1+\sqrt{x}}dx = \int \frac{1}{1+t}2tdt = 2\int \left(1 - \frac{1}{1+t}\right)dt = 2(t - \ln|1+t|) + C$$
$$= 2(\sqrt{x} - \ln|1+\sqrt{x}|) + C$$

上面的求解方法就是第二换元积分法．

一般地，$x = \varphi(t)$，$\varphi'(t) \neq 0$，且 $f[\varphi(t)]\varphi'(t)$ 的原函数是 $F(t)$，则
$$\int f(x)dx = \int f[\varphi(t)]\varphi'(t)dt \quad (令\ x = \varphi(t))$$
$$= F(t) + C$$
$$= F[\varphi^{-1}(x)] + C \quad (回代\ t = \varphi^{-1}(x))$$

小贴士　第一类换元法，被积函数中存在 $\varphi(x)$，即自身就有．而第二类换元法中，需要自己根据情况将根号、指数中变量的平方等替换掉．

例 6　求 $\int \frac{dx}{\sqrt{x} + \sqrt[3]{x}}$．

解　为去掉被积函数中的根式，取根次数 2 与 3 的最小公倍数 6，并令 $x = t^6$，此时 $dx = 6t^5 dt$，所以
$$\int \frac{dx}{\sqrt{x} + \sqrt[3]{x}} = \int \frac{6t^5}{t^3 + t^2}dt = 6\int \left(t^2 - t + 1 - \frac{1}{t+1}\right)dt$$
$$= 6\left(\frac{t^3}{3} - \frac{t^2}{2} + t - \ln|t+1|\right) + C$$
$$= 2\sqrt{x} - 3\sqrt[3]{x} + 6\sqrt[6]{x} - 6\ln|\sqrt[6]{x}+1| + C$$

例 7 求 $\int \sqrt{a^2 - x^2}\, dx \ (a > 0)$.

解 令 $x = a\sin t \left(-\dfrac{\pi}{2} \leqslant t \leqslant \dfrac{\pi}{2} \right)$，则

$$\int \sqrt{a^2 - x^2}\, dx = \int a\cos t\, d(a\sin t) = a^2 \int \cos^2 t\, dt$$

$$= \frac{a^2}{2} \int (1 + \cos 2t)\, dt = \frac{a^2}{2} \left(t + \frac{1}{2}\sin 2t \right) + C$$

$$= \frac{a^2}{2} \left[\arcsin \frac{x}{a} + \frac{x}{a} \sqrt{1 - \left(\frac{x}{a} \right)^2} \right] + C$$

$$= \frac{1}{2} \left(a^2 \arcsin \frac{x}{a} + x \sqrt{a^2 - x^2} \right) + C$$

三、分部积分法

由两个函数乘积的求导法则 $(uv)' = u'v + uv'$，两边积分得 $\int (uv)'\, dx = \int u'v\, dx + \int uv'\, dx$，从而 $\int uv'\, dx = \int (uv)'\, dx - \int u'v\, dx$，即 $\int uv'\, dx = uv - \int vu'\, dx$，可改写成 $\int u\, dv = uv - \int v\, du$.

以上两个公式称为分部积分公式. 用分部积分公式求积分的方法称为分部积分法.

分部积分法的关键是寻找 u，v，一般来说，选择 u，v 的原则是 $\int v\, du$ 比 $\int u\, dv$ 易积分.

小贴士 分部积分是 $\int u\, dv$ 的积分求不了，利用分部积分公式转而求 $\int v\, du$ 的积分.

例 8 求 $\int x\cos x\, dx$.

解 因为 $\int x\cos x\, dx = \int x\, d(\sin x)$，此处可令 $u = x$，$v = \sin x$，由分部积分公式，得

$$\int x\cos x\, dx = \int x\, d(\sin x) = x\sin x - \int \sin x\, dx = x\sin x + \cos x + C$$

例 9 求 $\int x\ln x\, dx$.

解 因为 $\int x\ln x\, dx = \int \ln x \cdot \frac{1}{2} d(x^2) = \frac{1}{2} \int \ln x\, d(x^2)$，此处可令 $u = \ln x$，$v = x^2$，由分部积分公式，得

$$\int x\ln x\, dx = \frac{1}{2} \int \ln x\, d(x^2) = \frac{1}{2} \left[x^2 \ln x - \int x^2\, d(\ln x) \right]$$

$$= \frac{1}{2} \left(x^2 \ln x - \int x^2 \cdot \frac{1}{x} dx \right)$$

$$= \frac{1}{2} x^2 \ln x - \frac{1}{2} \int x\, dx$$

$$= \frac{1}{2} x^2 \ln x - \frac{1}{4} x^2 + C$$

例 10　求 $\int \ln x \mathrm{d}x$.

解　此处可令 $u = \ln x$，$v = x$，由分部积分公式，得

$$\int \ln x \mathrm{d}x = x \ln x - \int x \mathrm{d}(\ln x) = x \ln x - \int x \cdot \frac{1}{x} \mathrm{d}x$$

$$= x \ln x - \int \mathrm{d}x = x \ln x - x + C$$

例 11　求 $\int \arcsin x \mathrm{d}x$.

解　此处可令 $u = \arcsin x$，$v = x$，由分部积分公式，得

$$\int \arcsin x \mathrm{d}x = x \arcsin x - \int x \mathrm{d}(\arcsin x)$$

$$= x \arcsin x - \int x \cdot \frac{1}{\sqrt{1-x^2}} \mathrm{d}x$$

$$= x \arcsin x - \frac{1}{2} \int \frac{1}{\sqrt{1-x^2}} \mathrm{d}x^2$$

$$= x \arcsin x + \frac{1}{2} \int (1-x^2)^{-\frac{1}{2}} \mathrm{d}(1-x^2)$$

$$= x \arcsin x + (1-x^2)^{\frac{1}{2}} + C$$

有时候所求的不定积分不能用一种方法求出，这时就要综合运用多种方法.

例 12　求 $\int e^{\sqrt{x}} \mathrm{d}x$.

解　令 $\sqrt{x} = t$，则 $x = t^2$，于是 $\mathrm{d}x = 2t\mathrm{d}t$，于是

$$\int e^{\sqrt{x}} \mathrm{d}x = \int e^t \cdot 2t \mathrm{d}t = 2\int t \mathrm{d}(e^t) = 2te^t - 2\int e^t \mathrm{d}t = 2te^t - 2e^t + C$$

$$= 2\sqrt{x}e^{\sqrt{x}} - 2e^{\sqrt{x}} + C$$

例 13　求 $\int e^x \sin x \mathrm{d}x$.

解
$$\int e^x \sin x \mathrm{d}x = -\int e^x \mathrm{d}\cos x = -e^x \cos x + \int \cos x \mathrm{d}e^x$$

$$= -e^x \cos x + \int e^x \cos x \mathrm{d}x = -e^x \cos x + \int e^x \mathrm{d}\sin x$$

$$= -e^x \cos x + e^x \sin x - \int \sin x \mathrm{d}e^x$$

$$= -e^x \cos x + e^x \sin x - \int e^x \sin x \mathrm{d}x$$

移项，得

$$2\int e^x \sin x \mathrm{d}x = -e^x \cos x + e^x \sin x + C_1$$

两边除以 2，得

$$\int e^x \sin x \mathrm{d}x = -\frac{1}{2}e^x(-\cos x + \sin x) + C$$

习题 4.3

1. 填空题.

(1) $\mathrm{d}x = ($ $)\mathrm{d}(ax+b)$; (2) $x^n\mathrm{d}x = ($ $)\mathrm{d}(x^{n+1})$; (3) $($ $)\mathrm{d}x = \mathrm{d}(\ln x)$;

(4) $\dfrac{1}{1+x^2}\mathrm{d}x = \mathrm{d}($ $)$; (5) $($ $)\mathrm{d}x = \mathrm{d}(\sqrt{x})$.

2. 用换元法求下列不定积分.

(1) $\displaystyle\int \cos 5x\,\mathrm{d}x$; (2) $\displaystyle\int (3x+1)^5\,\mathrm{d}x$; (3) $\displaystyle\int x\mathrm{e}^{x^2}\,\mathrm{d}x$;

(4) $\displaystyle\int \cot x\,\mathrm{d}x$; (5) $\displaystyle\int \csc x\,\mathrm{d}x$; (6) $\displaystyle\int \mathrm{e}^{\sin x}\cos x\,\mathrm{d}x$;

(7) $\displaystyle\int x^3\sin x^4\,\mathrm{d}x$; (8) $\displaystyle\int \dfrac{1}{\sqrt{a^2-x^2}}\mathrm{d}x\,(a>0)$; (9) $\displaystyle\int \dfrac{\ln x}{x}\,\mathrm{d}x$;

(10) $\displaystyle\int \dfrac{1}{1-2x}\,\mathrm{d}x$; (11) $\displaystyle\int \dfrac{1}{1+\sqrt[3]{x-1}}\,\mathrm{d}x$; (12) $\displaystyle\int \dfrac{1}{x\sqrt{1+x}}\,\mathrm{d}x$;

(13) $\displaystyle\int \dfrac{\sqrt[3]{x}}{x(\sqrt{x}+\sqrt[3]{x})}\,\mathrm{d}x$; (14) $\displaystyle\int \dfrac{\sin\sqrt{x}}{\sqrt{x}}\,\mathrm{d}x$.

3. 求下列不定积分.

(1) $\displaystyle\int x\sin x\,\mathrm{d}x$; (2) $\displaystyle\int x\mathrm{e}^{-x}\,\mathrm{d}x$; (3) $\displaystyle\int x\sin x\cos x\,\mathrm{d}x$;

(4) $\displaystyle\int \arctan x\,\mathrm{d}x$; (5) $\displaystyle\int \ln(1+x)\,\mathrm{d}x$; (6) $\displaystyle\int x\cos^2 x\,\mathrm{d}x$;

(7) $\displaystyle\int x^2\ln x\,\mathrm{d}x$; (8) $\displaystyle\int \mathrm{e}^x\cos x\,\mathrm{d}x$; (9) $\displaystyle\int (x^2+1)\mathrm{e}^{-x}\,\mathrm{d}x$;

(10) $\displaystyle\int \sin\sqrt{x}\,\mathrm{d}x$.

4. 已知 $f(x)$ 的一个原函数是 $\sin x$,求:

(1) $\displaystyle\int f(x)\,\mathrm{d}x$; (2) $\displaystyle\int xf'(x)\,\mathrm{d}x$; (3) $\displaystyle\int xf(x)\,\mathrm{d}x$.

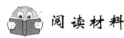 阅 读 材 料

莱布尼兹符号

G. W. 莱布尼兹(1646 年—1716 年)发明了高等数学符号表示法,反映了微积分的本质,建立了无穷小概念,发现了无穷小的和与差是一个可逆过程,并从几何的角度发现了积分的计算方法,建立了一般的方法和算法,以便统一处理各种问题.

莱布尼兹终生的事业是寻找一种通用语言,符号逻辑,使数值计算过程标准化;建立一种符号和术语的体系,整理和简化逻辑推理的基本要素. 简单地说,就是使数学计算有章可循,计算过程标准化,即建立数学过程的通用语言.

莱布尼兹建立了无穷小运算,用微分、积分符号$\int$(积分的本质是无穷小的和,拉丁文

中"Summa"表示"和"的意思. 将"Summa"的头一个字母"S"拉长就是∫.)和术语描述数学计算和数学思想, 使人们有受到高等数学教育的机会. 莱布尼兹的符号表示法是一种"看得见、摸得着的媒介, 以便用来指导思维". 莱布尼兹研究几何学开始, 建立了无穷小量计算的概念, 他不仅仅发现了微积分, 还发明了微积分符号体系, 事实上, 莱布尼兹的微分积分符号反映了微积分的本质, 使符号和概念不可分割.

牛顿的一切工作中隐含一般方法, 他更大的兴趣是解决特殊问题. 牛顿与莱布尼兹的差别在于强调的重点不同: 莱布尼兹强调的是能够应用于特殊问题的一般方法, 而牛顿强调的是能够推广的具体结果.

莱布尼兹毕生追求一种普遍的方法, 使人们能够"通过像算术与代数那样的演算来达到精确的推理". 莱布尼兹使逻辑数学化的方案, 称为"通用演算".

第五章 定积分及其应用

定积分是积分学的另一个基本问题，定积分在自然科学和实际问题中有着广泛的应用. 本章将从实例出发介绍定积分的概念与性质，然后介绍微积分基本定理与定积分的计算，作为定积分的推广，还将介绍反常积分，最后讨论定积分在几何、物理上的相关应用.

第一节 定积分的概念与性质

定积分无论在理论上还是实际应用上，都有着十分重要的意义，它是整个高等数学最重要的内容之一.

一、定积分的概念

引例（窗户的采光面积） 房屋建筑的窗户如图 5.1 所示，其曲线段是抛物线形. 试计算窗户的采光面积.

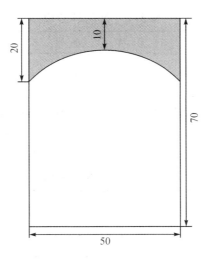

图 5.1 窗户示意图(单位:cm)

分析 将长方形的面积减出阴影部分的面积就是所求部分的面积. 因而，只需求解图中阴影部分的面积. 接下来我们研究如何求该阴影部分的面积.

为了便捷，将阴影部分旋转 180°，即由两条互相平行，另外一条与它们垂直的直线，和一条连续的曲线所围成，此图形称为曲边梯形. 然后，建立直角坐标系，如图 5.2 所示，求得抛物线的曲线方程是

$$f(x) = 0.016x^2 + 10$$

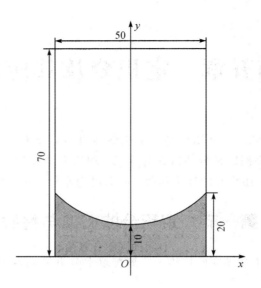

图 5.2　窗户函数图

用如下的方法来求曲边梯形面积的近似值：

(1) 分割. 将区间 $[-25, 25]$ 分 10 等份, 得到 10 个小区间, 各个小区间长度 $\Delta x_i = x_i - x_{i-1} = 5(i = 1, 2, \cdots, 10)$, 其端点及对应的函数值见表 5.1.

表 5.1　区间等分表

i	0	1	2	3	4	5	6	7	8	9	10
x_i	-25	-20	-15	-10	-5	0	5	10	15	20	25
$f(x_i)$	20	16.4	13.6	11.6	10.4	10	10.4	11.6	13.6	16.4	20

(2) 近似替代. 过每个区间的端点作垂直于 x 轴的直线, 将曲边梯形分割成 10 个小曲边梯形. 以小曲边梯形的底边长 $\Delta x_i = 5$ 为宽, 右端点对应的函数值 $f(x_i)$ 为高作矩形, 则各小矩形的面积为 $A_i = f(x_i) \Delta x_i (i = 1, 2, \cdots, 10)$, 对应值见表 5.2.

表 5.2　区间矩形面积表

i	1	2	3	4	5	6	7	8	9	10
$f(x_i)$	16.4	13.6	11.6	10.4	10	10.4	11.6	13.6	16.4	20
A_i	82	68	58	52	50	52	58	68	82	100

将小矩形的面积近似替代小曲边梯形的面积 ΔA_i, 即

$$\Delta A_i \approx A_i = f(x_i) \Delta x_i$$

(3) 求和. 将每个矩形的面积相加, 所得的和就是整个曲边梯形面积的近似值, 即

$$A = \sum_{i=1}^{10} \Delta A_i \approx \sum_{i=1}^{10} A_i = \sum_{i=1}^{10} f(x_i) \Delta x_i = 670 (\text{cm}^2)$$

上面用分割求和的方法来求解曲边梯形面积的近似值. 接下来, 将在此方法的基础上改进, 可求曲边梯形面积的精确值.

(4) 取极限. 将区间 $[-25, 25]$ 分 n 等份, 用类似方法, 得到整个曲边梯形面积的近似

值为

$$A = \sum_{i=1}^{n} \Delta A_i \approx \sum_{i=1}^{n} A_i = \sum_{i=1}^{n} f(x_i) \Delta x_i$$

$$= \lim_{n \to \infty} \sum_{i=1}^{n} \left[0.016 \times \left(-25 + \frac{50i}{n} \right)^2 + 10 \right] \cdot \frac{50}{n}$$

$$\approx 666.666\ 7 (\text{cm}^2)$$

所以，窗户的采光面积为 $S = 50 \times 70 - 666.666\ 7 \approx 2833.3 (\text{cm}^2)$.

上述和式极限的计算是比较烦琐的，由此引出了一般此类和式极限问题，这就是定积分.

定义 1　设函数 $f(x)$ 在区间 $[a, b]$ 上连续，在 $[a, b]$ 中任意插入 $n-1$ 个分点

$$a = x_0 < x_1 < x_2 < \cdots < x_{i-1} < x_i < x_{i+1} < \cdots < x_{n-1} < x_n = b$$

把区间 $[a, b]$ 任意分割成 n 个小区间

$$[x_0, x_1], [x_1, x_2], \cdots, [x_{i-1}, x_i], \cdots, [x_{n-2}, x_{n-1}], [x_{n-1}, x_n]$$

各小区间的长度为

$$\Delta x_1 = x_1 - x_0,$$
$$\Delta x_2 = x_2 - x_1,$$
$$\cdots$$
$$\Delta x_i = x_i - x_{i-1},$$
$$\cdots$$
$$\Delta x_{n-1} = x_{n-1} - x_{n-1},$$
$$\Delta x_n = x_n - x_{n-1}$$

在每个小区间 $[x_{i-1}, x_i]$ 上任取一点 $\xi_i (i = 1, 2, \cdots, n)$，将函数值 $f(\xi_i)$ 与该小区间的长度 Δx_i 相乘得 $f(\xi_i) \Delta x_i$，并且作和式

$$\sum_{i=1}^{n} f(\xi_i) \Delta x_i$$

记 $\lambda = \max_{1 \le i \le n} \{\Delta x_i\}$，若当 $\lambda \to 0$ 时，极限 $\lim_{\lambda \to 0} \sum_{i=1}^{n} f(\xi_i) \Delta x_i$ 存在，则称函数 $f(x)$ 在 $[a, b]$ 上可积，并称这个极限为函数 $f(x)$ 在区间 $[a, b]$ 上的定积分，记作 $\int_a^b f(x) \mathrm{d}x$.

$$\int_a^b f(x) \mathrm{d}x = \lim_{\lambda \to 0} \sum_{i=1}^{n} f(\xi_i) \Delta x_i$$

其中 $f(x)$ 为被积函数，$f(x)\mathrm{d}x$ 为被积表达式，x 为积分变量，a 为积分下限，b 为积分上限，$[a, b]$ 为积分区间.

小贴士　关于定积分的定义作以下几点说明：

（1）定积分是一个确定的数值，它取决于被积函数 $f(x)$ 和积分区间 $[a, b]$，而与积分变量使用的字母的选取无关，即 $\int_a^b f(x)\mathrm{d}x = \int_a^b f(t)\mathrm{d}t = \int_a^b f(u)\mathrm{d}u$.

（2）（定积分的几何意义）设 $f(x)$ 是 $[a, b]$ 上的连续函数，由曲线 $y = f(x)$ 及直线 $x = a$，$x = b(a < b)$，$y = 0$ 所围成的曲边梯形的面积用积分表示为 $A = \int_a^b f(x)\mathrm{d}x$.

例 1　利用定积分的几何意义，证明 $\int_{-1}^{1} \sqrt{1-x^2}\,\mathrm{d}x = \dfrac{\pi}{2}$.

证　令 $y = \sqrt{1-x^2}$，$x \in [-1, 1]$，显然 $y \geqslant 0$，则由 $y = \sqrt{1-x^2}$ 和直线 $x = -1$，$x = 1$，$y = 0$ 所围成的曲边梯形是单位圆位于 x 轴上方的半圆. 如图 5.3 所示. 因为单位圆的面积 $A = \pi$，所以半圆的面积为 $\dfrac{\pi}{2}$. 由定积分的几何意义知：

$$\int_{-1}^{1} \sqrt{1-x^2}\,\mathrm{d}x = \frac{\pi}{2}$$

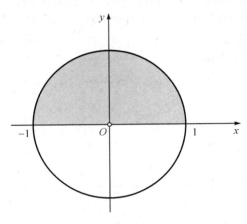

图 5.3　被积函数图像

二、定积分的性质

由定积分的定义，直接求定积分的值，往往比较复杂，但易推证定积分具有下述性质，其中所涉及的函数在讨论的区间上都是可积的.

性质 1　$\displaystyle\int_a^b [f(x) \pm g(x)]\mathrm{d}x = \int_a^b f(x)\mathrm{d}x \pm \int_a^b g(x)\mathrm{d}x$.

📎 **小贴士**　性质 1 对于任意有限个函数代数和都是成立的.

性质 2　$\displaystyle\int_a^b kf(x)\mathrm{d}x = k\int_a^b f(x)\mathrm{d}x$.

性质 3(积分区间的可加性)　对任意 $a < c < b$，有

$$\int_a^b f(x)\mathrm{d}x = \int_a^c f(x)\mathrm{d}x + \int_c^b f(x)\mathrm{d}x$$

为运用上的方便，对定积分作以下规定：

规定 1　当 $a = b$ 时，$\displaystyle\int_a^b f(x)\mathrm{d}x = 0$；

规定 2　当 $a > b$ 时，$\displaystyle\int_a^b f(x)\mathrm{d}x = -\int_b^a f(x)\mathrm{d}x$.

📎 **小贴士**　性质 3 中，不论 c 是在 $[a, b]$ 之内，还是在 $[a, b]$ 之外，这一性质均成立.

性质 4 (积分中值定理)　如果函数 $f(x)$ 在区间 $[a, b]$ 上连续，则在 (a, b) 内至少有一点 ξ，使得

$$\int_a^b f(x)\mathrm{d}x = f(\xi)(b-a), \xi \in (a, b)$$

🅩 小贴士　性质 4 的几何意义是：由曲线 $y=f(x)$，直线 $x=a$，$x=b$ 和 x 轴所围成曲边梯形的面积等于区间 $[a, b]$ 上某个矩形的面积，这个矩形的底是区间 $[a, b]$，矩形的高为区间 $[a, b]$ 内某一点 ξ 处的函数值 $f(\xi)$，如图 5.4 所示.

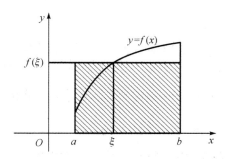

图 5.4　性质 4 示意图

例 2　已知 $\int_0^1 2x^3 \mathrm{d}x = \dfrac{1}{2}$，$\int_0^2 8x^3 \mathrm{d}x = 32$，求 $\int_1^2 \left(-\dfrac{1}{4}x^3\right)\mathrm{d}x$.

解　由 $\int_0^1 2x^3 \mathrm{d}x = \dfrac{1}{2}$，得 $\int_0^1 x^3 \mathrm{d}x = \dfrac{1}{4}$，又由 $\int_0^2 8x^3 \mathrm{d}x = 32$，得 $\int_0^2 x^3 \mathrm{d}x = 4$.

由定积分区间可加性得

$$\int_0^2 x^3 \mathrm{d}x = \int_0^1 x^3 \mathrm{d}x + \int_1^2 x^3 \mathrm{d}x$$

即有

$$\int_1^2 \left(-\frac{1}{4}x^3\right)\mathrm{d}x = -\frac{1}{4}\int_1^2 x^3 \mathrm{d}x = -\frac{1}{4}\left(\int_0^2 x^3 \mathrm{d}x - \int_0^1 x^3 \mathrm{d}x\right) = -\frac{1}{4}\times\left(4-\frac{1}{4}\right) = -\frac{15}{16}$$

习题 5.1

1. 已知 $\int_0^1 f(x)\mathrm{d}x = m$，$\int_0^1 3g(x)\mathrm{d}x = n$，求：

(1) $\int_0^1 \left[6f(x)+\dfrac{1}{2}g(x)\right]\mathrm{d}x$；　　　　　　(2) $\int_0^1 \left[\sqrt{2}f(x)-11g(x)\right]\mathrm{d}x$.

2. 利用定积分的几何意义，作图证明：

(1) $\int_0^1 2x\mathrm{d}x = 1$；　　　　　　(2) $\int_0^R \sqrt{R^2-x^2} = \dfrac{\pi}{4}R^2$.

3. 设水流到水箱的速度为 $v(t)=3t^2+4t-7$（单位：L/s），试用定积分表示从 $t=0.5$ min 到 $t=2$ min 这段时间里水流入水箱的总量 W.

4. 用定积分表示由曲线 $y=x^2-2x+3$ 与直线 $x=1$，$x=4$ 及 x 轴所围成的曲边梯形的面积 S.

第二节　定积分的基本公式

　　定积分就是一种特定形式的极限，直接利用定义计算定积分是十分繁杂的，有时甚至无法计算．本节将介绍定积分计算的有力工具——牛顿-莱布尼兹公式．

一、变上限积分

　　设函数 $f(x)$ 在区间 $[a,b]$ 上连续，对于任意 $x\in[a,b]$，$f(x)$ 在区间 $[a,x]$ 上也连续，所以函数 $f(x)$ 在 $[a,x]$ 上也可积．对于 $[a,b]$ 上的每一个 x 的取值，都有唯一对应的定积分 $\int_a^x f(t)\mathrm{d}t$ 与 x 对应，因此 $\int_a^x f(t)\mathrm{d}t$ 是定义在 $[a,b]$ 上的函数．记为

$$\Phi(x) = \int_a^x f(t)\mathrm{d}t,\ x\in[a,b]$$

称 $\Phi(x)$ 为变上限定积分，又称为变上限积分函数．函数 $\Phi(x)$ 有如下重要定理．

　　定理 1　如果函数 $f(x)$ 在区间 $[a,b]$ 上连续，则变上限积分 $\Phi(x) = \int_a^x f(t)\mathrm{d}t$ 在 $[a,b]$ 上可导，并且 $\Phi'(x) = \dfrac{\mathrm{d}}{\mathrm{d}x}\int_a^x f(t)\mathrm{d}t = f(x)(a\leqslant x\leqslant b)$．

　　由定理 1 可知，如果函数 $f(x)$ 在区间 $[a,b]$ 上连续，则函数 $\Phi(x) = \int_a^x f(t)\mathrm{d}t$ 就是 $f(x)$ 在区间 $[a,b]$ 上的一个原函数．由此可得原函数存在定理．

　　定理 2(原函数存在定理)　如果 $f(x)$ 在区间 $[a,b]$ 上连续，则它的原函数一定存在，且其中的一个原函数为

$$\Phi(x) = \int_a^x f(t)\mathrm{d}t$$

　　🅉 **小贴士**　定理 2 一方面论证了闭区间上连续函数的一定有原函数(解决了第四章第一节留下的原函数存在问题)，另一方面初步地揭示了积分学中的定积分与原函数之间的联系．为下一步研究微积分基本公式奠定基础．

　　例 1　计算下列函数的导数．

　　(1) $\Phi(x) = \int_0^x \mathrm{e}^{-t}\sin t\,\mathrm{d}t$；　　　　　　(2) $\Phi(x) = \int_{x^2}^1 (3t^2+1)\mathrm{d}t$．

　　解　(1) $\Phi'(x) = \left(\int_0^x \mathrm{e}^{-t}\sin t\,\mathrm{d}t\right)' = \mathrm{e}^{-x}\sin x$；

　　(2) 运用定积分的性质有 $\Phi(x) = \int_{x^2}^1 (3t^2+1)\mathrm{d}t = -\int_1^{x^2}(3t^2+1)\mathrm{d}t$，此处的变上限积分的上限是 x^2，若记 $u=x^2$，则函数 $-\int_1^{x^2}(3t^2+1)\mathrm{d}t$ 可以看成是由 $\Phi(u) = -\int_1^u(3t^2+1)\mathrm{d}t$ 与 $u=x^2$ 复合而成，根据复合函数的求导法则得

$$\frac{\mathrm{d}\Phi(x)}{\mathrm{d}x} = \frac{\mathrm{d}}{\mathrm{d}x}\left[-\int_1^{x^2}(3t^2+1)\mathrm{d}t\right] = \left\{\frac{\mathrm{d}}{\mathrm{d}u}\left[-\int_1^u(3t^2+1)\mathrm{d}t\right]\right\}\frac{\mathrm{d}u}{\mathrm{d}x} = -(3u^2+1)2x$$

$$= -(3x^4+1)2x = -6x^5 - 2x$$

一般地，若 $g(x)$ 可导，则有

$$\frac{\mathrm{d}}{\mathrm{d}x}\left[\int_a^{g(x)} f(t)\mathrm{d}t\right] = f[g(x)] \cdot g'(x)$$

上式可作为公式直接使用.

例 2　求极限 $\lim\limits_{x\to 0}\dfrac{\displaystyle\int_0^{x^2}\sin t\mathrm{d}t}{x^4}$.

解　由于 $\lim\limits_{x\to 0}x^4 = 0$，$\lim\limits_{x\to 0}\displaystyle\int_0^{x^2}\sin t\mathrm{d}t = \int_0^0 \sin t\mathrm{d}t = 0$，因此此极限是 $\dfrac{0}{0}$ 型的未定式，利用洛必达法则得

$$\lim_{x\to 0}\frac{\displaystyle\int_0^{x^2}\sin t\mathrm{d}t}{x^4} = \lim_{x\to 0}\frac{\sin x^2 \cdot 2x}{4x^3} = \lim_{x\to 0}\frac{\sin x^2}{2x^2} = \frac{1}{2}\lim_{x\to 0}\frac{\sin x^2}{x^2} = \frac{1}{2}$$

二、牛顿–莱布尼兹公式

定理 3　若函数 $f(x)$ 在 $[a,b]$ 上连续，且 $F(x)$ 是 $f(x)$ 在 $[a,b]$ 上个的一个原函数，则

$$\int_a^b f(x)\mathrm{d}x = F(b) - F(a)$$

上式称为牛顿–莱布尼兹公式，也称为定积分基本公式，它还常写成

$$\int_a^b f(x)\mathrm{d}x = F(x)\Big|_a^b$$

证　由定理 2 知，$\Phi(x) = \displaystyle\int_a^x f(t)\mathrm{d}t$ 是 $f(x)$ 在区间 $[a,b]$ 上的一个原函数，则 $\Phi(x)$ 与 $F(x)$ 相差一个常数 C，即 $\displaystyle\int_a^x f(t)\mathrm{d}t = F(x) + C$，令 $x = a$ 得 $C = -F(a)$. 于是有 $\displaystyle\int_a^x f(t)\mathrm{d}t = F(x) - F(a)$，再令 $x = b$ 得 $\displaystyle\int_a^b f(x)\mathrm{d}x = F(b) - F(a)$.

定理 3 揭示了定积分与被积函数的原函数之间的内在联系，它把求定积分的问题转化为求原函数的问题，为计算定积分提供了一个有效的方法.

例 3　计算 $\displaystyle\int_{-1}^{-3}\frac{1}{x}\mathrm{d}x$.

解　由于 $\displaystyle\int\frac{1}{x}\mathrm{d}x = \ln|x| + C$，因此 $\ln|x|$ 是 $\dfrac{1}{x}$ 的一个原函数，于是有

$$\int_{-1}^{-3}\frac{1}{x}\mathrm{d}x = \ln|x|\,\Big|_{-1}^{-3} = \ln 3 - \ln 1 = \ln 3$$

例 4　求 $\displaystyle\int_0^1 (3x^2 + 4x - 1)\mathrm{d}x$.

解
$$\int_0^1 (3x^2 + 4x - 1)\mathrm{d}x = 3\int_0^1 x^2\mathrm{d}x + 4\int_0^1 x\mathrm{d}x - \int_0^1 \mathrm{d}x$$
$$= 3\left(\frac{1}{3}x^3\right)\Big|_0^1 + 4\left(\frac{1}{2}x^2\right)\Big|_0^1 - x\Big|_0^1$$
$$= -2$$

例 5　求 $\int_0^{\frac{\pi}{2}} |\sin 2x - 1| \, \mathrm{d}x$.

解　由 $\sin 2x - 1 \leqslant 0$，原积分化为

$$\int_0^{\frac{\pi}{2}} |\sin 2x - 1| \, \mathrm{d}x = \int_0^{\frac{\pi}{2}} (1 - \sin 2x) \, \mathrm{d}x = \left(x + \frac{\cos 2x}{2} \right) \Big|_0^{\frac{\pi}{2}}$$

$$= \frac{\pi}{2} - \frac{1}{2} - \left(0 + \frac{1}{2} \right)$$

$$= \frac{\pi}{2} - 1$$

习题 5.2

1. 求下列函数的导数.

(1) $F(x) = \int_0^x \sqrt{t^2 + 1} \, \mathrm{d}t$;

(2) $F(x) = \int_a^{x^2} \frac{\sin t}{t} \, \mathrm{d}t$;

(3) $F(x) = \int_x^1 t^2 \arcsin 2t \, \mathrm{d}t$;

(4) $F(x) = \int_{-x}^{x^2} \cos t \, \mathrm{d}t$.

2. 求下列函数的极限.

(1) $\lim\limits_{x \to 0} \dfrac{\int_0^x \cos^2 t \, \mathrm{d}t}{x}$;

(2) $\lim\limits_{x \to 1} \dfrac{\int_0^x (t+2)(t-1) \, \mathrm{d}t}{(x-1)^2}$;

(3) $\lim\limits_{x \to 0} \dfrac{\int_0^x \arctan t \, \mathrm{d}t}{x^2}$;

(4) $\lim\limits_{x \to 0} \dfrac{\int_0^x (\sqrt{1-t} - \sqrt{1+t}) \, \mathrm{d}t}{x^2}$.

3. 求下列定积分的值

(1) $\int_1^2 (x^2 + x - 1) \, \mathrm{d}x$;

(2) $\int_1^2 (2^x + x^{-2}) \, \mathrm{d}x$;

(3) $\int_0^2 \dfrac{x}{1+x^2} \, \mathrm{d}x$;

(4) $\int_{-\frac{1}{2}}^{\frac{1}{2}} \dfrac{\mathrm{d}x}{\sqrt{1-x^2}}$;

(5) $\int_0^{\sqrt{3}a} \dfrac{\mathrm{d}x}{a^2 + x^2}$;

(6) $\int_0^2 e^{\frac{x}{2}} \, \mathrm{d}x$;

(7) $\int_0^{\pi} \cos^2 \left(\dfrac{x}{2} \right) \mathrm{d}x$;

(8) $\int_0^{\pi} |\sin x| \, \mathrm{d}x$.

4. 已知分段函数 $f(x) = \begin{cases} 1+x & 0 \leqslant x \leqslant 1 \\ \dfrac{1}{2}x^2 & 1 < x \leqslant 2 \end{cases}$，求分段函数的定积分 $\int_0^2 f(x) \, \mathrm{d}x$.

第三节　定积分的计算

第四章介绍了用换元积分法和分部积分法求函数的不定积分. 在一定条件下，也可以用换元积分法和分部积分法来计算定积分.

一、定积分换元积分法

引例 计算定积分 $\int_0^4 \dfrac{1}{1+\sqrt{x}}\mathrm{d}x$.

解法 1 先用不定积分求解被积函数 $\dfrac{1}{1+\sqrt{x}}$ 的原函数

$$\int \frac{1}{1+\sqrt{x}}\mathrm{d}x \xrightarrow{\ \text{令}\sqrt{x}=t\ } \int \frac{1}{1+t}\cdot 2t\mathrm{d}t = 2\int\Big(1-\frac{1}{1+t}\Big)\mathrm{d}t$$

$$= 2(t-\ln|1+t|)+C$$

$$= 2[\sqrt{x}-\ln(1+\sqrt{x})]+C$$

再运用牛顿-莱布尼兹公式计算定积分

$$\int_0^4 \frac{1}{1+\sqrt{x}}\mathrm{d}x = \{2[\sqrt{x}-\ln(1+\sqrt{x})]\}\Big|_0^4 = 2(2-\ln 3)$$

在定积分的计算中,是否可以避免变量的回代. 接下来我们尝试将原来的变量 x 的上、下限按照变量代换 $t=\sqrt{x}$,换成新变量 t 的相应的上、下限.

解法 2 令 $t=\sqrt{x}$,则 $x=t^2 (t\geqslant 0)$,$\mathrm{d}x=2t\mathrm{d}t$.

当 $x=0$ 时,$t=0$;当 $x=4$ 时,$t=2$. 代入原式有

$$\int_0^4 \frac{1}{1+\sqrt{x}}\mathrm{d}x = \int_0^2 \frac{1}{1+t}\cdot 2t\mathrm{d}t = 2\int_0^2\Big(1-\frac{1}{1+t}\Big)\mathrm{d}t$$

$$= 2[t-\ln(1+t)]\Big|_0^2$$

$$= 2(2-\ln 3)$$

解法 2 比解法 1 简便,原因是它省掉了变量回代这一步. 一般地,定积分变量换元有如下定理.

定理 1(换元积分法) 设函数 $f(x)$ 在 $[a,b]$ 上连续,令 $x=\varphi(t)$,并且满足:

(1) $\varphi(\alpha)=a$,$\varphi(\beta)=b$;

(2) $\varphi(t)$ 在区间 $[\alpha,\beta]$ 上有连续的导数 $\varphi'(t)$;

(3) 当 t 从 α 变到 β 时,$\varphi(t)$ 单调地从 a 变到 b.

则有定积分的换元公式:

$$\int_a^b f(x)\mathrm{d}x = \int_\alpha^\beta f[\varphi(t)]\varphi't]\mathrm{d}t$$

例 1 求 $\int_0^{\frac{\pi}{2}} \sin x\cos^3 x\mathrm{d}x$.

解法 1 设 $t=\cos x$,则 $\mathrm{d}t=-\sin x\mathrm{d}x$,当 $x=0$ 时,$t=1$;当 $x=\dfrac{\pi}{2}$ 时,$t=0$,则有

$$\int_0^{\frac{\pi}{2}} \sin x\cos^3 x\mathrm{d}x = \int_1^0 t^3\cdot(-\mathrm{d}t) = \int_0^1 t^3\mathrm{d}t = \Big(\frac{1}{4}t^4\Big)\Big|_0^1 = \frac{1}{4}$$

解法 2 $\int_0^{\frac{\pi}{2}} \sin x\cos^3 x\mathrm{d}x = -\int_0^{\frac{\pi}{2}} \cos^3 x\mathrm{d}\cos x = \Big(-\frac{1}{4}\cos^4 x\Big)\Big|_0^{\frac{\pi}{2}} = \frac{1}{4}$.

解法 1 是变量替换法,上下限要改变;解法 2 是凑微分法,上下限不改变.

例 2　求 $\displaystyle\int_0^1 \sqrt{1-x^2}\,dx$.

解　令 $x=\sin t$，则 $dx=\cos t\,dt$，当 $x=0$ 时，$t=0$；当 $x=1$ 时，$t=\dfrac{\pi}{2}$，则有

$$\int_0^1 \sqrt{1-x^2}\,dx = \int_0^{\frac{\pi}{2}} \sqrt{1-\sin^2 t}\cos t\,dt = \int_0^{\frac{\pi}{2}} \cos^2 t\,dt = \frac{1}{2}\int_0^{\frac{\pi}{2}} (1+\cos 2t)\,dt$$

$$= \frac{1}{2}\left(t+\frac{1}{2}\sin 2t\right)\Big|_0^{\frac{\pi}{2}} = \frac{\pi}{4}$$

例 3　求 $\displaystyle\int_0^{\ln 2} \sqrt{e^x-1}\,dx$.

解　令 $\sqrt{e^x-1}=t$，则 $x=\ln(1+t^2)$，$dx=\dfrac{2t}{1+t^2}\,dt$，当 $x=0$ 时，$t=0$；当 $x=\ln 2$ 时，$t=1$，则有

$$\int_0^{\ln 2} = \sqrt{e^x-1}\,dx = \int_0^1 t\cdot\frac{2t}{1+t^2}\,dt = \int_0^1 \frac{2t^2}{1+t^2}\,dt = 2\int_0^1\left(1-\frac{1}{1+t^2}\right)dt$$

$$= 2(t-\arctan t)\Big|_0^1 = 2-\frac{\pi}{2}$$

二、定积分的分部积分法

定理 2　设函数 $u=u(x)$ 和 $v=v(x)$ 在区间 $[a,b]$ 上有连续的导数，则有

$$\int_a^b u(x)v'(x)\,dx = u(x)v(x)\Big|_a^b - \int_a^b v(x)u'(x)\,dx$$

或简写成

$$\int_a^b u(x)\,dv(x) = [u(x)v(x)]_a^b - \int_a^b v(x)\,du(x)$$

上述公式称为定积分的分部积分公式. 选取 $u(x)$ 的方式、方法与不定积分的分部积分法完全相同.

例 4　求 $\displaystyle\int_1^2 x\ln x\,dx$.

解　$\displaystyle\int_1^2 x\ln x\,dx = \frac{1}{2}\int_1^2 \ln x\,d(x^2) = \frac{1}{2}x^2\ln x\Big|_1^2 - \frac{1}{2}\int_1^2 x^2\,d(\ln x)$

$$= 2\ln 2 - \frac{1}{2}\int_1^2 x\,dx = 2\ln 2 - \frac{1}{4}x^2\Big|_1^2$$

$$= 2\ln 2 - \frac{3}{4}$$

例 5　求 $\displaystyle\int_0^1 e^{\sqrt{x}}\,dx$.

解　令 $t=\sqrt{x}$，则 $x=t^2$，$dx=2t\,dt$，当 $x=0$ 时，$t=0$；当 $x=1$ 时，$t=1$.
于是

$$\int_0^1 e^{\sqrt{x}}\,dx = 2\int_0^1 te^t\,dt = 2\int_0^1 t\,de^t = 2te^t\Big|_0^1 - 2\int_0^1 e^t\,dt$$

$$= 2e-2e^t\Big|_0^1 = 2e-2e+2 = 2$$

例 6　求 $\int_0^{\frac{\pi}{4}} \sec^3 t \mathrm{d}t$.

解　$\int_0^{\frac{\pi}{4}} \sec^3 t \mathrm{d}t = \int_0^{\frac{\pi}{4}} \sec t \mathrm{d}(\tan t) = \sec t \tan t \Big|_0^{\frac{\pi}{4}} - \int_0^{\frac{\pi}{4}} \tan t \mathrm{d}(\sec t)$

$$= \sec t \tan t \Big|_0^{\frac{\pi}{4}} - \int_0^{\frac{\pi}{4}} \tan^2 t \sec t \mathrm{d}t = \sec t \tan t \Big|_0^{\frac{\pi}{4}} - \int_0^{\frac{\pi}{4}} (\sec^3 t - \sec t) \mathrm{d}t$$

$$= \sec t \tan t \Big|_0^{\frac{\pi}{4}} + \int_0^{\frac{\pi}{4}} \sec t \mathrm{d}t - \int_0^{\frac{\pi}{4}} \sec^3 t \mathrm{d}t$$

因此

$$\int_0^{\frac{\pi}{4}} \sec^3 t \mathrm{d}t = \frac{1}{2} \left(\sec t \tan t \Big|_0^{\frac{\pi}{4}} + \int_0^{\frac{\pi}{4}} \sec t \mathrm{d}t \right)$$

$$= \frac{1}{2} \sec t \tan t \Big|_0^{\frac{\pi}{4}} + \frac{1}{2} \ln|\tan t + \sec t| \Big|_0^{\frac{\pi}{4}}$$

$$= \frac{\sqrt{2}}{2} + \frac{\ln(1+\sqrt{2})}{2}$$

例 7　设 $f(x)$ 在区间 $[-a, a]$ 上连续，证明：

（1）如果 $f(x)$ 为奇函数，则 $\int_{-a}^a f(x) \mathrm{d}x = 0$；

（2）如果 $f(x)$ 为偶函数，则 $\int_{-a}^a f(x) \mathrm{d}x = 2\int_0^a f(x) \mathrm{d}x$.

证　由定积分的可加性知

$$\int_{-a}^a f(x) \mathrm{d}x = \int_{-a}^0 f(x) \mathrm{d}x + \int_0^a f(x) \mathrm{d}x$$

对于定积分 $\int_{-a}^0 f(x) \mathrm{d}x$，作代换 $x = -t$，得

$$\int_{-a}^0 f(x) \mathrm{d}x = \int_a^0 f(-t) \mathrm{d}(-t) = \int_0^a f(-t) \mathrm{d}t = \int_0^a f(-x) \mathrm{d}x$$

所以

$$\int_{-a}^a f(x) \mathrm{d}x = \int_0^a f(-x) \mathrm{d}x + \int_0^a f(x) \mathrm{d}x = \int_0^a [f(x) + f(-x)] \mathrm{d}x$$

（1）如果 $f(x)$ 在 $[-a, a]$ 上为奇函数，即 $f(-x) = -f(x)$，则 $f(x) + f(-x) = 0$，有

$$\int_{-a}^a f(x) \mathrm{d}x = 0$$

（2）如果 $f(x)$ 在 $[-a, a]$ 上为偶函数，即 $f(-x) = f(x)$，则

$$f(x) + f(-x) = 2f(x)$$

则有

$$\int_{-a}^a f(x) \mathrm{d}x = 2\int_0^a (x) \mathrm{d}x$$

例 8　运用函数的奇偶性计算 $\int_{-\frac{\pi}{2}}^{\frac{\pi}{2}} (|x| \sin x + \sqrt{1 + \cos 2x}) \mathrm{d}x$.

解　因为函数 $|x| \sin x$ 在对称区间 $\left[-\frac{\pi}{2}, \frac{\pi}{2} \right]$ 上为奇函数，因此

$$\int_{-\frac{\pi}{2}}^{\frac{\pi}{2}} |x| \sin x \mathrm{d}x = 0$$

又因为函数 $\sqrt{1+\cos 2x}$ 在对称区间 $\left[-\dfrac{\pi}{2}, \dfrac{\pi}{2}\right]$ 上为偶函数,因此

$$\int_{-\frac{\pi}{2}}^{\frac{\pi}{2}} \sqrt{1+\cos 2x}\,\mathrm{d}x = 2\int_{0}^{\frac{\pi}{2}} \sqrt{1+\cos 2x}\,\mathrm{d}x = 2\sqrt{2}\int_{0}^{\frac{\pi}{2}} |\cos x|\,\mathrm{d}x$$

$$= 2\sqrt{2}\int_{0}^{\frac{\pi}{2}} \cos x\,\mathrm{d}x$$

$$= 2\sqrt{2}\sin x \Big|_{0}^{\frac{\pi}{2}} = 2\sqrt{2}$$

综合,

$$\int_{-\frac{\pi}{2}}^{\frac{\pi}{2}} (|x|\sin x + \sqrt{1+\cos 2x})\mathrm{d}x = \int_{-\frac{\pi}{2}}^{\frac{\pi}{2}} |x|\sin x\mathrm{d}x + \int_{-\frac{\pi}{2}}^{\frac{\pi}{2}} \sqrt{1+\cos 2x}\,\mathrm{d}x = 2\sqrt{2}$$

习题 5.3

1. 用换元积分法计算下列定积分.

(1) $\displaystyle\int_{1}^{e} \frac{1+\ln x}{x}\mathrm{d}x$;　　　　(2) $\displaystyle\int_{0}^{1} x\sqrt{1-x^2}\mathrm{d}x$;　　　　(3) $\displaystyle\int_{1}^{2} \frac{1}{x^2}\mathrm{e}^{\frac{1}{x}}\mathrm{d}x$;

(4) $\displaystyle\int_{\frac{3}{4}}^{1} \frac{\mathrm{d}x}{\sqrt{1-x}-1}$;　　　　(5) $\displaystyle\int_{0}^{1} \frac{\mathrm{e}^x}{1+\mathrm{e}^x}\mathrm{d}x$;　　　　(6) $\displaystyle\int_{-\sqrt{2}}^{\sqrt{2}} \sqrt{8-2x^2}\mathrm{d}x$.

2. 用分部积分法计算下列定积分.

(1) $\displaystyle\int_{0}^{1} x\mathrm{e}^{-x}\mathrm{d}x$;　　　　　　　　(2) $\displaystyle\int_{0}^{1} x\arctan x\mathrm{d}x$;

(3) $\displaystyle\int_{0}^{\frac{\pi}{2}} \mathrm{e}^{2x}\cos x\mathrm{d}x$;　　　　　　(4) $\displaystyle\int_{\frac{1}{2}}^{1} \mathrm{e}^{\sqrt{2x-1}}\mathrm{d}x$.

3. 用分部积分法计算下列定积分.

(1) $\displaystyle\int_{-1}^{1} (x^2+3x+\sin x\cos^2 x)\mathrm{d}x$;　　(2) $\displaystyle\int_{-\sqrt{3}}^{\sqrt{3}} |\arctan x|\,\mathrm{d}x$;

(3) $\displaystyle\int_{-a}^{a} \frac{x^3}{\sqrt{x^2+a^2}}\mathrm{d}x$;　　　　(4) $\displaystyle\int_{-1}^{1} \frac{1+\sin x}{\sqrt{1-x^2}}\mathrm{d}x$.

4. 设从 A 地到 B 地有一条长为 30 km 的高速公路,公路上汽车的密度为(单位:辆/km) $\rho(x)=300+300\sin(2x+0.2)$,其中变量 x 为离 A 地收费站的距离. 求该段公路上行驶汽车的总数.

第四节　反 常 积 分

前面讨论定积分的定义时,要求函数的定义域只能是有限区间,并且被积函数在积分区间上是有界的,这样的定积分称为常义积分. 但是在实际问题中,还会遇到函数的定义在无限区间或被积函数为无界的情况,这两种情况下的积分称为反常积分. 本节将介绍反常积分的概念和计算方法.

一、无穷区间上的反常积分

引例 1 求曲线 $y = \dfrac{1}{x^2}$ 与直线 $x = 1$，$y = 0$ 所围成的图形的向右无限延伸的"开口曲边梯形"的面积，如图 5.5 所示.

分析 由于曲边梯形是"开口"的，区间为 $[1, +\infty)$，因而不能直接按定积分计算其面积. 若任取 $b > 1$，则在区间 $[1, b]$ 上的曲边梯形的面积为

$$\int_1^b \frac{1}{x^2}\mathrm{d}x = -\left.\frac{1}{x}\right|_1^b = 1 - \frac{1}{b}$$

显然，b 越大，面积越接近于所求"开口曲边梯形"的面积. 当 $b \to +\infty$ 时，曲边梯形面积的极限

$$\lim_{b \to +\infty} \int_1^b \frac{1}{x^2}\mathrm{d}x = \lim_{b \to +\infty}\left(1 - \frac{1}{b}\right) = 1$$

就表示了所求"开口曲边梯形"的面积.

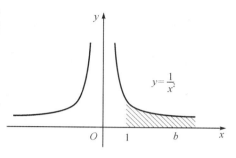

图 5.5 函数 $y = \dfrac{1}{x^2}$ 的图像

定义 1 设函数 $f(x)$ 在区间 $[a, +\infty)$ 上连续，取 $u > a$，若极限 $\lim\limits_{u \to +\infty} \int_a^u f(x)\mathrm{d}x$ 存在，则称此极限为函数 $f(x)$ 在 $[a, +\infty)$ 上的无穷积分，记作 $\int_a^{+\infty} f(x)\mathrm{d}x$，即

$$\int_0^{+\infty} f(x)\mathrm{d}x = \lim_{u \to +\infty} \int_a^u f(x)\mathrm{d}x$$

此时也称反常积分 $\int_a^{+\infty} f(x)\mathrm{d}x$ 收敛；如果上述极限不存在，就称 $\int_0^{+\infty} f(x)\mathrm{d}x$ 发散.

类似地，$f(x)$ 在区间 $(-\infty, b]$ 上的反常积分定义为

$$\int_{-\infty}^b f(x)\mathrm{d}x = \lim_{u \to -\infty} \int_u^b f(x)\mathrm{d}x$$

$f(x)$ 在 $(-\infty, +\infty)$ 上的反常积分定义为

$$\int_{-\infty}^{+\infty} f(x)\mathrm{d}x = \int_{-\infty}^a f(x)\mathrm{d}x + \int_a^{+\infty} f(x)\mathrm{d}x$$

其中 a 为任意实数. 当且仅当上式右端两个积分同时收敛时，称反常积分 $\int_{-\infty}^{+\infty} f(x)\mathrm{d}x$ 收敛，否则称其发散.

例 1 计算反常积分 $\int_{-\infty}^{+\infty} \dfrac{1}{1 + x^2}\mathrm{d}x$.

解 任取实数 a，讨论如下两个无穷积分

$$\int_{-\infty}^a \frac{1}{1 + x^2}\mathrm{d}x \qquad \text{与} \qquad \int_a^{+\infty} \frac{1}{1 + x^2}\mathrm{d}x$$

由于

$$\int_{-\infty}^a \frac{1}{1 + x^2}\mathrm{d}x = \lim_{u \to -\infty} \int_u^a \frac{1}{1 + x^2}\mathrm{d}x = \lim_{u \to -\infty} \left.\arctan x\right|_u^a$$

$$= \lim_{u \to -\infty} (\arctan a - \arctan u) = \arctan a + \frac{\pi}{2}$$

$$\int_{a}^{+\infty} \frac{1}{1+x^2}\mathrm{d}x = \lim_{v \to +\infty}\int_{a}^{v} \frac{1}{1+x^2}\mathrm{d}x = \lim_{v \to +\infty} \arctan x \Big|_{a}^{v}$$

$$= \lim_{v \to +\infty}(\arctan v - \arctan a) = \frac{\pi}{2} - \arctan a$$

$$\int_{-\infty}^{+\infty} \frac{1}{1+x^2} = \arctan a + \frac{\pi}{2} + \frac{\pi}{2} - \arctan a = \pi$$

小贴士　由于上述结果与 a 无关，若 $a=0$，则计算过程更简洁.

例 2　判断 $\int_{-\infty}^{0} \cos x \mathrm{d}x$ 的收敛性.

解　$\int_{-\infty}^{0} \cos x \mathrm{d}x = \lim_{v \to -\infty}\int_{u}^{0} \cos x \mathrm{d}x = \lim_{u \to -\infty} \sin x \Big|_{u}^{0} = \lim_{u \to -\infty}(-\sin u)$

当 $u \to -\infty$ 时，$\sin u$ 极限不存在，所以 $\int_{-\infty}^{0} \cos x \mathrm{d}x$ 是发散的.

例 3　讨论反常积分 $\int_{1}^{+\infty} \frac{1}{x^p}\mathrm{d}x$ 的敛散性.

解　当 $p=1$ 时，

$$\int_{1}^{+\infty} \frac{1}{x^p}\mathrm{d}x = \int_{1}^{+\infty} \frac{1}{x}\mathrm{d}x = \lim_{u \to +\infty} \ln x \Big|_{1}^{u} = \lim_{u \to +\infty} \ln u = +\infty$$

当 $p \neq 1$ 时，

$$\int_{1}^{+\infty} \frac{1}{x^p}\mathrm{d}x = \lim_{u \to +\infty} \frac{x^{1-p}}{1-p} \Big|_{1}^{u} = -\frac{1}{1-p} + \lim_{u \to +\infty} \frac{u^{1-p}}{1-p} = \begin{cases} +\infty & p < 1 \\ \dfrac{1}{p-1} & p > 1 \end{cases}$$

故当 $p>1$ 时，该反常积分收敛，其值为 $\dfrac{1}{p-1}$；当 $p \leqslant 1$ 时，该反常积分发散.

二、无界函数的反常积分

引例 2　求曲线 $y=\dfrac{1}{\sqrt{x}}$ 与直线 $x=1$，$y=0$ 所围成的图形的向左无限延伸的"开口曲边梯形"的面积，如图 5.6 所示.

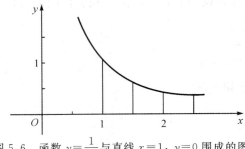

图 5.6　函数 $y=\dfrac{1}{\sqrt{x}}$ 与直线 $x=1$，$y=0$ 围成的图像

分析　由于当 $x \to 0^+$ 时，有 $\dfrac{1}{\sqrt{x}} \to +\infty$，所以函数在 $x=0$ 右邻域内无界.

为了计算该"开口曲边梯形"面积，若任取 $0<a<1$，则在区间 $[a,1]$ 上的曲边梯形的面积为

$$\int_a^1 \frac{1}{\sqrt{x}}\mathrm{d}x = 2\sqrt{x}\Big|_a^1 = 2-2\sqrt{a}$$

显然，a 越小，面积越接近于所求"开口曲边梯形"的面积. 当 $a\to 0^+$ 时，曲边梯形面积的极限 $\lim\limits_{a\to 0^+}\int_a^1 \frac{1}{\sqrt{x}}\mathrm{d}x = \lim\limits_{a\to 0^+}(2-2\sqrt{a}) = 2$. 就表示了所求"开口曲边梯形"的面积.

定义 2　设函数 $f(x)$ 在区间 $(a,b]$ 上连续，而在点 a 的右领域内无界. 取 $u>a$，如果存在极限 $\lim\limits_{u\to a^+}\int_u^b f(x)\mathrm{d}x$，则称此极限为无界函数 $f(x)$ 在 $(a,b]$ 上的反常积分，记作 $\int_a^b f(x)\mathrm{d}x$，即

$$\int_a^b f(x)\mathrm{d}x = \lim\limits_{u\to a^+}\int_u^b f(x)\mathrm{d}x$$

并称反常积分 $\int_a^b f(x)\mathrm{d}x$ 收敛，否则就称反常积分 $\int_a^b f(x)\mathrm{d}x$ 发散.

在上述定义中，被积函数 $f(x)$ 在点 a 旁是无界，此时点 a 称为 $f(x)$ 的暇点，而无界函数反常积分 $\int_a^b f(x)\mathrm{d}x$ 又称为暇积分.

类似地，可定义积分区间右端点 b 为暇点时的暇积分

$$\int_a^b f(x)\mathrm{d}x = \lim\limits_{u\to b^-}\int_a^u f(x)\mathrm{d}x$$

其中 $f(x)$ 在 $[a,b)$ 上有定义，在点 b 的左领域内无界，取 $u>a$，而 $\lim\limits_{u\to a^+}\int_u^b f(x)\mathrm{d}x$ 存在.

若 $f(x)$ 的暇点 $c\in[a,b]$，则定暇积分

$$\int_a^b f(x)\mathrm{d}x = \int_a^c f(x)\mathrm{d}x + \int_c^b f(x)\mathrm{d}x$$

上式右端两个积分均为暇积分，当且仅当右端两个暇积分同时收敛时，左边的暇积分收敛，否则称其发散.

例 4　计算 $\int_0^3 \ln x\,\mathrm{d}x$.

解　被积函数 $f(x)=\ln x$ 在 $(0,3]$ 上连续，$x=0$ 为其暇点，则有

$$\int_0^3 \ln x\,\mathrm{d}x = \lim\limits_{u\to 0^+}\Big(\int_u^3 \ln x\,\mathrm{d}x\Big) = \lim\limits_{u\to 0^+}\Big(x\ln x\Big|_u^3 - \int_u^3 \mathrm{d}x\Big)$$
$$= \lim\limits_{u\to 0^+}(3\ln 3 - 3 - u\ln u + u) = 3\ln 3 - 3$$

例 5　计算 $\int_{-1}^1 \frac{1}{x^2}\mathrm{d}x$.

解　因为 $\lim\limits_{x\to 0}\frac{1}{x^2} = +\infty$，所以 $\int_{-1}^1 \frac{1}{x^2}\mathrm{d}x$ 是暇积分，即 $x=0$ 为其暇点，则有

$$\int_{-1}^1 \frac{1}{x^2}\mathrm{d}x = \int_0^1 \frac{1}{x^2}\mathrm{d}x + \int_{-1}^0 \frac{1}{x^2}\mathrm{d}x$$

由于 $\int_{-1}^{0} \dfrac{1}{x^2}\mathrm{d}x = +\infty$，即 $\int_{-1}^{0} \dfrac{1}{x^2}\mathrm{d}x$ 发散，从而 $\int_{-1}^{1} \dfrac{1}{x^2}\mathrm{d}x$ 发散.

对于例 5，如果没有考虑到被积函数 $\dfrac{1}{x^2}$ 在 $x=0$ 处有无穷间断点的情况，仍然按定积分来计算，就会得出错误的结果：$\int_{-1}^{1} \dfrac{1}{x^2}\mathrm{d}x = -\dfrac{1}{x}\Big|_{-1}^{1} = 2.$

例 6　讨论暇积分 $\int_{0}^{1} \dfrac{1}{x^q}\mathrm{d}x(q>0)$ 的收敛性.

解　被积函数 $f(x) = \dfrac{1}{x^q}(q>0)$ 在 $(0,1]$ 上连续，$x=0$ 为其暇点. 于是当 $q=1$ 时，

$$\int_{0}^{1} \dfrac{1}{x}\mathrm{d}x = \lim_{u \to 0^+}(\ln x)\Big|_{u}^{1} = \lim_{u \to 0^+}(-\ln u) = +\infty$$

当 $q \neq 1$ 时，

$$\int_{0}^{1} \dfrac{1}{x^q}\mathrm{d}x = \lim_{u \to 0^+}\dfrac{x^{1-q}}{1-q}\Big|_{u}^{1} = \dfrac{1}{1-q} - \lim_{u \to 0^+}\dfrac{u^{1-q}}{1-q} = \begin{cases} \dfrac{1}{1-q}, & q<1 \\ +\infty, & q>1 \end{cases}$$

故当 $0<q<1$ 时，该暇积分收敛，其值为 $\dfrac{1}{1-q}$；而当 $q \geq 1$ 时，该暇积分发散.

习题 5.4

1. 判断下列无穷限反常积分的敛散性，如果收敛，计算积分值.

(1) $\int_{1}^{+\infty} \dfrac{1}{x^4}\mathrm{d}x$；　　　　(2) $\int_{-\infty}^{0} \mathrm{e}^x\mathrm{d}x$；

(3) $\int_{\mathrm{e}}^{+\infty} \dfrac{\ln x}{x}\mathrm{d}x$；　　　　(4) $\int_{-\infty}^{+\infty} \dfrac{1}{x^2+2x+2}\mathrm{d}x$.

2. 判断下列瑕积分的敛散性，如果收敛，计算积分值.

(1) $\int_{0}^{1} \dfrac{\mathrm{d}x}{\sqrt{1-x^2}}$；　　　　(2) $\int_{0}^{2} \dfrac{\mathrm{d}x}{(1-x)^2}$；

(3) $\int_{1}^{2} \dfrac{x}{\sqrt{x-1}}\mathrm{d}x$；　　　　(4) $\int_{\frac{\pi}{4}}^{\frac{\pi}{2}} \dfrac{1}{\cos^2 x}\mathrm{d}x$.

3. 讨论反常积分 $\int_{0}^{+\infty} \dfrac{1}{x^p}\mathrm{d}x(p>0)$ 的敛散性.

第五节　定积分的应用

由于定积分的概念和理论是在解决实际问题的过程中产生和发展起来的，因而它的应用非常广泛. 为了解决这些问题，下面先介绍运用定积分解决实际问题的常用方法——微元法，然后讨论定积分在几何和物理上的一些简单应用. 读者通过这部分内容的学习，不仅要掌握一些具体应用的计算公式，而且还要学会用定积分解决实际问题的思想方法.

一、定积分的微元法

为了说明定积分的微元法，先回顾求曲边梯形面积 A 的方法和步骤：

（1）将区间 $[a, b]$ 分成 n 个小区间，相应得到 n 个小曲边梯形，小曲边梯形的面积记为 $\Delta A(i=1, 2, \cdots, n)$；

（2）计算 ΔA_i 的近似值，即 $\Delta A_i \approx f(\xi_i)\Delta x_i$（其中 $\Delta x_i = x_i - x_{i-1}$，$\xi_i \in [x_{i-1}, x_i]$）；

（3）求和得 A 的近似值，即 $A \approx \sum\limits_{i=1}^{n} f(\xi_i)\Delta x_i$；

（4）对和取极限得 $A = \lim\limits_{\lambda \to 0} \sum\limits_{i=1}^{n} f(\xi_i)\Delta x_i = \int_a^b f(x)\mathrm{d}x$.

下面对上述四个步骤进行具体分析：

第（1）步指明了所求量（面积 A）具有的特性：即 A 在区间 $[a, b]$ 上具有可分割性和可加性.

第（2）步是关键，这一步确定 $\Delta A_i \approx f(\xi_i)\Delta x_i$. 这可以从以下过程来理解：由于分割的任意性，用 $[x, x+\mathrm{d}x]$ 表示 $[a, b]$ 内的任一小区间，并取小区间的左端点 x 为 ξ，则 ΔA 的近似值就是以 $\mathrm{d}x$ 为底，$f(x)$ 为高的小矩形的面积（见图 5.7 阴影部分），即 $\Delta A \approx f(x)\mathrm{d}x$.

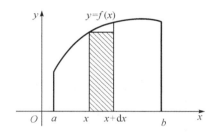

图 5.7　函数 $y = f(x)$ 的分割小矩形示意图

通常称 $f(x)\mathrm{d}x$ 为面积微元，记为

$$\mathrm{d}A = f(x)\mathrm{d}x$$

将（3）、（4）两步合并，即将这些面积元素在 $[a, b]$ 上"无限累加"，就得到面积 A.
即 $A = \int_a^b f(x)\mathrm{d}x$.

一般说来，用定积分解决实际问题时，通常按以下步骤来进行：

（1）确定积分变量 x，并求出相应的积分区间 $[a, b]$；

（2）在区间 $[a, b]$ 上任取一个小区间 $[x, x+\mathrm{d}x]$，并在小区间上找出所求量 F 的微元 $\mathrm{d}F = f(x)\mathrm{d}x$；

（3）写出所求量 F 的积分表达式 $F = \int_a^b f(x)\mathrm{d}x$，然后计算它的值.

利用定积分按上述步骤解决实际问题的方法叫作定积分的微元法.

二、定积分求平面图形的面积

1. 直角坐标系下面积的计算

（1）求由曲线 $y = f(x)$ 和直线 $x = a$，$x = b$，$y = 0$ 所围成曲边梯形的面积，下面分三种

情形讨论:

① 若 $f(x) \geqslant 0$, 如图 5.8 所示, 则面积为 $A = \int_a^b f(x) \mathrm{d}x$.

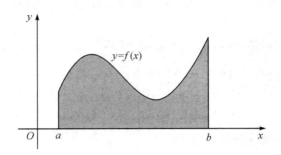

图 5.8　$f(x) \geqslant 0$ 的曲边梯形图

② 若 $f(x) \leqslant 0$, 如图 5.9 所示, 而 $-f(x) \geqslant 0$, 则面积 $A = -\int_a^b f(x) \mathrm{d}x$.

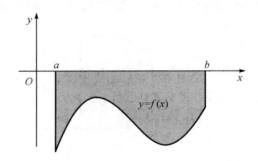

图 5.9　$f(x) \leqslant 0$ 的曲边梯形图

③ 若 $f(x)$ 在 $[a, b]$ 上正负值都有, 如图 5.10 所示, 则面积为

$$A = \int_a^c f(x) \mathrm{d}x - \int_c^d f(x) \mathrm{d}x + \int_d^b f(x) \mathrm{d}x$$

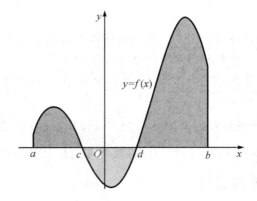

图 5.10　$f(x)$ 正负值都有的曲边梯形图

(2) 求由两条曲线 $y = f(x)$, $y = g(x)$, $(f(x) \geqslant g(x))$ 及直线 $x = a$, $x = b$ 所围成平面

的面积 A(见图 5.11).

$$A = \int_a^b [f(x) - g(x)] \mathrm{d}x$$

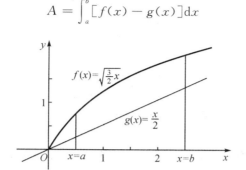

图 5.11 两曲线相交图

例 1 求由曲线 $y = x^2$ 与 $y = 2x - x^2$ 所围图形的面积.

解 先画出所围的图形(见图 5.12).

由方程组 $\begin{cases} y = x^2 \\ y = 2x - x^2 \end{cases}$,得两条曲线的交点为 $O(0, 0)$,$A(1, 1)$,取 x 为积分变量,$x \in [0, 1]$. 由公式得

$$A = \int_0^1 (2x - x^2 - x^2) \mathrm{d}x = \left(x^2 - \frac{2}{3} x^3 \right) \Big|_0^1 = \frac{1}{3}$$

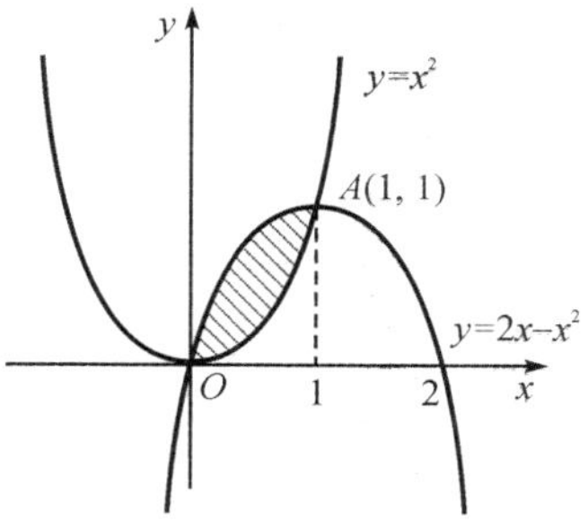

图 5.12 两曲线所围图形的面积

例 2 求曲线 $y^2 = 2x$ 与 $y = x - 4$ 所围图形的面积.

解法 1 画出两曲线所围的图形(见图 5.13).

由方程组 $\begin{cases} y^2 = 2x \\ y = x - 4 \end{cases}$ 得两条曲线的交点坐标为 $A(2, -2)$,$B(8, 4)$,$x \in [0, 8]$. 若以 x 为积分变量,由于图形在 $[0, 2]$ 和 $[2, 8]$ 两个区间上的构成情况不同,因此需要分成两部分来计算,其结果应为

$$A = 2 \int_0^2 \sqrt{2x} \mathrm{d}x + \int_2^8 [\sqrt{2x} - (x - 4)] \mathrm{d}x$$

$$= \frac{4\sqrt{2}}{3} x^{\frac{3}{2}} \Big|_0^2 + \left[\frac{2\sqrt{2}}{3} x^{\frac{3}{2}} - \frac{1}{2} x^2 + 4x \right] \Big|_2^8$$

$$= 18$$

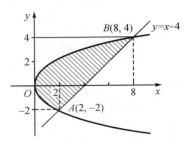

图 5.13　两曲线所围图形的面积

解法 2　取 y 为积分变量，$y \in [-2, 4]$．将两曲线方程分别改写为 $x = \dfrac{1}{2} y^2$ 及 $x = y + 4$，所求面积为

$$A = \int_{-2}^{4} \left(y + 4 - \frac{1}{2} y^2 \right) \mathrm{d}y = \left(\frac{1}{2} y^2 + 4y - \frac{1}{6} y^3 \right) \Big|_{-2}^{4} = 18$$

关于例 2 选取 x 作为积分变量，不如选取 y 作为积分变量计算简便．可见适当选取积分变量，可使计算简化．关于选取 y 作为积分变量计算曲线所围成的平面图形面积方法如下：

由两条曲线 $x = \psi(y)$，$x = \varphi(y)$（$\psi(y) \leqslant \varphi(y)$），及直线 $y = c$，$y = d$ 所围成平面图形的面积如图 5.14 所示．取 y 为积分变量，$y \in [c, d]$，用类似以 x 作为积分变量的方法可以推出

$$A = \int_{c}^{d} [\varphi(y) - \psi(y)] \mathrm{d}y$$

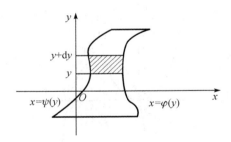

图 5.14　两曲线所围图形的面积

例 3　求由椭圆 $\dfrac{x^2}{a^2} + \dfrac{y^2}{b^2} = 1$ 所围成的面积．

解　由于椭圆关于两坐标轴对称，设 A_1 为第一象限部分的面积，则所求的椭圆的面积为

$$A = 4A_1 = 4 \int_{0}^{a} y \mathrm{d}x$$

为了计算方便，运用椭圆的参数方程

$$\begin{cases} x = a\cos t \\ y = b\sin t \end{cases} \quad 0 \leqslant t \leqslant 2\pi$$

$$A = 4A_1 = 4 \int_{0}^{a} y \mathrm{d}x = 4 \int_{\frac{\pi}{2}}^{0} b\sin t \, \mathrm{d}(a\cos t) = 4ab \int_{0}^{\frac{\pi}{2}} \sin^2 t \, \mathrm{d}t = \pi ab$$

当 $a = b = r$ 时，这就等于圆的面积 πr^2．

2. 极坐标系下面积的计算

设曲边扇形由极坐标方程 $\rho=\rho(\theta)$ 与射线 $\theta=\alpha$，$\theta=\beta(\alpha<\beta)$ 所围成，如图 5.15 所示. 下面用微元法求它的面积 A.

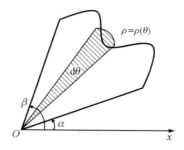

图 5.15　极坐标图

以极角 θ 为积分变量，它的变化区间是 $[\alpha,\beta]$，相应的小曲边扇形的面积近似等于半径为 $\rho(\theta)$，中心角为 $\mathrm{d}\theta$ 的圆扇形的面积，从而得面积微元为

$$\mathrm{d}A=\frac{1}{2}\rho^2(\theta)\mathrm{d}\theta$$

于是，所求曲边扇形的面积为

$$A=\frac{1}{2}\int_{\alpha}^{\beta}\rho^2(\theta)\mathrm{d}\theta$$

例 4　计算心形线 $\rho=a(1+\cos\theta)(a>0)$ 所围图形的面积，如图 5.16 所示.

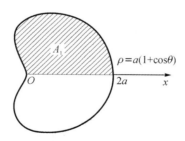

图 5.16　心形线

解　此图形对称于极轴，因此所求图形的面积 A 是极轴上方部分图形面积 A_1 的两倍. 对于极轴上方部分图形，取 θ 为积分变量，$\theta\in[0,\pi]$，由上述公式得

$$A=2A_1=2\times\frac{1}{2}\int_0^{\pi}a^2(1+\cos\theta)^2\mathrm{d}\theta=a^2\int_0^{\pi}(1+2\cos\theta+\cos^2\theta)\mathrm{d}\theta$$

$$=a^2\int_0^{\pi}\left(\frac{3}{2}+2\cos\theta+\frac{1}{2}\cos2\theta\right)\mathrm{d}\theta=a^2\left[\frac{3}{2}\theta+2\sin\theta+\frac{1}{4}\sin2\theta\right]\Big|_0^{\pi}$$

$$=\frac{3}{2}\pi a^2$$

三、定积分求旋转体的体积

旋转体是一个平面图形绕该平面内的一条直线旋转而成的立体，这条直线叫作旋转轴.

设旋转体是由连续曲线 $y=f(x)(f(x)\geqslant0)$ 和直线 $x=a$，$x=b$ 及 x 轴所围成的曲边梯形绕 x 轴旋转一周而成，如图 5.17 所示．

取 x 为积分变量，它的变化区间为 $[a,b]$，在 $[a,b]$ 上任取一小区间 $[x,x+dx]$，相应薄片的体积近似于以 $f(x)$ 为底面圆半径，dx 为高的小圆柱体的体积，从而得到体积元素为 $dV=\pi[f(x)]^2dx$，于是，所求旋转体体积为

$$V_x = \pi\int_a^b [f(x)]^2 dx$$

类似地，由曲线 $x=\varphi(y)$ 和直线 $y=c,y=d$ 及 y 轴所围成的曲边梯形绕 y 轴旋转一周而成，如图 5.18 所示，所得旋转体的体积为

$$V_y = \pi\int_c^d [\varphi(y)]^2 dy$$

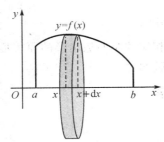 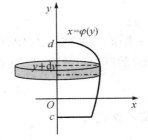

图 5.17　绕 x 轴旋转一周图　　　　图 5.18　绕 y 轴旋转一周图

例 5　求由椭圆 $\dfrac{x^2}{a^2}+\dfrac{y^2}{b^2}=1$ 绕 y 轴及 x 轴旋转而成的椭球体的体积．

解　（1）绕 y 轴旋转的椭球体，可看作右半椭圆 $x=\dfrac{a}{b}\sqrt{b^2-y^2}$ 与 y 轴围成的平面图形绕 y 轴旋转而成，如图 5.19 所示．取 y 为积分变量，$y\in[-b,b]$，由公式所求椭球体体积为

$$V_y = \pi\int_{-b}^b \left(\frac{a}{b}\sqrt{b^2-y^2}\right)^2 dy = \frac{2\pi a^2}{b^2}\int_0^b (b^2-y^2)dy$$

$$= \frac{2\pi a^2}{b^2}\left[b^2 y - \frac{y^3}{3}\right]_0^b$$

$$= \frac{4}{3}\pi a^2 b$$

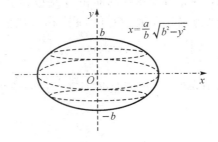

图 5.19　绕 y 轴旋转图

（2）绕 x 轴旋转和绕 y 轴旋转非常类似，请读者参照求解．

当 $a=b=R$ 时，上述结果为 $V=\dfrac{4}{3}\pi R^3$，这就是大家熟悉的球体体积公式.

四、定积分在物理上的应用

1. 变力做功

由物理学知道，物体在常力 F 的作用下，沿力的方向做直线运动，当物体发生了位移 S 时，力 F 对物体所做的功 $W=FS$.

但在实际问题中，物体在发生位移的过程中所受到的力常常是变化的，这就需要考虑变力做功的问题. 由于所求的功是一个整体量，且对于区间具有可加性，所以可以用微元法来求这个量.

设物体在变力 $F=F(x)$ 的作用下，沿 x 轴由点 a 移动到点 b，如图 5.20 所示，且变力方向与 x 轴方向一致. 取 x 为积分变量，$x\in[a,b]$. 在区间 $[a,b]$ 上任取一小区间 $[x,x+\mathrm{d}x]$，该区间上各点处的力可以用点 x 处的力 $F(x)$ 近似代替. 因此功的微元为

$$\mathrm{d}W=F(x)\mathrm{d}x$$

因此，从 a 到 b 这一段位移上变力 $F(x)$ 所做的功为

$$W=\int_a^b F(x)\mathrm{d}x$$

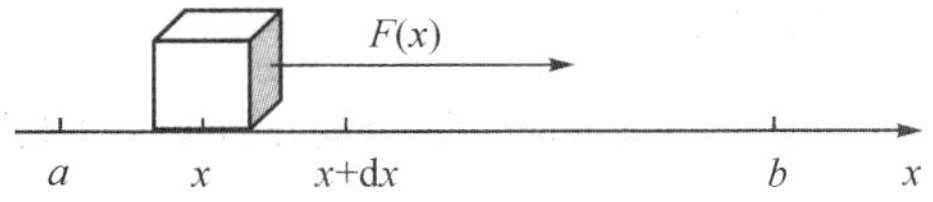

图 5.20 位移图

例 6 弹簧在拉伸过程中，所需要的力与弹簧的伸长量成正比，即 $F=kx$（k 为比例系数）. 已知弹簧拉长 0.01 m 时，需力 10 N，要使弹簧伸长 0.05 m，计算外力所做的功.

解 由题设知，$x=0.01$ m 时，$F=10$ N. 代入 $F=kx$，得 $k=1000$ N/m. 从而变力 $F=1000x$，由上述公式所求的功为

$$W=\int_0^{0.05}1000x\mathrm{d}x=500x^2\Big|_0^{0.05}=1.25\ (\mathrm{J})$$

2. 液体的压力

由物理学知道，液面下深度 h 处的压强 $p=\rho gh$，其中 ρ 是液体的密度，g 是重力加速度. 如果有一面积为 A 的薄板水平地置于深度 h 处，那么薄板一侧所受的液体压力 $F=pA$.

但在实际问题中，往往要计算薄板竖直放置在液体中时，其一侧所受到的压力. 由于压强 p 随液体的深度变化，所以薄板一侧所受的液体压力就不能用上述方法计算，但可以用定积分的微元法来加以解决.

设薄板形状是曲边梯形，为了计算方便，建立如图 5.21 所示的坐标系，曲边方程为 $y=f(x)$. 取液体深度 x 为积分变量，$x\in[a,b]$，在 $[a,b]$ 上取一小区间 $[x,x+\mathrm{d}x]$，该区间上小曲边平板所受的压力可近似地看作长为 y，宽为 $\mathrm{d}x$ 的小矩形水平地放在距液体表面深度为 x 的位置上时，一侧所受的压力.

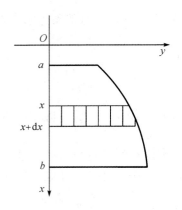

图 5.21　薄板一侧所受的液体压力图

因此所求的压力微元为

$$dF = \rho g h f(x) dx$$

于是，整个平板一侧所受压力为

$$F = \int_a^b \rho g h f(x) dx$$

例 7　修建一道梯形闸门，它的两条底边各长 6 m 和 4 m，高为 6 m，较长的底边与水面平齐，要计算闸门一侧所受水的压力.

解　根据题设条件，建立如图 5.22 所示的坐标系，AB 的方程为 $y = -\dfrac{1}{6}x + 3$. 取 x 为积分变量，$x \in [0, 6]$，在 $x \in [0, 6]$ 上任一小区间 $[x, x+dx]$ 的压力微元为

$$dF = 2\rho g x y dx = 2 \times 9.8 \times 10^3 x \left(-\frac{1}{6}x + 3\right) dx$$

从而所求的压力为

$$F = \int_0^6 9.8 \times 10^3 \left(-\frac{1}{3}x^2 + 6x\right) dx$$

$$= 9.8 \times 10^3 \times \left(-\frac{1}{9}x^3 + 3x^2\right) \Big|_0^6$$

$$\approx 8.23 \times 10^5 \,(\text{N})$$

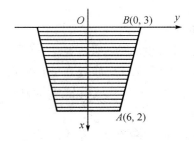

图 5.22　梯形闸门一侧所受的液体压力

五、总量函数

在经济分析中，如果已知总成本函数 $C=C(q)$，总收益函数 $R=R(q)$，总利润函数 $L=L(q)$ 等总量函数，那么求导可得相应的边际函数. 反之，如果已知边际函数，那么通过定积分可求总量函数.

（1）设边际成本为 $C'(q)$，则在区间 $[a,b]$ 上的总成本增量为

$$\Delta C = C(b) - C(a) = \int_a^b C'(q)\mathrm{d}q$$

（2）设边际收益为 $R'(q)$，则在区间 $[a,b]$ 上的总收益增量为

$$\Delta R = R(b) - R(a) = \int_a^b R'(q)\mathrm{d}q$$

（3）设边际利润为 $C'(q)$，则在区间 $[a,b]$ 上的总利润增量为

$$\Delta L = L(b) - L(a) = \int_a^b L'(q)\mathrm{d}q$$

例 8 某工厂生产某产品 Q（百台）的边际成本为 $MC(Q)=2$（万元/百台），设固定成本为 0，边际收益为 $MR(Q)=7-2Q$（万元/百台）. 求：

（1）生产量为多少时，总利润 L 最大？最大总利润是多少？

（2）在利润最大的生产量的基础上又生产了 50 台，总利润减少多少？

解 （1）因 $C(Q) = \int_0^Q MC(x)\mathrm{d}x + C(0) = \int_0^Q 2\mathrm{d}x = 2Q$，

$$R(Q) = \int_0^Q MR(x)\mathrm{d}x = \int_0^Q (7-2x)\mathrm{d}x = 7Q - Q^2$$

所以利润函数 $L(Q) = R(Q) - C(Q) = 5Q - Q^2$，则 $L'(Q) = 5-2Q$，令 $L'(Q) = 0$，得唯一驻点 $Q = 2.5$，且有 $L''(Q) = -2 < 0$.

故 $Q = 2.5$，即产量为 2.5 百台时，有最大利润，最大利润为

$$L(2.5) = 5 \times 2.5 - (2.5)^2 = 6.25 \text{ 万元}$$

（2）在 2.5 百台的基础上又生产了 50 台，即生产 3 百台，此时利润为

$$L(3) = 5 \times 3 - 3^2 = 6 \text{ 万元}$$

即利润减少了 0.25 万元.

习题 5.5

1. 求下列曲线围成平面图形的面积.

（1）$y = \sin x(0 \leqslant x \leqslant 2\pi)$，$y = 0$；　　　　（2）$y = x^3$，$y = x$；

（3）$y = 3 - x^2$，$y = 2x$；　　　　（4）$y = \dfrac{1}{x}$，$y = x$，$y = 2$.

2. 求由摆线 $x = a(t - \sin t)$，$y = a(1 - \cos t)$，$0 \leqslant t \leqslant 2\pi$ 及 x 轴所围成的图形面积.

3. 求 $y = x^3$，$x = 2$ 及 $y = 0$ 所围成的图形，分别绕 x 轴，y 轴旋转所产生的立体的体积.

4. 有一弹簧，用 10 N 的力可以把它拉长 0.005 m，求把弹簧拉长 0.003 m 时力所做的功.

5. 有一圆柱形贮水桶，高 2 m，底圆半径为 0.8 m，桶内装 1 m 深的水，试问要将桶内

的水全部吸出要做多少功？

6. 已知某产品的的固定成本为 1 万元，边际收益和边际成本分别为（单位：万元/百台）

$$MR(x) = 8 - x, \quad MC(x) = 4 + \frac{x}{4}$$

（1）产量由 1 百台增加到 5 百台时，总收益增加了多少？

（2）产量由 2 百台增加到 5 百台时，总成本增加了多少？

（3）产量为多少时，总利润最大？

（4）总利润最大时的总收益、总成本和总利润分别是多少？

 阅读材料

中国古代数学对微积分形成的贡献

1. 无限数概念的萌芽

我国春秋战国时期，百家争鸣，学术繁荣．先秦时期的哲学家和科学家，从数和形的侧面来反映和刻画现实世界中的无限性．

（1）对宇宙无限性的认识．

例如，《尸子》中对"宇宙"的阐述："四方上下曰宇，往古来今曰宙．"说明"宇"是包括东西、南北、上下的三维空间；"宙"是包括过去、现在和将来的一维空间．宇宙是空间和时间的统一．

（2）事物的无限可分性与空间的连续性．

先秦诸子继承和发扬了《周易》对事物的可分性的认识，能够通过对事物的无限可分来认识宇宙空间的连续性．例如，我们熟知的辩者在《庄子·天下篇》中精辟论述："一尺之棰，日取其半，万世不竭．"意思是：一尺长的木棒（线段），若每天取其长度之半，则可以世代不断地分割下去，进而永远不会完结．这反映了辩者对线段的无限可分性的思想，而且还给出了无穷小数列：

$$\frac{1}{2}, \frac{1}{4}, \frac{1}{8}, \cdots, \frac{1}{2^n} \cdots$$

整体可分为若干部分，达到至极便得到点；而点是不可再分的．

2. 我国在西汉时期已经基本完成实数系

我国是世界上最早采用十进位值记数法的国家，而且约在秦汉之间（大约 3 世纪），《九章算术》成书以前，在世界上最早引进负数及其计算法则，将数系扩张到有理数系．正如苏联著名数学史家尤什凯维奇在《中国学者在数学领域中的成就》中说："在《九章算术》第八章中，破天荒第一次在科学史上看到了正量与负量的区分……负量及负量运算法则的发明是大约生活在 2000 年以前或更早的中国学者的最伟大成就．这是第一次越过了正数域的范围．中国数学家在这一点上超出了其他国家的科学几世纪之久．"

3. 我国古代的极限理论

我国古代的极限思想与方法主要寓于求积（面积、体积）理论．刘徽继承和发扬了先秦诸子关于极限的思想，用"割圆术"和"阳马术"等成功地解决了求积问题．在《九章算术》的"圆田术"中给出了计算圆面积的法则："半周半径相乘得积步．"即圆的面积 S 与一个长为半周 $C/2$，宽为半径 R 的长方形的面积相等

$$S = \frac{C}{2} \cdot R$$

刘徽注文首先指出古率"周三径一"(即 $\pi = 3$)实际上既是圆内接正六边形的周长 C_6 与直径 $2R$ 之比,以此说明古率之粗疏.为推证圆面积公式,刘徽从圆内接正六边形开始,不断割圆,徽注曰:"又按为图,以六觚之一面乘半径,因而三之,得十二觚之幂.若又割之,次以十二觚之一面乘半径,因而六之,则得二十四觚之幂.割之弥细,所失弥少,割之又割,以至于不可割,则与圆合体,而无所失矣."

刘徽的"割圆术"与近代极限方法基本上是一致的,于是我们可以说"割圆术"是最早的极限方法,至少也是近代极限方法的雏形.

4. 关于"刘-祖截面原理"

我们知道,以 17 世纪意大利学者卡瓦列里命名的"截面原理",在求积理论和微积分的形成中有重要的作用.其实,截面原理在我国数学上源远流长,早在 3 世纪的《九章算术》中已有应用,而在《九章算术》注中,刘徽最先加以阐述,灵活、巧妙地利用截面积原理完成了柱、锥、台体积公式的论述,并且解决了大量实际中的求积问题.南齐的祖暅在前人研究的基础上,借助刘徽创造的"牟合方盖",确立并严格证明了球的体积公式

$$V_{球} = \frac{\pi}{6} D^3 \approx \frac{1}{2} D^3$$

祖暅所说的"夫叠幂成立积,缘幂势既同,则积不容异."正是祖暅利用"牟合方盖",娴熟而巧妙地运用"截面原理"解决球的体积问题的生动反映.

可见,早在刘徽、祖暅的时代,我国数学大体已具备了欧洲十六七世纪产生微积分所必要的条件,并早于西方接近了微积分的大门.

第六章　空间解析几何与向量代数

自然科学或生活中，我们会遇到一些具有大小和方向的量，且会遇到空间的几何图形. 本章将介绍向量的概念、向量的运算和空间解析几何的内容.

第一节　向量及其线性运算

一、向量的基本概念

现实世界中，我们会遇到两类量，一类是数量，如长度、温度、质量等，它们只有大小. 而在研究力学、物理学以及其他应用科学时，常会遇到另外一类量，它们既有大小，又有方向，这类量称为向量(或矢量)，如物理学中的力、速度、加速度、位移等(见图 6.1).

在数学上，用一条有方向的线段(称为有向线段)来表示向量，其长度表示向量的大小，其方向表示向量的方向. 如以 A 为起点、B 为终点的有向线段所表示的向量记作 $\overrightarrow{AB}$. 向量用粗体字母表示，也可用上加箭头书写体字母表示，例如，a、r、v，或 $\vec{a}$、$\vec{r}$、$\vec{v}$.

图 6.1　向量的图示

向量的模：向量的大小叫作向量的模. 向量 a、$\vec{a}$、$\overrightarrow{AB}$ 的模分别记为 $|a|$、$|\vec{a}|$、$|\overrightarrow{AB}|$.

自由向量：由于一切向量的共性是它们都有大小和方向，所以在数学上我们只研究与起点无关的向量，并称这种向量为自由向量，简称向量.

相等向量：若向量 a 和 b 的大小相等，且方向相同，则说向量 a 和 b 是相等的，记为 $a=b$. 相等的向量经过平移后可以完全重合.

单位向量：模等于 1 的向量叫作单位向量.

零向量：模等于 0 的向量叫作零向量，记作 $\mathbf{0}$ 或 $\vec{0}$. 零向量的起点与终点重合，它的方向可以看作是任意的.

相反向量：设 a 为一向量，与 a 的模相同而方向相反的向量叫作 a 的相反向量，记为 $-a$.

共线向量：平行于同一直线的向量组称为共线向量组. 即向量的起点放在同一点时，它们的终点和公共的起点会在一条直线上.

共面向量：平行于同一平面的向量组称为共面向量组. 即把一组向量的起点放在同一点时，向量组的终点和公共起点会在一个平面上.

二、向量的线性运算

1. 向量的加法

向量的加法：设有两个向量 a 与 b，平移向量使 b 的起点与 a 的终点重合，此时从 a 的

起点到 b 的终点的向量 c 称为向量 a 与 b 的和，记作 $a+b$，即 $c=a+b$.

三角形法则：上述作出两向量之和的方法叫作向量加法的三角形法则（见图 6.2）.

平行四边形法则：当向量 a 与 b 不平行时，平移向量使 a 与 b 的起点重合，以 a、b 为邻边作一平行四边形，从公共起点到对角的向量等于向量 a 与 b 的和 $a+b$（见图 6.3）.

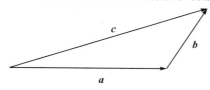

图 6.2 向量的三角形法则图

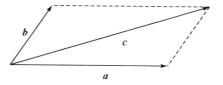

图 6.3 向量的平行四边形法则图

向量加法的运算规律：

（1）交换律 $a+b=b+a$；

（2）结合律 $(a+b)+c=a+(b+c)$.

由于向量的加法符合交换律与结合律，故 n 个向量 $a_1,a_2,\cdots,a_n(n\geqslant3)$ 相加可写成

$$a_1+a_2+\cdots+a_n$$

按向量相加的三角形法则，可得 n 个向量相加的法则如下：将前一向量的终点作为次一向量的起点，相继作向量 $a_1,a_2,\cdots,a_n$，再以第一向量的起点为起点，最后一向量的终点为终点作一向量，这个向量即为所求的和.

2. 向量的减法

如图 6.4 所示，我们规定两个向量 b 与 a 的差为

$$b-a=b+(-a)$$

即把向量 $-a$ 加到向量 b 上，便得 b 与 a 的差 $b-a$.

特别地，当 $b=a$ 时，有

$$a-a=a+(-a)=0$$

显然，任给向量 $\overrightarrow{AB}$ 及点 O，有

$$\overrightarrow{AB}=\overrightarrow{AO}+\overrightarrow{OB}=\overrightarrow{OB}-\overrightarrow{OA}$$

因此，若把向量 a 与 b 移到同一起点 O，则从 a 的终点 A 向 b 的终点 B 所引向量 $\overrightarrow{AB}$ 便是向量 b 与 a 的差 $b-a$.

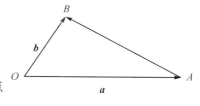

图 6.4 向量的减法图

3. 向量与数的乘法

向量与数的乘法的定义：向量 a 与实数 λ 的乘积记作 λa，规定 λa 是一个向量，它的模 $|\lambda a|=|\lambda||a|$，当 $\lambda>0$ 时，它的方向与 a 相同，当 $\lambda<0$ 时，它的方向与 a 相反.

当 $\lambda=0$ 时，$|\lambda a|=0$，即 λa 为零向量，这时它的方向可以是任意的.

特别地，当 $\lambda=\pm1$ 时，有

$$1a=a,\ (-1)a=-a$$

运算规律：

（1）结合律 $\lambda(\mu a)=\mu(\lambda a)=(\lambda\mu)a$；

（2）分配律 $(\lambda+\mu)a=\lambda a+\mu a$；$\lambda(a+b)=\lambda a+\lambda b$.

向量的单位化：设 $a \neq 0$，则向量 $\dfrac{a}{|a|}$ 是与 a 同方向的单位向量，记为 a_0. 于是 $a = |a| a_0$.

例 1　设 AM 是三角形 ABC 的中线，求证 $\overrightarrow{AM} = \dfrac{1}{2}(\overrightarrow{AB} + \overrightarrow{AC})$.

证　如图 6.5 所示，因为 $\overrightarrow{AM} = \overrightarrow{AB} + \overrightarrow{BM}$，$\overrightarrow{AM} = \overrightarrow{AC} + \overrightarrow{CM}$，所以 $2\overrightarrow{AM} = \overrightarrow{AB} + \overrightarrow{BM} + \overrightarrow{AC} + \overrightarrow{CM}$. 但 $\overrightarrow{BM} + \overrightarrow{CM} = 0$，因而 $2\overrightarrow{AM} = \overrightarrow{AB} + \overrightarrow{AC}$，即 $\overrightarrow{AM} = \dfrac{1}{2}(\overrightarrow{AB} + \overrightarrow{AC})$.

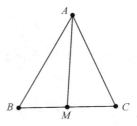

图 6.5　三角形中线图

例 2　用向量法证明：连接三角形两边中点的线段平行于第三边且等于第三边的一半（见图 6.6）.

证　设 $\triangle ABC$ 两边 AB，AC 中点分别为 M、N，则
$$\overrightarrow{MN} = \overrightarrow{AN} - \overrightarrow{AM} = \frac{1}{2}(\overrightarrow{AC} - \overrightarrow{AB}) = \frac{1}{2}\overrightarrow{BC}$$

所以 $\overrightarrow{MN} /\!/ \overrightarrow{BC}$，且 $|\overrightarrow{MN}| = \dfrac{1}{2}|\overrightarrow{BC}|$.

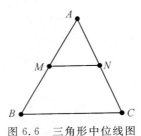

图 6.6　三角形中位线图

定理 1　设向量 $a \neq 0$，那么，向量 b 平行于 a 的充分必要条件是：存在唯一的实数 λ，使 $b = \lambda a$.

证明　条件的充分性是显然的，下面证明条件的必要性.

设 $b /\!/ a$. 取 $|\lambda| = \dfrac{|b|}{|a|}$，当 b 与 a 同向时 λ 取正值，当 b 与 a 反向时 λ 取负值，即 $b = \lambda a$。这是因为此时 b 与 λa 同向，且
$$|\lambda a| = |\lambda| |a| = \frac{|b|}{|a|}|a| = |b|$$

再证明数 λ 的唯一性. 设 $b = \lambda a$，又设 $b = \mu a$，两式相减，便得
$$(\lambda - \mu)a = 0, \quad 即 \quad |\lambda - \mu| |a| = 0$$
因 $|a| \neq 0$，故 $|\lambda - \mu| = 0$，即 $\lambda = \mu$.

给定一个点及一个单位向量就确定了一条数轴. 设点 O 及单位向量 i 确定了数轴 Ox，

对于轴上任一点 P，对应一个向量 $\overrightarrow{OP}$，由 $\overrightarrow{OP} \parallel i$，根据定理 1，必有唯一的实数 x，使 $\overrightarrow{OP} = xi$（实数 x 叫作轴上有向线段 $\overrightarrow{OP}$ 的值），并知 $\overrightarrow{OP}$ 与实数 x 一一对应. 于是

$$点\ P \leftrightarrow 向量\ OP = xi \leftrightarrow 实数\ x$$

从而轴上的点 P 与实数 x 有一一对应的关系. 据此，定义实数 x 为轴上点 P 的坐标.

由此可知，轴上点 P 的坐标为 x 的充分必要条件是

$$\overrightarrow{OP} = xi$$

三、空间直角坐标系

在空间取定一点 O 和三个两两垂直的单位向量 i、j、k，就确定了三条都以 O 为原点的两两垂直的数轴，依次记为 x 轴（横轴）、y 轴（纵轴）、z 轴（竖轴），统称为坐标轴. 它们构成一个空间直角坐标系，称为 $Oxyz$ 坐标系.

注：（1）通常三个数轴应具有相同的长度单位；

（2）通常把 x 轴和 y 轴配置在水平面上，而 z 轴则是铅垂线；

（3）数轴的的正向通常符合右手规则.

在空间直角坐标系中，任意两个坐标轴可以确定一个平面，这种平面称为坐标面.

x 轴及 y 轴所确定的坐标面叫作 xOy 面，另两个坐标面是 yOz 面和 zOx 面.

三个坐标面把空间分成八个部分，每一部分叫作卦限，含有三个正半轴的卦限叫作第一卦限，它位于 xOy 面的上方. 在 xOy 面的上方，按逆时针方向排列着第二卦限、第三卦限和第四卦限. 在 xOy 面的下方，与第一卦限对应的是第五卦限，按逆时针方向还排列着第六卦限、第七卦限和第八卦限. 八个卦限分别用 Ⅰ、Ⅱ、Ⅲ、Ⅳ、Ⅴ、Ⅵ、Ⅶ、Ⅷ 表示（见图 6.7）.

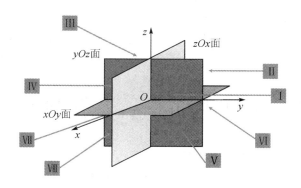

图 6.7 空间直角坐标系

任给向量 r，对应有点 M，使 $\overrightarrow{OM} = r$. 以 OM 为对角线、三条坐标轴为棱作长方体，有

$$r = \overrightarrow{OM} = \overrightarrow{OP} + \overrightarrow{PN} + \overrightarrow{NM} = \overrightarrow{OP} + \overrightarrow{OQ} + \overrightarrow{OR}$$

设 $\overrightarrow{OP} = xi$，$\overrightarrow{OQ} = yj$，$\overrightarrow{OR} = zk$，则

$$r = \overrightarrow{OM} = xi + yj + zk$$

上式称为向量 r 的坐标分解式，xi、yj、zk 称为向量 r 沿三个坐标轴方向的分向量.

显然，给定向量 r，就确定了点 M 及 $\overrightarrow{OP} = xi$，$\overrightarrow{OQ} = yj$，$\overrightarrow{OR} = zk$ 三个分向量，进而确定了 x、y、z 三个有序数；反之，给定三个有序数 x、y、z 也就确定了向量 r 与点 M. 于是

点 M、向量 $\mathbf{r}$ 与三个有序 x、y、z 之间有一一对应的关系

$$M \leftrightarrow \mathbf{r} = \overrightarrow{OM} = x\mathbf{i} + y\mathbf{j} + z\mathbf{k} \leftrightarrow (x, y, z)$$

据此，定义：有序数 x、y、z 称为向量 $\mathbf{r}$（在坐标系 $Oxyz$）中的坐标，记作 $\mathbf{r} = (x, y, z)$；有序数 x、y、z 也称为点 M（在坐标系 $Oxyz$）的坐标，记为 $M(x, y, z)$.

向量 $\mathbf{r} = \overrightarrow{OM}$ 称为点 M 关于原点 O 的向径. 上述定义表明，一个点与该点的向径有相同的坐标. 记号 $\{x, y, z\}$ 表示向量 $\overrightarrow{OM}$.

坐标面上和坐标轴上的点，其坐标各有一定的特征. 例如：点 M 在 yOz 面上，则 $x=0$；同样，在 zOx 面上的点，$y=0$；在 xOy 面上的点，$z=0$. 如果点 M 在 x 轴上，则 $y=z=0$；同样，在 y 轴上，有 $z=x=0$；在 z 轴上，有 $x=y=0$. 如果点 M 为原点，则 $x=y=z=0$.

四、利用坐标作向量的线性运算

设 $\mathbf{a} = (a_x, a_y, a_z)$，$\mathbf{b} = (b_x, b_y, b_z)$，即

$$\mathbf{a} = a_x\mathbf{i} + a_y\mathbf{j} + a_z\mathbf{k}, \quad \mathbf{b} = b_x\mathbf{i} + b_y\mathbf{j} + b_z\mathbf{k}$$

则

$$\begin{aligned}
\mathbf{a} + \mathbf{b} &= (a_x\mathbf{i} + a_y\mathbf{j} + a_z\mathbf{k}) + (b_x\mathbf{i} + b_y\mathbf{j} + b_z\mathbf{k}) \\
&= (a_x + b_x)\mathbf{i} + (a_y + b_y)\mathbf{j} + (a_z + b_z)\mathbf{k} \\
&= (a_x + b_x, a_y + b_y, a_z + b_z) \\
\mathbf{a} - \mathbf{b} &= (a_x\mathbf{i} + a_y\mathbf{j} + a_z\mathbf{k}) - (b_x\mathbf{i} + b_y\mathbf{j} + b_z\mathbf{k}) \\
&= (a_x - b_x)\mathbf{i} + (a_y - b_y)\mathbf{j} + (a_z - b_z)\mathbf{k} \\
&= (a_x - b_x, a_y - b_y, a_z - b_z) \\
\lambda\mathbf{a} &= \lambda(a_x\mathbf{i} + a_y\mathbf{j} + a_z\mathbf{k}) = (\lambda a_x)\mathbf{i} + (\lambda a_y)\mathbf{j} + (\lambda a_z)\mathbf{k} \\
&= (\lambda a_x, \lambda a_y, \lambda a_z)
\end{aligned}$$

利用向量的坐标判断两个向量平行：

设 $\mathbf{a} = (a_x, a_y, a_z) \neq 0$，$\mathbf{b} = (b_x, b_y, b_z)$，向量 $\mathbf{b} \!/\!/ \mathbf{a} \Leftrightarrow \mathbf{b} = \lambda\mathbf{a}$，即 $\mathbf{b} \!/\!/ \mathbf{a} \Leftrightarrow (b_x, b_y, b_z) = \lambda(a_x, a_y, a_z)$，于是 $\dfrac{b_x}{a_x} = \dfrac{b_y}{a_y} = \dfrac{b_z}{a_z}$.

例 3 求解以向量为未知元的线性方程组 $\begin{cases} 5\mathbf{x} - 3\mathbf{y} = \mathbf{a} \\ 3\mathbf{x} - 2\mathbf{y} = \mathbf{b} \end{cases}$，其中 $\mathbf{a} = (2, 1, 2)$，$\mathbf{b} = (-1, 1, -2)$.

解 如同解二元一次线性方程组，可得

$$\mathbf{x} = 2\mathbf{a} - 3\mathbf{b}, \quad \mathbf{y} = 3\mathbf{a} - 5\mathbf{b}$$

以 $\mathbf{a}$、$\mathbf{b}$ 的坐标表示式代入，即得

$$\mathbf{x} = 2(2, 1, 2) - 3(-1, 1, -2) = (7, -1, 10)$$
$$\mathbf{y} = 3(2, 1, 2) - 5(-1, 1, -2) = (11, -2, 16)$$

例 4 已知两点 $A(x_1, y_1, z_1)$ 和 $B(x_2, y_2, z_2)$ 以及实数 $\lambda \neq -1$，在直线 AB 上求一点 M，使 $\overrightarrow{AM} = \lambda\overrightarrow{MB}$.

解 由于 $\overrightarrow{AM} = \overrightarrow{OM} - \overrightarrow{OA}$，$\overrightarrow{MB} = \overrightarrow{OB} - \overrightarrow{OM}$，因此

$$\overrightarrow{OM} - \overrightarrow{OA} = \lambda(\overrightarrow{OB} - \overrightarrow{OM})$$

从而

$$\overrightarrow{OM}=\frac{1}{1+\lambda}(\overrightarrow{OA}+\lambda\ \overrightarrow{OB})=\left(\frac{x_1+\lambda x_2}{1+\lambda},\ \frac{x_1+\lambda y_2}{1+\lambda},\ \frac{x_1+\lambda z_2}{1+\lambda}\right)$$

这就是点 M 的坐标.

另解　设所求点为 $M(x,y,z)$，则

$$\overrightarrow{AM}=(x-x_1,y-y_1,z-z_1),\ \overrightarrow{MB}=(x_2-x,\ y_2-y,\ z_2-z)$$

依题意有 $\overrightarrow{AM}=\lambda\ \overrightarrow{MB}$，即

$$(x-x_1,\ y-y_1,\ z-z_1)=\lambda(x_2-x,\ y_2-y,\ z_2-z)$$

$$(x,\ y,\ z)-(x_1,\ y_1,\ z_1)=\lambda(x_2,\ y_2,\ z_2)-\lambda(x,\ y,\ z)$$

$$(x,\ y,\ z)=\frac{1}{1+\lambda}(x_1+\lambda x_2,\ y_1+\lambda y_2,\ z_1+\lambda z_2)$$

$$x=\frac{x_1+\lambda x_2}{1+\lambda},\ y=\frac{y_1+\lambda y_2}{1+\lambda},\ z=\frac{z_1+\lambda z_2}{1+\lambda}$$

点 M 叫作有向线段 $\overrightarrow{AB}$ 的定比分点. 当 $\lambda=1$ 时，点 M 的有向线段 $\overrightarrow{AB}$ 的中点，其坐标为 $x=\frac{x_1+x_2}{2},\ y=\frac{y_1+y_2}{2},\ z=\frac{z_1+z_2}{2}$.

五、向量的模、方向角、投影

1. 向量的模与两点间的距离公式

设向量 $\boldsymbol{r}=(x,\ y,\ z)$，作 $\overrightarrow{OM}=\boldsymbol{r}$，则

$$\boldsymbol{r}=\overrightarrow{OM}=\overrightarrow{OP}+\overrightarrow{OQ}+\overrightarrow{OR}$$

按勾股定理可得

$$|\boldsymbol{r}|=|OM|=\sqrt{|OP|^2+|OQ|^2+|OR|^2}$$

设 $\overrightarrow{OP}=x\boldsymbol{i}$，$\overrightarrow{OQ}=y\boldsymbol{j}$，$\overrightarrow{OR}=z\boldsymbol{k}$，有

$$|OP|=|x|,\ |OQ|=|y|,\ |OR|=|z|$$

于是得向量模的坐标表示式

$$|\boldsymbol{r}|=\sqrt{x^2+y^2+z^2}$$

设有点 $A(x_1,\ y_1,\ z_1)$、$B(x_2,\ y_2,\ z_2)$，则

$$\overrightarrow{AB}=\overrightarrow{OB}-\overrightarrow{OA}=(x_2,\ y_2,\ z_2)-(x_1,\ y_1,\ z_1)=(x_2-x_1,\ y_2-y_1,\ z_2-z_1)$$

于是点 A 与点 B 间的距离为

$$|AB|=|\overrightarrow{AB}|=\sqrt{(x_2-x_1)^2+(y_2-y_1)^2+(z_2-z_1)^2}$$

例 5　求证以 $M_1(4,\ 1,\ 1)$、$M_2(7,\ 1,\ 2)$、$M_3(5,\ 2,\ 3)$ 三点为顶点的三角形是一个等腰三角形.

解　因为

$$|M_1M_2|^2=(7-4)^2+(1-1)^2+(2-1)^2=10$$

$$|M_2M_3|^2=(5-7)^2+(2-1)^2+(3-2)^2=6$$

$$|M_1M_3|^2=(5-4)^2+(2-1)^2+(3-1)^2=6$$

所以 $|M_2M_3|=|M_1M_3|$，即 $\triangle M_1M_2M_3$ 为等腰三角形.

例 6　在 z 轴上求与点 $A(-4,1,7)$ 和点 $B(3,5,-2)$ 等距离的点.

解　设所求的点为 $M(0, 0, z)$，依题意有 $|MA|^2 = |MB|^2$，即

$$(0+4)^2 + (0-1)^2 + (z-7)^2 = (3-0)^2 + (5-0)^2 + (-2-z)^2$$

解之得 $z = \dfrac{14}{9}$，所以，所求的点为 $M\left(0, 0, \dfrac{14}{9}\right)$.

例 7　已知两点 $A(4, 0, 5)$ 和 $B(7, 1, 3)$，求与 $\overrightarrow{AB}$ 方向相同的单位向量 e.

解　因为 $\overrightarrow{AB} = (7, 1, 3) - (4, 0, 5) = (3, 1, -2)$，$|\overrightarrow{AB}| = \sqrt{3^2 + 1^2 + (-2)^2} = \sqrt{14}$，所以

$$e = \frac{\overrightarrow{AB}}{|\overrightarrow{AB}|} = \frac{1}{\sqrt{14}}(3, 1, -2)$$

2. 向量的夹角、方向角与方向余弦

1）向量的夹角与方向角

当把两个非零向量 a 与 b 的起点放到同一点时，两个向量之间的不超过 π 的夹角称为向量 a 与 b 的夹角，记作 $(\widehat{a, b})$ 或 $(\widehat{b, a})$. 如果向量 a 与 b 中有一个是零向量，规定它们的夹角可以在 0 与 π 之间任意取值.

类似地，可以规定向量与一轴的夹角或空间两轴的夹角.

非零向量 r 与三条坐标轴的夹角 α、β、γ 称为向量 r 的方向角.

2）向量的方向余弦

设 $r = (x, y, z)$，则

$$x = |r|\cos\alpha, \ y = |r|\cos\beta, \ z = |r|\cos\gamma$$

$\cos\alpha$、$\cos\beta$、$\cos\gamma$ 称为向量 r 的方向余弦.

$$\cos\alpha = \frac{x}{|r|}, \ \cos\beta = \frac{y}{|r|}, \ \cos\gamma = \frac{z}{|r|}$$

从而

$$(\cos\alpha, \cos\beta, \cos\gamma) = \frac{1}{|r|}r = e_r$$

上式表明，以向量 r 的方向余弦为坐标的向量就是与 r 同方向的单位向量 e_r. 因此

$$\cos^2\alpha + \cos^2\beta + \cos^2\gamma = 1$$

例 8　设已知两点 $A(2, 2, \sqrt{2})$ 和 $B(1, 3, 0)$，计算向量 $\overrightarrow{AB}$ 的模、方向余弦和方向角.

解　$$\overrightarrow{AB} = (1-2, 3-2, 0-\sqrt{2}) = (-1, 1, -\sqrt{2})$$

$$|\overrightarrow{AB}| = \sqrt{(-1)^2 + 1^2 + (-\sqrt{2})^2} = 2$$

$$\cos\alpha = -\frac{1}{2}, \ \cos\beta = \frac{1}{2}, \ \cos\gamma = -\frac{\sqrt{2}}{2}$$

所以

$$\alpha = \frac{2\pi}{3}, \ \beta = \frac{\pi}{3}, \ \gamma = \frac{3\pi}{4}$$

3. 向量在轴上的投影

设点 O 及单位向量 e 确定 u 轴.

任给向量 r，作 $\overrightarrow{OM}=r$，过点 M 作与 u 轴垂直的平面交 u 轴于点 M'（点 M' 叫作点 M 在 u 轴上的投影），则向量 $\overrightarrow{OM'}$ 称为向量 r 在 u 轴上的分向量. 设 $\overrightarrow{OM'}=\lambda e$，则数 λ 称为向量 r 在 u 轴上的投影，记作 $\mathrm{Prj}_u r$ 或 $(r)_u$.

按此定义，向量 a 在直角坐标系 $Oxyz$ 中的坐标 a_x，a_y，a_z 就是 a 在三条坐标轴上的投影，即

$$a_x=\mathrm{Prj}_x a，\quad a_y=\mathrm{Prj}_y a，\quad a_z=\mathrm{Prj}_z a$$

投影的性质：

性质 1 $(a)_u=|a|\cos\varphi$（即 $\mathrm{Prj}_u a=|a|\cos\varphi$），其中 φ 为向量与 u 轴的夹角.

性质 2 $(a+b)_u=(a)_u+(b)_u$（即 $\mathrm{Prj}_u(a+b)=\mathrm{Prj}_u a+\mathrm{Prj}_u b$）.

性质 3 $(\lambda a)_u=\lambda(a)_u$（即 $\mathrm{Prj}_u(\lambda a)=\lambda \mathrm{Prj}_u a$）.

习题 6.1

1. 若点 M 的坐标为 $(x，y，z)$，则向量 $\overrightarrow{OM}$ 用坐标可表示为 _____ .

2. 下列情形中的向量终点各构成什么图形？

（1）把空间中一切单位向量归结到共同的始点；

（2）把平行于某一平面的一切单位向量归结到共同的始点；

（3）把平行于某一直线的一切向量归结到共同的始点；

（4）把平行于某一直线的一切单位向量归结到共同的始点.

3. 如图 6.8 所示，设 $ABCD-EFGH$ 是一个平行六面体，在下列各对向量中，找出相等的向量和互为相反向量的向量：

（1）$\overrightarrow{AB}$、$\overrightarrow{CD}$；（2）$\overrightarrow{AE}$、$\overrightarrow{CG}$；（3）$\overrightarrow{AC}$、$\overrightarrow{EG}$；

（4）$\overrightarrow{AD}$、$\overrightarrow{GF}$；（5）$\overrightarrow{BE}$、$\overrightarrow{CH}$.

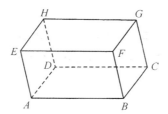

图 6.8 平行六面体

4. 要使下列各式成立，向量 a，b 应满足什么条件？

（1）$|a+b|=|a-b|$；　　　　（2）$|a+b|=|a|+|b|$；

（3）$|a+b|=|a|-|b|$；　　　　（4）$|a-b|=|a|+|b|$.

5. 已知四边形 $ABCD$ 中，$\overrightarrow{AB}=a-2c$，$\overrightarrow{CD}=5a+6b-8c$，对角线 $\overrightarrow{AC}$、$\overrightarrow{BD}$ 的中点分别为 E，F，求 $\overrightarrow{EF}$.

6. 设 L、M、N 是 $\triangle ABC$ 三边的中点，O 是任意一点，证明：

$$\overrightarrow{OA}+\overrightarrow{OB}+\overrightarrow{OC}=\overrightarrow{OL}+\overrightarrow{OM}+\overrightarrow{ON}$$

7. 在空间直角坐标系 $\{O;\ \boldsymbol{i},\ \boldsymbol{j},\ \boldsymbol{k}\}$ 下，求 $P(2,\ -3,\ -1)$，$M(a,b,c)$ 关于以下位置的各个对称点的坐标.

（1）坐标平面；（2）坐标轴；（3）坐标原点.

8. 证明：四面体每一个顶点与对面重心所连的线段共点，且这点到顶点的距离是它到对面重心距离的 3 倍.

第二节　数量积、向量积

一、两向量的数量积

物理学中常会遇到两向量相乘的情况. 设一物体在常力 $\boldsymbol{F}$ 作用下沿直线从点 M_1 移动到点 M_2. 以 S 表示位移 $\overrightarrow{M_1M_2}$. 由物理学知道，力 $\boldsymbol{F}$ 所做的功为

$$W = |\boldsymbol{F}||S|\cos\theta$$

其中 θ 为 $\boldsymbol{F}$ 与 S 的夹角. 我们把这样一类乘积作一个定义.

定义 1(数量积)　对于两个向量 $\boldsymbol{a}$ 和 $\boldsymbol{b}$，它们的模 $|\boldsymbol{a}|$、$|\boldsymbol{b}|$ 及它们的夹角 θ 的余弦的乘积称为向量 $\boldsymbol{a}$ 和 $\boldsymbol{b}$ 的数量积，记作 $\boldsymbol{a}\cdot\boldsymbol{b}$，即

$$\boldsymbol{a}\cdot\boldsymbol{b}=|\boldsymbol{a}||\boldsymbol{b}|\cos\theta$$

1）数量积与投影

由于 $|\boldsymbol{b}|\cos\theta=|\boldsymbol{b}|\cos(\widehat{\boldsymbol{a},\ \boldsymbol{b}})$，当 $\boldsymbol{a}\neq 0$ 时，$|\boldsymbol{b}|\cos(\widehat{\boldsymbol{a},\ \boldsymbol{b}})$ 是向量 $\boldsymbol{b}$ 在向量 $\boldsymbol{a}$ 的方向上的投影，于是 $\boldsymbol{a}\cdot\boldsymbol{b}=|\boldsymbol{a}|\mathrm{Prj}_a\boldsymbol{b}$.

同理，当 $\boldsymbol{b}\neq 0$ 时，$\boldsymbol{a}\cdot\boldsymbol{b}=|\boldsymbol{b}|\mathrm{Prj}_b\boldsymbol{a}$.

2）数量积的性质

（1）$\boldsymbol{a}\cdot\boldsymbol{a}=|\boldsymbol{a}|^2$.

（2）对于两个非零向量 $\boldsymbol{a}$、$\boldsymbol{b}$，如果 $\boldsymbol{a}\cdot\boldsymbol{b}=0$，则 $\boldsymbol{a}\perp\boldsymbol{b}$；反之，如果 $\boldsymbol{a}\perp\boldsymbol{b}$，则 $\boldsymbol{a}\cdot\boldsymbol{b}=0$.

如果认为零向量与任何向量都垂直，则 $\boldsymbol{a}\perp\boldsymbol{b}\Leftrightarrow\boldsymbol{a}\cdot\boldsymbol{b}=0$.

3）数量积的运算律

（1）交换律 $\boldsymbol{a}\cdot\boldsymbol{b}=\boldsymbol{b}\cdot\boldsymbol{a}$.

（2）分配律 $(\boldsymbol{a}+\boldsymbol{b})\cdot\boldsymbol{c}=\boldsymbol{a}\cdot\boldsymbol{c}+\boldsymbol{b}\cdot\boldsymbol{c}$.

（3）结合律 $(\lambda\boldsymbol{a})\cdot\boldsymbol{b}=\boldsymbol{a}\cdot(\lambda\boldsymbol{b})=\lambda(\boldsymbol{a}\cdot\boldsymbol{b})$，$(\lambda\boldsymbol{a})\cdot(\mu\boldsymbol{b})=\lambda\mu(\boldsymbol{a}\cdot\boldsymbol{b})$，$\lambda$、$\mu$ 为数.

分配律 $(\boldsymbol{a}+\boldsymbol{b})\cdot\boldsymbol{c}=\boldsymbol{a}\cdot\boldsymbol{c}+\boldsymbol{b}\cdot\boldsymbol{c}$ 的证明如下：

因为当 $\boldsymbol{c}=0$ 时，上式显然成立；当 $\boldsymbol{c}\neq 0$ 时，有

$$
\begin{aligned}
(\boldsymbol{a}+\boldsymbol{b})\cdot\boldsymbol{c} &= |\boldsymbol{c}|\mathrm{Prj}_c(\boldsymbol{a}+\boldsymbol{b})\\
&= |\boldsymbol{c}|(\mathrm{Prj}_c\boldsymbol{a}+\mathrm{Prj}_c\boldsymbol{b})\\
&= |\boldsymbol{c}|\mathrm{Prj}_c\boldsymbol{a}+|\boldsymbol{c}|\mathrm{Prj}_c\boldsymbol{b}\\
&= \boldsymbol{a}\cdot\boldsymbol{c}+\boldsymbol{b}\cdot\boldsymbol{c}
\end{aligned}
$$

例 1 试用向量证明三角形的余弦定理.

证 设在 $\triangle ABC$ 中，$\angle BCA = \theta$（见图 6.9），$|\overrightarrow{BC}| = \boldsymbol{a}$，$|\overrightarrow{CA}| = \boldsymbol{b}$，$|\overrightarrow{AB}| = \boldsymbol{c}$，要证

$$\boldsymbol{c}^2 = \boldsymbol{a}^2 + \boldsymbol{b}^2 - 2\boldsymbol{ab}\cos\theta$$

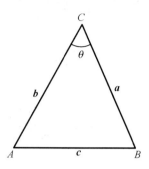

图 6.9 余弦定理图

记 $\overrightarrow{CB} = \boldsymbol{a}$，$\overrightarrow{CA} = \boldsymbol{b}$，$\overrightarrow{AB} = \boldsymbol{c}$，则有

$$\boldsymbol{c} = \boldsymbol{a} - \boldsymbol{b}$$

从而

$$|\boldsymbol{c}|^2 = \boldsymbol{c} \cdot \boldsymbol{c} = (\boldsymbol{a} - \boldsymbol{b})(\boldsymbol{a} - \boldsymbol{b}) = \boldsymbol{a} \cdot \boldsymbol{a} + \boldsymbol{b} \cdot \boldsymbol{b} - 2\boldsymbol{a} \cdot \boldsymbol{b} = |\boldsymbol{a}|^2 + |\boldsymbol{b}|^2 - 2|\boldsymbol{a}||\boldsymbol{b}|\cos\angle(\widehat{\boldsymbol{a},\boldsymbol{b}})$$

即

$$\boldsymbol{c}^2 = \boldsymbol{a}^2 + \boldsymbol{b}^2 - 2\boldsymbol{ab}\cos\theta$$

4）数量积的坐标表示

设 $\boldsymbol{a} = (a_x, a_y, a_z)$，$\boldsymbol{b} = (b_x, b_y, b_z)$，则

$$\boldsymbol{a} \cdot \boldsymbol{b} = a_x b_x + a_y b_y + a_z b_z$$

提示：按数量积的运算规律可得

$$\begin{aligned}
\boldsymbol{a} \cdot \boldsymbol{b} &= (a_x \boldsymbol{i} + a_y \boldsymbol{j} + a_z \boldsymbol{k}) \cdot (b_x \boldsymbol{i} + b_y \boldsymbol{j} + b_z \boldsymbol{k}) \\
&= a_x b_x \boldsymbol{i} \cdot \boldsymbol{i} + a_x b_y \boldsymbol{i} \cdot \boldsymbol{j} + a_x b_z \boldsymbol{i} \cdot \boldsymbol{k} + a_y b_x \boldsymbol{j} \cdot \boldsymbol{i} + a_y b_y \boldsymbol{j} \cdot \boldsymbol{j} + a_y b_z \boldsymbol{j} \cdot \boldsymbol{k} \\
&\quad + a_z b_x \boldsymbol{k} \cdot \boldsymbol{i} + a_z b_y \boldsymbol{k} \cdot \boldsymbol{j} + a_z b_z \boldsymbol{k} \cdot \boldsymbol{k} \\
&= a_x b_x + a_y b_y + a_z b_z
\end{aligned}$$

5）两向量夹角的余弦的坐标表示

设 $\theta = (\boldsymbol{a}, \boldsymbol{b})$，则当 $\boldsymbol{a} \neq 0$、$\boldsymbol{b} \neq 0$ 时，有

$$\cos\theta = \frac{\boldsymbol{a} \cdot \boldsymbol{b}}{|\boldsymbol{a}||\boldsymbol{b}|} = \frac{a_x b_x + a_y b_y + a_z b_z}{\sqrt{a_x^2 + a_y^2 + a_z^2}\sqrt{b_x^2 + b_y^2 + b_z^2}}$$

提示：$\boldsymbol{a} \cdot \boldsymbol{b} = |\boldsymbol{a}||\boldsymbol{b}|\cos\theta$.

例 2 已知三点 $M(1, 1, 1)$、$A(2, 2, 1)$ 和 $B(2, 1, 2)$，求 $\angle AMB$.

解 从点 M 到点 A 的向量记为 $\boldsymbol{a}$，从点 M 到点 B 的向量记为 $\boldsymbol{b}$，则 $\angle AMB$ 就是向量 $\boldsymbol{a}$ 与 $\boldsymbol{b}$ 的夹角.

$$\boldsymbol{a} = \{1, 1, 0\}, \quad \boldsymbol{b} = \{1, 0, 1\}$$

因为

$$\boldsymbol{a} \cdot \boldsymbol{b} = 1 \times 1 + 1 \times 0 + 0 \times 1 = 1$$

$$|\boldsymbol{a}| = \sqrt{1^2 + 1^2 + 0^2} = \sqrt{2}$$

$$|\boldsymbol{b}|=\sqrt{1^2+0^2+1^2}=\sqrt{2}$$

所以

$$\cos\angle AMB=\frac{\boldsymbol{a}\cdot\boldsymbol{b}}{|\boldsymbol{a}||\boldsymbol{b}|}=\frac{1}{\sqrt{2}\cdot\sqrt{2}}=\frac{1}{2}$$

从而

$$\angle AMB=\frac{\pi}{3}$$

二、两向量的向量积

物理学中在研究物体转动问题时，不但要考虑这个物体所受的力，还要分析这些力所产生的力矩.

设点 O 为一根杠杆 L 的支点. 有一个力 $\boldsymbol{F}$ 作用于该杠杆上 P 点处. $\boldsymbol{F}$ 与 $\overrightarrow{OP}$ 的夹角为 θ.

由力学规定，力 $\boldsymbol{F}$ 对支点 O 的力矩是一向量 $\boldsymbol{M}$，它的模 $|\boldsymbol{M}|=|\overrightarrow{OP}||\boldsymbol{F}|\sin\theta$，而 M 的方向垂直于 $\overrightarrow{OP}$ 与 $\boldsymbol{F}$ 所决定的平面，$\boldsymbol{M}$ 的指向是按右手规则从 $\overrightarrow{OP}$ 以不超过 π 的角转向 $\boldsymbol{F}$ 来确定的(见图 6.10).

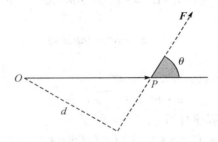

图 6.10　向量的乘积力矩图

向量积：设向量 c 是由两个向量 $\boldsymbol{a}$ 与 $\boldsymbol{b}$ 按下列方式定出：

c 的模 $|\boldsymbol{c}|=|\boldsymbol{a}||\boldsymbol{b}|\sin\theta$，其中 θ 为 $\boldsymbol{a}$ 与 $\boldsymbol{b}$ 间的夹角；

c 的方向垂直于 $\boldsymbol{a}$ 与 $\boldsymbol{b}$ 所决定的平面，c 的指向按右手规则从 $\boldsymbol{a}$ 转向 $\boldsymbol{b}$ 来确定.

那么，向量 c 叫作向量 $\boldsymbol{a}$ 与 $\boldsymbol{b}$ 的向量积，记作 $\boldsymbol{a}\times\boldsymbol{b}$，即 $c=\boldsymbol{a}\times\boldsymbol{b}$.

根据向量积的定义，力矩 $\boldsymbol{M}$ 等于 $\overrightarrow{OP}$ 与 $\boldsymbol{F}$ 的向量积，即 $\boldsymbol{M}=\overrightarrow{OP}\times\boldsymbol{F}$.

1）向量积的性质

（1）$\boldsymbol{a}\times\boldsymbol{a}=0$；

（2）对于两个非零向量 $\boldsymbol{a}$、$\boldsymbol{b}$，如果 $\boldsymbol{a}\times\boldsymbol{b}=0$，则 $\boldsymbol{a}//\boldsymbol{b}$；反之，如果 $\boldsymbol{a}//\boldsymbol{b}$，则 $\boldsymbol{a}\times\boldsymbol{b}=0$.

如果认为零向量与任何向量都平行，则 $\boldsymbol{a}//\boldsymbol{b}\Leftrightarrow\boldsymbol{a}\times\boldsymbol{b}=0$.

2）向量积的运算规律

（1）反交换律：$\boldsymbol{a}\times\boldsymbol{b}=-\boldsymbol{b}\times\boldsymbol{a}$；

（2）分配律：$(\boldsymbol{a}+\boldsymbol{b})\times\boldsymbol{c}=\boldsymbol{a}\times\boldsymbol{c}+\boldsymbol{b}\times\boldsymbol{c}$；

（3）$(\lambda\boldsymbol{a})\times\boldsymbol{b}=\boldsymbol{a}\times(\lambda\boldsymbol{b})=\lambda(\boldsymbol{a}\times\boldsymbol{b})$（$\lambda$ 为常数）.

3）数量积的坐标表示

设 $a=a_x\boldsymbol{i}+a_y\boldsymbol{j}+a_z\boldsymbol{k}$，$b=b_x\boldsymbol{i}+b_y\boldsymbol{j}+b_z\boldsymbol{k}$．按向量积的运算规律可得

$$a\times b=(a_x\boldsymbol{i}+a_y\boldsymbol{j}+a_z\boldsymbol{k})\times(b_x\boldsymbol{i}+b_y\boldsymbol{j}+b_z\boldsymbol{k})$$
$$=a_xb_x\boldsymbol{i}\times\boldsymbol{i}+a_xb_y\boldsymbol{i}\times\boldsymbol{j}+a_xb_z\boldsymbol{i}\times\boldsymbol{k}+a_yb_x\boldsymbol{j}\times\boldsymbol{i}+a_yb_y\boldsymbol{j}\times\boldsymbol{j}+a_yb_z\boldsymbol{j}\times\boldsymbol{k}$$
$$+a_zb_x\boldsymbol{k}\times\boldsymbol{i}+a_zb_y\boldsymbol{k}\times\boldsymbol{j}+a_zb_z\boldsymbol{k}\times\boldsymbol{k}$$

由于 $\boldsymbol{i}\times\boldsymbol{i}=\boldsymbol{j}\times\boldsymbol{j}=\boldsymbol{k}\times\boldsymbol{k}=0$，$\boldsymbol{i}\times\boldsymbol{j}=\boldsymbol{k}$，$\boldsymbol{j}\times\boldsymbol{k}=\boldsymbol{i}$，$\boldsymbol{k}\times\boldsymbol{i}=\boldsymbol{j}$，所以

$$a\times b=(a_yb_z-a_zb_y)\boldsymbol{i}+(a_zb_x-a_xb_z)\boldsymbol{j}+(a_xb_y-a_yb_x)\boldsymbol{k}$$

为了帮助记忆，利用三阶行列式符号，上式可写成

$$a\times b=\begin{vmatrix} \boldsymbol{i} & \boldsymbol{j} & \boldsymbol{k} \\ a_x & a_y & a_z \\ b_x & b_y & b_z \end{vmatrix}=a_yb_z\boldsymbol{i}+a_zb_x\boldsymbol{j}+a_xb_y\boldsymbol{k}-a_yb_x\boldsymbol{k}-a_xb_z\boldsymbol{j}-a_zb_y\boldsymbol{i}$$
$$=(a_yb_z-a_zb_y)\boldsymbol{i}+(a_zb_x-a_xb_z)\boldsymbol{j}+(a_xb_y-a_yb_x)\boldsymbol{k}$$

例 3　设 $a=(2,1,-1)$，$b=(1,-1,2)$，计算 $a\times b$．

解　$a\times b=\begin{vmatrix} \boldsymbol{i} & \boldsymbol{j} & \boldsymbol{k} \\ 2 & 1 & -1 \\ 1 & -1 & 2 \end{vmatrix}=2\boldsymbol{i}-\boldsymbol{j}-2\boldsymbol{k}-\boldsymbol{k}-4\boldsymbol{j}-\boldsymbol{i}=\boldsymbol{i}-5\boldsymbol{j}-3\boldsymbol{k}$．

例 4　已知 $\triangle ABC$ 的顶点分别是 $A(1,2,3)$、$B(3,4,5)$、$C(2,4,7)$，求 $\triangle ABC$ 的面积．

解　根据向量积的定义，可知 $\triangle ABC$ 的面积

$$S_{\triangle ABC}=\frac{1}{2}|\overrightarrow{AB}||\overrightarrow{AC}|\sin\angle A=\frac{1}{2}|\overrightarrow{AB}\times\overrightarrow{AC}|$$

由于 $\overrightarrow{AB}=(2,2,2)$，$\overrightarrow{AC}=(1,2,4)$，因此

$$\overrightarrow{AB}\times\overrightarrow{AC}=\begin{vmatrix} \boldsymbol{i} & \boldsymbol{j} & \boldsymbol{k} \\ 2 & 2 & 2 \\ 1 & 2 & 4 \end{vmatrix}=4\boldsymbol{i}-6\boldsymbol{j}+2\boldsymbol{k}$$

于是

$$S_{\triangle ABC}=\frac{1}{2}|4\boldsymbol{i}-6\boldsymbol{j}+2\boldsymbol{k}|=\frac{1}{2}\sqrt{4^2+(-6)^2+2^2}=\sqrt{14}$$

习题 6.2

1．证明：

（1）向量 a 垂直于向量 $(ab)c-(ac)b$；

（2）在平面上如果 $b\neq a$，且 $a\cdot m_i=b\cdot m_i(i=1,2)$，则有 $a=b$．

2．已知向量 a、b 互相垂直，向量 c 与 a、b 的夹角都是 $60°$，且 $|a|=1$，$|b|=2$，$|c|=3$，计算：

（1）$(a+b)^2$；

（2）$(a+b)(a-b)$．

3．已知 $a+3b$ 与 $7a-5b$ 垂直，求 a、b 的夹角．

4. 已知 $|a|=2$，$|b|=5\angle(a,b)=\dfrac{2}{3}\pi$，$p=3a-b$，$q=\lambda a+17b$. 问系数 λ 取何值时 p 与 q 垂直?

5. 已知 $\triangle ABC$ 的三顶点 $A(0,0,3)$，$B(4,0,0)$，$C(0,8,-3)$，试求角 A 的角平分线向量 $\overrightarrow{AD}$（D 点在 BC 边上），并求 $\overrightarrow{AD}$ 的方向余弦和单位向量.

6. 证明：$(a\times b)^2\leqslant a^2\cdot b^2$，并说明在什么情形下等号成立.

7. 如果 $a+b+c=\vec{0}$，那么 $a\times b=b\times c=c\times a$，并说明它的几何意义.

8. 在直角坐标系内已知三点 $A(5,1,-1)$，$B(0,-4,3)$，$C(1,-3,7)$，试求：

(1) $\triangle ABC$ 的面积；

(2) $\triangle ABC$ 的三条高的长.

第三节　平面与直线

空间的三要素为点、直线和平面，首先，我们来讨论平面的方程.

一、平面的点法式方程

定义 1(法向量)　如果一非零向量垂直于一平面，这个向量就叫作该平面的法向量. 容易知道，平面上的任一向量均与该平面的法向量垂直.

由立体几何可知，给定平面 Π 上一点 $M_0(x_0,y_0,z_0)$ 和它的一个法向量 $n=(A,B,C)$ 时，平面 Π 的位置就完全确定了. 下面讨论其方程.

设 $M(x,y,z)$ 是平面 Π 上的任一点. 那么向量 $\overrightarrow{M_0M}$ 必与平面 Π 的法向量 n 垂直，即它们的数量积等于零：

$$n\cdot\overrightarrow{M_0M}=0$$

由于

$$n=(A,B,C),\ \overrightarrow{M_0M}=(x-x_0,y-y_0,z-z_0)$$

所以

$$A(x-x_0)+B(y-y_0)+C(z-z_0)=0$$

这就是平面 Π 上任一点 M 的坐标 x,y,z 所满足的方程.

反过来，如果 $M(x,y,z)$ 不在平面 Π 上，那么向量 $\overrightarrow{M_0M}$ 与法向量 n 不垂直，从而 $n\cdot\overrightarrow{M_0M}\neq0$，即不在平面 Π 上的点 M 的坐标 x,y,z 不满足此方程.

由此可知，方程 $A(x-x_0)+B(y-y_0)+C(z-z_0)=0$ 就是平面 Π 的方程. 而平面 Π 就是平面方程的图形. 由于方程 $A(x-x_0)+B(y-y_0)+C(z-z_0)=0$ 是由平面 Π 上的一点 M_0 (x_0,y_0,z_0) 及它的一个法向量 $n=(A,B,C)$ 确定的，所以此方程叫作平面的点法式方程.

例 1　求过点 $(2,-3,0)$ 且以 $n=(1,-2,3)$ 为法向量的平面的方程.

解　根据平面的点法式方程，得所求平面的方程为

$$(x-2)-2(y+3)+3z=0$$

即

$$x-2y+3z-8=0$$

例 2 求过三点 $M_1(2，-1，4)$、$M_2(-1，3，-2)$ 和 $M_3(0，2，3)$ 的平面的方程.

解 可以用 $\overrightarrow{M_1M_2}\times\overrightarrow{M_1M_3}$ 作为平面的法向量 $\boldsymbol{n}$.

因为 $\overrightarrow{M_1M_2}=(-3，4，-6)$，$\overrightarrow{M_1M_3}=(-2，3，-1)$，所以

$$\boldsymbol{n}=\overrightarrow{M_1M_2}\times\overrightarrow{M_1M_3}=\begin{vmatrix} \boldsymbol{i} & \boldsymbol{j} & \boldsymbol{k} \\ -3 & 4 & -6 \\ -2 & 3 & -1 \end{vmatrix}=14\boldsymbol{i}+9\boldsymbol{j}-\boldsymbol{k}$$

根据平面的点法式方程，得所求平面的方程为

$$14(x-2)+9(y+1)-(z-4)=0$$

即

$$14x+9y-z-15=0$$

二、平面的一般方程

由于平面的点法式方程是 $x，y，z$ 的一次方程，而任一平面都可以用它上面的一点及它的法向量来确定，所以任一平面都可以用三元一次方程来表示.

反过来，设有三元一次方程

$$Ax+By+Cz+D=0$$

任取满足该方程的一组数 $x_0，y_0，z_0$，即

$$Ax_0+By_0+Cz_0+D=0$$

把上述两等式相减，得

$$A(x-x_0)+B(y-y_0)+C(z-z_0)=0$$

这正是通过点 $M_0(x_0，y_0，z_0)$ 且以 $\boldsymbol{n}=\{A，B，C\}$ 为法向量的平面方程. 由于方程

$$Ax+By+Cz+D=0$$

与方程

$$A(x-x_0)+B(y-y_0)+C(z-z_0)=0$$

同解，所以任一三元一次方程 $Ax+By+Cz+D=0$ 的图形总是一个平面. 方程 $Ax+By+Cz+D=0$ 称为平面的一般方程，其中 $x，y，z$ 的系数就是该平面的一个法向量 $\boldsymbol{n}$ 的坐标，即

$$\boldsymbol{n}=\{A，B，C\}$$

例如，方程 $3x-4y+z-9=0$ 表示一个平面，$\boldsymbol{n}=(3，-4，1)$ 是该平面的一个法向量.

下面讨论平面方程 $Ax+By+Cz+D=0$，指出法向量与坐标面、坐标轴的关系，平面通过的特殊点或坐标轴.

(1) $D=0$，平面过原点.

(2) A、B、C 中有一个为 0，如 $A=0$，若 $D=0$，则平面过 x 轴；若 $D\neq0$，则平面平行 x 轴.

(3) A、B、C 中有两个为 0，如 $B=C=0$，若 $D=0$，则平面就是 yOz 坐标面；若 $D\neq0$，则平面平行于 yOz 坐标面.

例 3 求通过 x 轴和点 $(1，2，-1)$ 的平面的方程.

解 平面通过 x 轴，由前面的讨论知，一方面法向量垂直于 x 轴，即 $A=0$；另一方面

表明它必过原点，即 $D=0$. 因此可设该平面的方程为

$$By+Cz=0$$

又因为这平面通过点$(1, 2, -1)$，所以有

$$2B-C=0$$

或

$$C=2B$$

将其代入所设方程并除以 $B(B\neq 0)$，便得所求的平面方程为

$$y-2z=0$$

例 4　设一平面与 x、y、z 轴的交点依次为 $P(a, 0, 0)$、$Q(0, b, 0)$、$R(0, 0, c)$ 三点，求该平面的方程（其中 $a\neq 0$，$b\neq 0$，$c\neq 0$）.

解　设所求平面的方程为

$$Ax+By+Cz+D=0$$

因为点 $P(a, 0, 0)$、$Q(0, b, 0)$、$R(0, 0, c)$ 都在该平面上，所以点 P、Q、R 的坐标都满足所设方程，即有

$$\begin{cases} aA+D=0 \\ bB+D=0 \\ cC+D=0 \end{cases}$$

由此得 $A=-\dfrac{D}{a}$，$B=-\dfrac{D}{b}$，$C=-\dfrac{D}{c}$. 将其代入所设方程，得

$$-\frac{D}{a}x-\frac{D}{b}y-\frac{D}{c}z+D=0$$

即

$$\frac{x}{a}+\frac{y}{b}+\frac{z}{c}=1$$

上述方程叫作平面的截距式方程，而 a、b、c 依次叫作平面在 x、y、z 轴上的截距.

小贴士　截距一定为正吗？不一定，也可以为负.

三、两平面的夹角

两平面的夹角：两平面的法向量的夹角（通常指锐角或直角）称为两平面的夹角.

设平面 Π_1 和 Π_2 的法向量分别为 $\boldsymbol{n}_1=(A_1, B_1, C_1)$ 和 $\boldsymbol{n}_2=(A_2, B_2, C_2)$，那么平面 Π_1 和 Π_2 的夹角 θ 应是 $\angle(\boldsymbol{n}_1, \boldsymbol{n}_2)$ 和 $\angle(-\boldsymbol{n}_1, \boldsymbol{n}_2)=\Pi-\angle(\widehat{\boldsymbol{n}_1, \boldsymbol{n}_2})$ 两者中的锐角或直角，因此，$\cos\theta=|\cos(\widehat{\boldsymbol{n}_1, \boldsymbol{n}_2})|$. 按两向量夹角余弦的坐标表示式，平面 Π_1 和 Π_2 的夹角 θ 可由

$$\cos\theta=|\cos(\widehat{\boldsymbol{n}_1, \boldsymbol{n}_2})|=\frac{|A_1A_2+B_1B_2+C_1C_2|}{\sqrt{A_1^2+B_1^2+C_1^2}\cdot\sqrt{A_2^2+B_2^2+C_2^2}}$$

来确定.

从两向量垂直、平行的充分必要条件立即推得下列结论：

平面 Π_1 和 Π_2 垂直相当于 $A_1A_2+B_1B_2+C_1C_2=0$；

平面 Π_1 和 Π_2 平行或重合相当于 $\dfrac{A_1}{A_2}=\dfrac{B_1}{B_2}=\dfrac{C_1}{C_2}$.

例 5　求两平面 $x-y+2z-6=0$ 和 $2x+y+z-5=0$ 的夹角.

解　$n_1=(A_1,\ B_1,\ C_1)=(1,\ -1,\ 2)$，$n_2=(A_2,\ B_2,\ C_2)=(2,\ 1,\ 1)$，

$$\cos\theta=\frac{|A_1A_2+B_1B_2+C_1C_2|}{\sqrt{A_1^2+B_1^2+C_1^2}\cdot\sqrt{A_2^2+B_2^2+C_2^2}}=\frac{|1\times2+(-1)\times1+2\times1|}{\sqrt{1^2+(-1)^2+2^2}\cdot\sqrt{2^2+1^2+1^2}}=\frac{1}{2}$$

所以，所求夹角 $\theta=\dfrac{\pi}{3}$.

例 6　一平面通过两点 $M_1(1,\ 1,\ 1)$ 和 $M_2(0,\ 1,\ -1)$ 且垂直于平面 $x+y+z=0$，求它的方程.

解法 1　已知从点 M_1 到点 M_2 的向量为 $n_1=(-1,\ 0,\ -2)$，平面 $x+y+z=0$ 的法向量为 $n_2=(1,\ 1,\ 1)$.

设所求平面的法向量为 $n=(A,\ B,\ C)$. 因为点 $M_1(1,\ 1,\ 1)$ 和 $M_2(0,\ 1,\ -1)$ 在所求平面上，所以 $n\perp n_1$，即 $-A-2C=0$，$A=-2C$. 又因为所求平面垂直于平面 $x+y+z=0$，所以 $n\perp n_2$，即 $A+B+C=0$，$B=C$.

于是由点法式方程，所求平面为

$$-2C(x-1)+C(y-1)+C(z-1)=0，即\ 2x-y-z=0$$

解法 2　从点 M_1 到点 M_2 的向量为 $n_1=(-1,\ 0,\ -2)$，平面 $x+y+z=0$ 的法向量为 $n_2=(1,\ 1,\ 1)$.

设所求平面的法向量 n，可取为 $n_1\times n_2$. 因为

$$n=n_1\times n_2=\begin{vmatrix} i & j & k \\ -1 & 0 & -2 \\ 1 & 1 & 1 \end{vmatrix}=2i-j-k$$

所以所求平面方程为

$$2(x-1)-(y-1)-(z-1)=0$$

即

$$2x-y-z=0$$

例 7　设 $P_0(x_0,\ y_0,\ z_0)$ 是平面 $Ax+By+Cz+D=0$ 外一点，求 P_0 到该平面的距离.

解　设 e_n 是平面上的单位法向量. 在平面上任取一点 $P_1(x_1,\ y_1,\ z_1)$，则点 P_0 到该平面的距离为

$$d=|\overrightarrow{P_1P_0}\cdot e_n|=\frac{|A(x_0-x_1)+B(y_0-y_1)+C(z_0-z_1)|}{\sqrt{A^2+B^2+C^2}}$$

$$=\frac{|Ax_0+By_0+Cz_0-(Ax_1+By_1+Cz_1)|}{\sqrt{A^2+B^2+C^2}}=\frac{|Ax_0+By_0+Cz_0+D|}{\sqrt{A^2+B^2+C^2}}$$

提示　$e_n=\dfrac{1}{\sqrt{A^2+B^2+C^2}}(A,\ B,\ C)$，$\overrightarrow{P_1P_0}=(x_0-x_1,\ y_0-y_1,\ z_0-z_1)$.

例 8　求点 $(2,\ 1,\ 1)$ 到平面 $x+y-z+1=0$ 的距离.

解　$d=\dfrac{|Ax_0+By_0+Cz_0+D|}{\sqrt{A^2+B^2+C^2}}=\dfrac{|1\times2+1\times1+(-1)\times1+1|}{\sqrt{1^2+1^2+(-1)^2}}=\dfrac{3}{\sqrt{3}}=\sqrt{3}$

四、空间直线的一般方程

由立体几何知道，两平面相交，决定唯一的一条直线.

如果两个相交平面 Π_1 和 Π_2 的方程分别为 $A_1 x+B_1 y+C_1 z+D_1=0$ 和 $A_2 x+B_2 y+C_2 z+D_2=0$，那么交线 L 上的任一点的坐标应同时满足这两个平面的方程，即应满足方程组

$$\begin{cases} A_1 x+B_1 y+C_1 z+D_1=0 \\ A_2 x+B_2 y+C_2 z+D_2=0 \end{cases}$$

反过来，如果点 M 不在交线 L 上，那么它不可能同时在平面 Π_1 和 Π_2 上，所以它的坐标不满足方程组. 因此，交线 L 可以用方程组来表示. 方程组叫作空间直线的一般方程。

设直线 L 是平面 Π_1 和 Π_2 的交线，平面的方程分别为 $A_1 x+B_1 y+C_1 z+D_1=0$ 和 $A_2 x+B_2 y+C_2 z+D_2=0$，那么点 M 在直线 L 上当且仅当它同时在这两个平面上，当且仅当它的坐标同时满足这两个平面方程，即满足方程组

$$\begin{cases} A_1 x+B_1 y+C_1 z+D_1=0 \\ A_2 x+B_2 y+C_2 z+D_2=0 \end{cases}$$

因此，直线 L 可以用上述方程组来表示. 上述方程组叫作空间直线的一般方程.

通过空间一直线 L 的平面有无限多个，只要在这无限多个平面中任意选取两个，把它们的方程联立起来，所得的方程组就表示空间直线 L.

五、空间直线的对称式方程与参数方程

由欧几里德的第五公设知，过一点作一条已知直线的平行线，有且仅有一条. 由此，也可以确定直线的方程.

方向向量：如果一个非零向量平行于一条已知直线，这个向量就叫作这条直线的方向向量. 容易知道，直线上任一向量都平行于该直线的方向向量.

已知直线 L 过点 $M_0(x_0, y_0, z_0)$，且直线的方向向量为 $\boldsymbol{v}=\{m, n, p\}$，下面讨论其方程.

设点 $M(x, y, z)$ 为直线 L 上的任一点，那么
$$\overrightarrow{M_0 M}=\{x-x_0, y-y_0, z-z_0\} // \boldsymbol{v}$$

从而有
$$\frac{x-x_0}{m}=\frac{y-y_0}{n}=\frac{z-z_0}{p}$$

这就是直线 L 的方程，叫做直线的对称式方程或标准方程.

注 当 m, n, p 中有一个为零，例如 $m=0$，而 n、$p\neq 0$ 时，此方程组应理解为
$$\begin{cases} x=x_0 \\ \dfrac{y-y_0}{n}=\dfrac{z-z_0}{p} \end{cases}$$

当 m, n, p 中有两个为零，例如 $m=n=0$，而 $p\neq 0$ 时，此方程组应理解为
$$\begin{cases} x-x_0=0 \\ y-y_0=0 \end{cases}$$

直线的任一方向向量 $\boldsymbol{s}$ 的坐标 m、n、p 叫作该直线的一组方向数，而向量 $\boldsymbol{s}$ 的方向余弦叫作该直线的方向余弦.

由直线的对称式方程容易导出直线的参数方程.

设 $\dfrac{x-x_0}{m}=\dfrac{y-y_0}{n}=\dfrac{z-z_0}{p}=t$，得方程组

$$\begin{cases} x=x_0+mt \\ y=y_0+nt \\ z=z_0+pt \end{cases}$$

此方程组就是直线的参数方程.

例 9 用对称式方程及参数方程表示直线 $\begin{cases} x+y+z=1 \\ 2x-y+3z=4 \end{cases}$.

解 先求直线上的一点. 取 $x=1$，有

$$\begin{cases} y+z=-2 \\ -y+3z=2 \end{cases}$$

解此方程组，得 $y=-2$，$z=0$，即 $(1,-2,0)$ 就是直线上的一点.

再求该直线的方向向量 $\boldsymbol{s}$. 以平面 $x+y+z=-1$ 和 $2x-y+3z=4$ 的法向量的向量积作为直线的方向向量 $\boldsymbol{s}$：

$$\boldsymbol{s}=(\boldsymbol{i}+\boldsymbol{j}+\boldsymbol{k})\times(2\boldsymbol{i}-\boldsymbol{j}+3\boldsymbol{k})=\begin{vmatrix} \boldsymbol{i} & \boldsymbol{j} & \boldsymbol{k} \\ 1 & 1 & 1 \\ 2 & -1 & 3 \end{vmatrix}=4\boldsymbol{i}-\boldsymbol{j}-3\boldsymbol{k}$$

因此，所给直线的对称式方程为

$$\dfrac{x-1}{4}=\dfrac{y+2}{-1}=\dfrac{z}{-3}$$

令 $\dfrac{x-1}{4}=\dfrac{y+2}{-1}=\dfrac{z}{-3}=t$，得所给直线的参数方程为

$$\begin{cases} x=1+4t \\ y=-2-t \\ z=-3t \end{cases}$$

六、两直线的夹角

两直线的方向向量的夹角（通常指锐角或直角）叫作两直线的夹角.

设直线 L_1 和 L_2 的方向向量分别为 $\boldsymbol{s}_1=(m_1,n_1,p_1)$ 和 $\boldsymbol{s}_2=(m_2,n_2,p_2)$，那么 L_1 和 L_2 的夹角 φ 就是 $\angle(\widehat{\boldsymbol{s}_1,\boldsymbol{s}_2})$ 和 $\angle(-\widehat{\boldsymbol{s}_1,\boldsymbol{s}_2})=\pi-\angle(\widehat{\boldsymbol{s}_1,\boldsymbol{s}_2})$ 两者中的锐角或直角，因此 $\cos\varphi=|\cos\angle(\widehat{\boldsymbol{s}_1,\boldsymbol{s}_2})|$. 根据两向量的夹角的余弦公式，直线 L_1 和 L_2 的夹角 φ 可由

$$\cos\varphi=|\cos\angle(\widehat{\boldsymbol{s}_1,\boldsymbol{s}_2})|=\dfrac{|m_1m_2+n_1n_2+p_1p_2|}{\sqrt{m_1^2+n_1^2+p_1^2}\cdot\sqrt{m_2^2+n_2^2+p_2^2}}$$

来确定.

从两向量垂直、平行的充分必要条件立即推得下列结论：

设有两直线 $L_1:\dfrac{x-x_1}{m_1}=\dfrac{y-y_1}{n_1}=\dfrac{z-z_1}{p_1}$，$L_2:\dfrac{x-x_2}{m_2}=\dfrac{y-y_2}{n_2}=\dfrac{z-z_2}{p_2}$，则

$$L_1\perp L_2\Leftrightarrow m_1m_2+n_1n_2+p_1p_2=0$$

$$L_1 /\!/ L_2 \Leftrightarrow \frac{m_1}{m_2} = \frac{n_1}{n_2} = \frac{p_1}{p_2}$$

例 10 求直线 L_1：$\dfrac{x-1}{1} = \dfrac{y}{-4} = \dfrac{z+3}{1}$ 和 L_2：$\dfrac{x}{2} = \dfrac{y+2}{-2} = \dfrac{z}{-1}$ 的夹角.

解 两直线的方向向量分别为 $\boldsymbol{s}_1 = (1, -4, 1)$ 和 $\boldsymbol{s}_2 = (2, -2, -1)$. 设两直线的夹角为 φ，则

$$\cos\varphi = \frac{|1 \times 2 + (-4) \times (-2) + 1 \times (-1)|}{\sqrt{1^2 + (-4)^2 + 1^2} \cdot \sqrt{2^2 + (-2)^2 + (-1)^2}} = \frac{1}{\sqrt{2}} = \frac{\sqrt{2}}{2}$$

所以 $\varphi = \dfrac{\pi}{4}$.

例 11 求过点 $(1, -2, 4)$ 且与平面 $2x - 3y + z - 4 = 0$ 垂直的直线的方程.

解 平面的法向量 $(2, -3, 1)$ 可以作为所求直线的方向向量. 由此可得所求直线的方程为

$$\frac{x-1}{2} = \frac{y+2}{-3} = \frac{z-4}{1}$$

例 12 求与两平面 $x - 4z = 3$ 和 $2x - y - 5z = 1$ 的交线平行且过点 $(-3, 2, 5)$ 的直线的方程.

解 平面 $x - 4z = 3$ 和 $2x - y - 5z = 1$ 的交线的方向向量就是所求直线的方向向量 $\boldsymbol{s}$，因为

$$\boldsymbol{s} = (\boldsymbol{i} - 4\boldsymbol{k}) \times (2\boldsymbol{i} - \boldsymbol{j} - 5\boldsymbol{k}) = \begin{vmatrix} \boldsymbol{i} & \boldsymbol{j} & \boldsymbol{k} \\ 1 & 0 & -4 \\ 2 & -1 & -5 \end{vmatrix} = -(4\boldsymbol{i} + 3\boldsymbol{j} + \boldsymbol{k})$$

所以所求直线的方程为

$$\frac{x+3}{4} = \frac{y-2}{3} = \frac{z-5}{1}$$

例 13 求直线 $\dfrac{x-2}{1} = \dfrac{y-3}{1} = \dfrac{z-4}{2}$ 与平面 $2x + y + z - 6 = 0$ 的交点.

解 所给直线的参数方程为

$$x = 2 + t, \ y = 3 + t, \ z = 4 + 2t$$

代入平面方程中，得

$$2(2+t) + (3+t) + (4+2t) - 6 = 0$$

解上列方程，得 $t = -1$. 将 $t = -1$ 代入直线的参数方程，得所求交点的坐标为

$$x = 1, \ y = 2, \ z = 2$$

例 14 求过点 $(2, 1, 3)$ 且与直线 $\dfrac{x+1}{3} = \dfrac{y-1}{2} = \dfrac{z}{-1}$ 垂直相交的直线的方程.

解 过点 $(2, 1, 3)$ 与直线 $\dfrac{x+1}{3} = \dfrac{y-1}{2} = \dfrac{z}{-1}$ 垂直的平面为

$$3(x-2) + 2(y-1) - (z-3) = 0$$

即

$$3x + 2y - z = 5$$

直线 $\dfrac{x+1}{3}=\dfrac{y-1}{2}=\dfrac{z}{-1}$ 与平面 $3x+2y-z=5$ 的交点坐标为 $\left(\dfrac{2}{7},\ \dfrac{13}{7},\ -\dfrac{3}{7}\right)$.

以点 $(2,1,3)$ 为起点,以点 $\left(\dfrac{2}{7},\ \dfrac{13}{7},\ -\dfrac{3}{7}\right)$ 为终点的向量为

$$\left(\dfrac{2}{7}-2,\ \dfrac{13}{7}-1,\ -\dfrac{3}{7}-3\right)=-\dfrac{6}{7}(2,\ -1,\ 4)$$

所求直线的方程为

$$\dfrac{x-2}{2}=\dfrac{y-1}{-1}=\dfrac{z-3}{4}$$

习题 6.3

1. 求下列各平面的一般方程.

(1) 通过点 $M_1(3,1,-1)$ 和点 $M_2(1,-1,0)$ 且平行于向量 $\{-1,0,2\}$ 的平面;

(2) 通过点 $M_1(1,-5,1)$ 和点 $M_2(3,2,-2)$ 且垂直于 xOy 坐标面的平面.

2. 已知连接两点 $A(3,10,-5)$,$B(0,12,z)$ 的线段平行于平面 $7x+4y-z-1=0$,求 B 点的 z 坐标.

3. 求下列平面的一般方程.

(1) 通过点 $M_1(2,-1,1)$ 和 $M_2(3,-2,1)$ 且分别平行于三坐标轴的三个平面;

(2) 过点 $M(3,2,-4)$ 且在 x 轴和 y 轴上截距分别为 -2 和 -3 的平面;

(3) 与平面 $5x+y-2z+3=0$ 垂直且分别通过三个坐标轴的三个平面;

(4) 已知两点 $M_1(3,-1,2)$,$M_2(4,-2,-1)$,求通过 M_1 且垂直于 M_1M_2 的平面;

(5) 原点 O 在所求平面上的正射影为点 $P(2,9,-6)$.

4. 求中心在点 $C(3,-5,2)$ 且与平面 $2x-y-3z+11=0$ 相切的球面方程.

5. 求通过 x 轴且与点 $M(5,4,13)$ 相距 8 个单位的平面方程.

6. 求下列各直线的方程.

(1) 通过点 $A(-3,0,1)$ 和点 $B(2,-5,1)$ 的直线;

(2) 通过点 $M(1,-5,3)$ 且与 x,y,z 三轴分别成 $60°$、$45°$、$120°$ 的直线;

(3) 通过点 $M(2,-3,-5)$ 且与平面 $6x-3y-5z+2=0$ 垂直的直线.

7. 确定 l,m 的值,使:

(1) 直线 $\dfrac{x-1}{4}=\dfrac{y+2}{3}=\dfrac{z}{1}$ 与平面 $lx+3y-5z+1=0$ 平行;

(2) 直线 $\begin{cases} x=2t+2 \\ y=-4t-5 \\ z=3t-1 \end{cases}$ 与平面 $lx+my+6z-7=0$ 垂直.

8. 求通过直线 $\begin{cases} x+5y+z=0 \\ x-z+4=0 \end{cases}$ 且与平面 $x-4y-8z+12=0$ 成 $\dfrac{\pi}{4}$ 角的平面.

第四节　曲面与空间曲线

一、曲面方程的概念

在空间解析几何中,任何曲面都可以看作点的几何轨迹.在这样的意义下,如果曲面 S 与三元方程

$$F(x, y, z)=0$$

有下述关系:

(1) 曲面 S 上任一点的坐标都满足方程 $F(x, y, z)=0$;

(2) 不在曲面 S 上的点的坐标都不满足方程 $F(x, y, z)=0$.

那么,方程 $F(x, y, z)=0$ 就叫作曲面 S 的方程,而曲面 S 就叫作方程 $F(x, y, z)=0$ 的图形.

例 1　建立球心在点 $M_0(x_0, y_0, z_0)$、半径为 R 的球面的方程.

解　设点 $M(x, y, z)$ 是球面上的任一点,那么

$$|\overrightarrow{M_0M}|=R$$

即

$$\sqrt{(x-x_0)^2+(y-y_0)^2+(z-z_0)^2}=R$$

或

$$(x-x_0)^2+(y-y_0)^2+(z-z_0)^2=R^2$$

这就是球面上的点的坐标所满足的方程.而不在球面上的点的坐标都不满足这个方程.所以

$$(x-x_0)^2+(y-y_0)^2+(z-z_0)^2=R^2$$

就是球心在点 $M_0(x_0, y_0, z_0)$、半径为 R 的球面的方程.

特殊地,球心在原点 $O(0, 0, 0)$、半径为 R 的球面的方程为

$$x^2+y^2+z^2=R^2$$

例 2　设有点 $A(1, 2, 3)$ 和 $B(2, -1, 4)$,求线段 AB 的垂直平分面的方程.

解　由题意知道,所求的平面就是与点 A 和点 B 等距离的点的几何轨迹.设点 $M(x, y, z)$ 为所求平面上的任一点,则有

$$|\overrightarrow{AM}|=|\overrightarrow{BM}|$$

即

$$\sqrt{(x-1)^2+(y-2)^2+(z-3)^2}=\sqrt{(x-2)^2+(y+1)^2+(z-4)^2}$$

等式两边平方,然后化简得

$$2x-6y+2z-7=0$$

这就是所求平面上的点的坐标所满足的方程,而不在此平面上的点的坐标都不满足这个方程,所以这个方程就是所求平面的方程.

研究曲面的两个基本问题:

(1) 已知一曲面作为点的几何轨迹时,建立此曲面的方程;

（2）已知坐标 x、y 和 z 间的一个方程时，研究此方程所表示的曲面的形状.

例 3 方程 $x^2+y^2+z^2-2x+4y=0$ 表示怎样的曲面？

解 通过配方，原方程可以改写成

$$(x-1)^2+(y+2)^2+z^2=5$$

这是一个球面方程，球心在点 $M_0(1,-2,0)$、半径 $R=\sqrt{5}$.

一般地，设有三元二次方程

$$Ax^2+Ay^2+Az^2+Dx+Ey+Fz+G=0$$

这个方程的特点是缺 xy，yz，zx 各项，而且平方项系数相同，只要将方程经过配方就可以化成方程

$$(x-x_0)^2+(y-y_0)^2+(z-z_0)^2=R^2$$

的形式，它的图形就是一个球面.

二、柱面

例 4 方程 $x^2+y^2=R^2$ 表示怎样的曲面？

解 方程 $x^2+y^2=R^2$ 在 xOy 面上表示圆心在原点 O、半径为 R 的圆. 在空间直角坐标系中，此方程不含竖坐标 z，即不论空间点的竖坐标 z 怎样，只要它的横坐标 x 和纵坐标 y 能满足这个方程，那么这些点就在这个曲面上. 也就是说，过 xOy 面上的圆 $x^2+y^2=R^2$，且平行于 z 轴的直线一定在 $x^2+y^2=R^2$ 表示的曲面上. 所以这个曲面可以看成是由平行于 z 轴的直线 l 沿 xOy 面上的圆 $x^2+y^2=R^2$ 移动而形成的. 该曲面叫作圆柱面，xOy 面上的圆 $x^2+y^2=R^2$ 叫作它的准线，平行于 z 轴的直线 L 叫作它的母线（见图 6.11）.

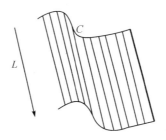

图 6.11 柱面生成图

柱面：平行于定直线并沿定曲线 C 移动的直线 L 形成的轨迹叫作柱面，定曲线 C 叫作柱面的准线，动直线 L 叫作柱面的母线.

上面我们看到，不含 z 的方程 $x^2+y^2=R^2$ 在空间直角坐标系中表示圆柱面，它的母线平行于 z 轴，它的准线是 xOy 面上的圆 $x^2+y^2=R^2$.

一般地，只含 x、y 而缺 z 的方程 $F(x,y)=0$，在空间直角坐标系中表示母线平行于 z 轴的柱面，其准线是 xOy 面上的曲线 $C: F(x,y)=0$.

例如，方程 $y^2=2x$ 表示母线平行于 z 轴的柱面，它的准线是 xOy 面上的抛物线 $y^2=2x$，该柱面叫作抛物柱面.

又如，方程 $x-y=0$ 表示母线平行于 z 轴的柱面，其准线是 xOy 面的直线 $x-y=0$，所以它是过 z 轴的平面.

　　类似地，只含 x、z 而缺 y 的方程 $G(x, z)=0$ 和只含 y、z 而缺 x 的方程 $H(y, z)=0$ 分别表示母线平行于 y 轴和 x 轴的柱面.

　　例如，方程 $x-z=0$ 表示母线平行于 y 轴的柱面，其准线是 zOx 面上的直线 $x-z=0$. 所以它是过 y 轴的平面.

三、旋转曲面

　　以一条平面曲线绕其平面上的一条直线旋转一周所成的曲面叫作旋转曲面，这条定直线叫作旋转曲面的轴.

　　设在 yOz 坐标面上有一已知曲线 C，它的方程为

$$f(y, z)=0$$

　　把该曲线绕 z 轴旋转一周，就得到一个以 z 轴为轴的旋转曲面. 它的方程可以求得如下：

　　设 $M(x, y, z)$ 为曲面上任一点，它是曲线 C 上点 $M_1(0, y_1, z_1)$ 绕 z 轴旋转而得到的. 因此有如下关系等式

$$f(y_1, z_1)=0, \quad z=z_1, \quad |y_1|=\sqrt{x^2+y^2}$$

从而得

$$f(\pm\sqrt{x^2+y^2}, z)=0$$

这就是所求旋转曲面的方程.

　　在曲线 C 的方程 $f(y, z)=0$ 中将 y 改成 $\pm\sqrt{x^2+y^2}$，便得曲线 C 绕 z 轴旋转所成的旋转曲面的方程 $f(\pm\sqrt{x^2+y^2}, z)=0$.

　　同理，曲线 C 绕 y 轴旋转所成的旋转曲面的方程为

$$f(y, \pm\sqrt{x^2+z^2})=0$$

　　例 5　直线 L 绕另一条与 L 相交的直线旋转一周，所得旋转曲面叫作圆锥面. 两直线的交点叫作圆锥面的顶点，两直线的夹角 α $\left(0<\alpha<\dfrac{\pi}{2}\right)$ 叫作圆锥面的半顶角. 试建立顶点在坐标原点 O，旋转轴为 z 轴，半顶角为 α 的圆锥面的方程.

　　解　在 yOz 坐标面内，直线 L 的方程为

$$z=y\cot\alpha$$

将方程 $z=y\cot\alpha$ 中的 y 改成 $\pm\sqrt{x^2+y^2}$，就得到所要求的圆锥面的方程

$$z=\pm\sqrt{x^2+y^2}\cot\alpha$$

或

$$z^2=a^2(x^2+y^2)$$

其中

$$a=\cot\alpha$$

　　例 6　将 zOx 坐标面上的双曲线 $\dfrac{x^2}{a^2}-\dfrac{z^2}{c^2}=1$ 分别绕 x 轴和 z 轴旋转一周，求所生成的旋转曲面的方程.

　　解　绕 x 轴旋转所在的旋转曲面的方程为

$$\frac{x^2}{a^2}-\frac{y^2+z^2}{c^2}=1$$

绕 z 轴旋转所在的旋转曲面的方程为

$$\frac{x^2+y^2}{a^2}-\frac{z^2}{c^2}=1$$

这两种曲面分别叫作双叶旋转双曲面和单叶旋转双曲面.

四、二次曲面

与平面解析几何中规定的二次曲线相类似,我们把三元二次方程所表示的曲面叫作二次曲面,把平面叫作一次曲面.

怎样了解三元方程 $F(x,y,z)=0$ 所表示的曲面的形状呢? 方法之一是用坐标面和平行于坐标面的平面与曲面相截,考查其交线的形状,然后加以综合,从而了解曲面的立体形状. 这种方法叫作截割法.

研究曲面另一种方程的方法是伸缩变形法:

设 S 是一个曲面,其方程为 $F(x,y,z)=0$,S' 是将曲面 S 沿 x 轴方向伸缩 λ 倍所得的曲面.

显然,若 $(x,y,z)\in S$,则 $(\lambda x,y,z)\in S'$;若 $(x,y,z)\in S'$,则 $\left(\frac{1}{\lambda}x,y,z\right)\in S$.

因此,对于任意的 $(x,y,z)\in S'$,有 $F\left(\frac{1}{\lambda}x,y,z\right)=0$,即 $F\left(\frac{1}{\lambda}x,y,z\right)=0$ 是曲面 S' 的方程.

例如,把圆锥面 $x^2+y^2=a^2z^2$ 沿 y 轴方向伸缩 $\frac{b}{a}$ 倍,所得曲面的方程为

$$x^2+\left(\frac{a}{b}y\right)^2=a^2z^2,\quad \text{即}\quad \frac{x^2}{a^2}+\frac{y^2}{b^2}=z^2$$

（1）椭球面（见图 6.12）.

由方程 $\frac{x^2}{a^2}+\frac{y^2}{b^2}+\frac{z^2}{c^2}=1$ 所表示的曲面称为椭球面,它是球面在 x 轴、y 轴或 z 轴方向伸缩而得的曲面.

把 $x^2+y^2+z^2=a^2$ 沿 z 轴方向伸缩 $\frac{c}{a}$ 倍,得旋转椭球面 $\frac{x^2+y^2}{a^2}+\frac{z^2}{c^2}=1$;再沿 y 轴方向伸缩 $\frac{b}{a}$ 倍,即得椭球面 $\frac{x^2}{a^2}+\frac{y^2}{b^2}+\frac{z^2}{c^2}=1$.

（2）单叶双曲面（见图 6.13）.

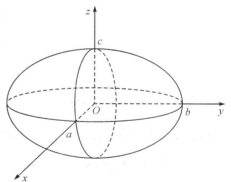

图 6.12　椭球面

由方程 $\frac{x^2}{a^2}+\frac{y^2}{b^2}-\frac{z^2}{c^2}=1$ 所表示的曲面称为单叶双曲面.

把 zOx 面上的双曲线 $\frac{x^2}{a^2}-\frac{z^2}{c^2}=1$ 绕 z 轴旋转,得旋转单叶双曲面 $\frac{x^2+y^2}{a^2}-\frac{z^2}{c^2}=1$;再沿 y 轴方向伸缩 $\frac{b}{a}$ 倍,即得单叶双曲面 $\frac{x^2}{a^2}+\frac{y^2}{b^2}-\frac{z^2}{c^2}=1$.

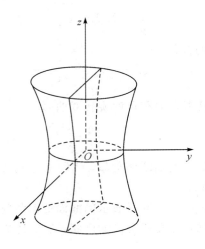

图 6.13　单叶双面图

（3）双叶双曲面（见图 6.14）.

由方程$\dfrac{x^2}{a^2}-\dfrac{y^2}{b^2}-\dfrac{z^2}{c^2}=1$所表示的曲面称为双叶双曲面.

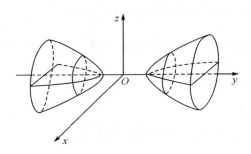

图 6.14　双叶双曲面

　　把 zOx 面上的双曲线$\dfrac{x^2}{a^2}-\dfrac{z^2}{c^2}=1$绕 x 轴旋转，得旋转双叶双曲面$\dfrac{x^2}{a^2}-\dfrac{z^2+y^2}{c^2}=1$；再沿 y 轴方向伸缩$\dfrac{b}{c}$倍，即得双叶双曲面$\dfrac{x^2}{a^2}-\dfrac{y^2}{b^2}-\dfrac{z^2}{c^2}=1$.

　　（4）椭圆抛物面（见图 6.15）.

　　由方程$\dfrac{x^2}{a^2}+\dfrac{y^2}{b^2}=z$所表示的曲面称为椭圆抛物面.

　　把 zOx 面上的抛物线$\dfrac{x^2}{a^2}=z$绕 z 轴旋转，所得曲面叫作旋转抛物面$\dfrac{x^2+y^2}{a^2}=z$，再沿 y 轴方向伸缩$\dfrac{b}{a}$倍，所得曲面叫作椭圆抛物面$\dfrac{x^2}{a^2}+\dfrac{y^2}{b^2}=z$.

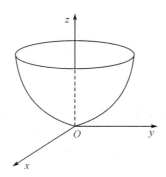

图 6.15　椭圆抛物面

还有三种二次曲面是以三种二次曲线为准线的柱面：

$$\frac{x^2}{a^2}+\frac{y^2}{b^2}=1, \ \frac{x^2}{a^2}-\frac{y^2}{b^2}=1, \ x^2=ay$$

依次称为椭圆柱面、双曲柱面、抛物柱面.

五、空间曲线的一般方程

空间曲线可以看作两个曲面的交线. 设 $F(x, y, z)=0$ 和 $G(x, y, z)=0$ 是两个曲面方程，它们的交线为 C. 因为曲线 C 上的任何点的坐标应同时满足这两个方程，所以应满足方程组

$$\begin{cases} F(x, y, z)=0 \\ G(x, y, z)=0 \end{cases}$$

反过来，如果点 M 不在曲线 C 上，那么它不可能同时在两个曲面上，所以它的坐标不满足方程组.

因此，曲线 C 可以用上述方程组来表示. 上述方程组叫作空间曲线 C 的一般方程.

例 7　方程组 $\begin{cases} x^2+y^2=1 \\ 2x+3z=6 \end{cases}$ 表示怎样的曲线？

解　方程组中第一个方程表示母线平行于 z 轴的圆柱面，其准线是 xOy 面上的圆，圆心在原点 O，半径为 1. 方程组中第二个方程表示一个母线平行于 y 轴的柱面，由于它的准线是 zOx 面上的直线，因此它是一个平面. 方程组就表示上述平面与圆柱面的交线.

例 8　方程组 $\begin{cases} z=\sqrt{4a^2-x^2-y^2} \\ (x-a)^2+y^2=a^2 \end{cases}$ 表示怎样的曲线？

解　方程组中第一个方程表示球心在坐标原点 O，半径为 $2a$ 的上半球面. 第二个方程表示母线平行于 z 轴的圆柱面，它的准线是 xOy 面上的圆，这圆的圆心在点 $(a, 0)$，半径为 a. 方程组就表示上述半球面与圆柱面的交线.

六、空间曲线的参数方程

空间曲线 C 的方程除了一般方程，也可以用参数形式表示，只要将 C 上动点的坐标 x、y、z 表示为参数 t 的函数

$$\begin{cases} x = x(t) \\ y = y(t) \\ z = z(t) \end{cases}$$

当给定 $t = t_1$ 时，就得到 C 上的一个点 (x_1 , y_1 , z_1)；随着 t 的变动便得曲线 C 上的全部点. 该方程组叫作空间曲线的参数方程.

例 9　如果空间一点 M 在圆柱面 $x^2 + y^2 = a^2$ 上以角速度 ω 绕 z 轴旋转，同时又以线速度 v 沿平行于 z 轴的正方向上升（其中 ω、v 都是常数），那么点 M 构成的图形叫作螺旋线. 试建立其参数方程.

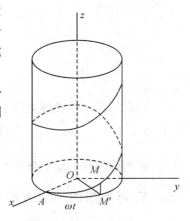

图 6.16　螺旋线生成图

解　取时间 t 为参数. 设当 $t = 0$ 时，动点位于 x 轴上的一点 $A(a, 0, 0)$ 处. 经过时间 t，动点由 A 运动到 $M(x, y, z)$（见图 6.16）. 记 M 在 xOy 面上的投影为 M'，M' 的坐标为 $(x, y, 0)$. 由于动点在圆柱面上以角速度 ω 绕 z 轴旋转，所以经过时间 t，$\angle AOM' = \omega t$. 从而

$$x = |OM'| \cos \angle AOM' = a \cos \omega t$$
$$y = |OM'| \sin \angle AOM' = a \sin \omega t$$

由于动点同时以线速度 v 沿平行于 z 轴的正方向上升，所以

$$z = MM' = vt$$

因此螺旋线的参数方程为

$$\begin{cases} x = a \cos \omega t \\ y = a \sin \omega t \\ z = vt \end{cases}$$

也可以用其他变量作参数；例如令 $\theta = \omega t$，则螺旋线的参数方程可写为

$$\begin{cases} x = a \cos \theta \\ y = a \sin \theta \\ z = b \theta \end{cases}$$

其中 $b = \dfrac{v}{\omega}$，而参数为 θ.

习题 6.4

1. 作出椭圆柱面 $\dfrac{x^2}{4} + \dfrac{y^2}{9} = 1$ 的图形.

2. 作出抛物柱面 $y = \dfrac{x^2}{4}$ 的图形.

3. 求空间曲线 $\begin{cases} z = x^2 \\ x^2 + y^2 = 1 \end{cases}$ 绕 z 轴旋转的曲面的方程.

阅读材料

心形线的爱情故事

笛卡尔于 1596 年出生在法国，是法国著名的哲学家、物理学家、数学家、神学家. 他创立了著名的平面直角坐标系，对现代数学的发展做出了重要的贡献，因将几何坐标体系公式化而被认为是解析几何之父.

1649 年，欧洲大陆爆发黑死病时他流浪到瑞典，在斯德哥尔摩的街头，52 岁的笛卡尔邂逅了 18 岁的瑞典公主克里斯汀. 几天后，他意外地接到通知，国王聘请他做小公主的数学老师. 跟随前来通知的侍卫一起来到皇宫，他见到了在街头偶遇的女孩子. 从此，他当上了小公主的数学老师.

小公主的数学知识在笛卡尔的悉心指导下突飞猛进，笛卡尔向她介绍了自己研究的新领域——直角坐标系. 每天形影不离的相处使他们彼此产生爱慕之心，公主的父亲国王知道后勃然大怒，下令将笛卡尔处死，小公主克里斯汀苦苦哀求后，国王将其流放回法国，克里斯汀公主也被父亲软禁起来.

笛卡尔回到法国后不久便染上重病，他日日给公主写信，因被国王拦截，克里斯汀一直没收到笛卡尔的信. 笛卡尔在给克里斯汀寄出第十三封信后就气绝身亡了，这第十三封信内容只有短短的一个公式：$r = a(1 - \sin\theta)$. 国王看不懂，觉得他们俩之间并不总是说情话的，将全城的数学家召集到皇宫，但没有一个人能解开，他不忍心看着心爱的女儿整日闷闷不乐，就把这封信交给一直闷闷不乐的克里斯汀.

公主看到后，立即明白了恋人的意图，她马上着手把方程的图形画出来，看到图形，她开心极了，她知道恋人仍然爱着她，原来方程的图形是一颗心的形状. 这也就是著名的"心形线".

$$r = a(1 - \sin\theta)$$

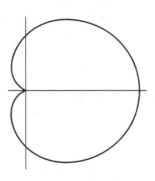

国王死后，克里斯汀登基，立即派人在欧洲四处寻找心上人，无奈斯人已故，先她一步走了，徒留她孤零零在人间.

据说这封享誉世界的另类情书还保存在欧洲笛卡尔的纪念馆里.

第七章　多元函数微积分及其应用

本章在一元函数的微分学基础上，讨论多元函数的微分以及应用，主要讨论二元函数，因为一元函数到二元函数会产生新的问题，而二元函数到二元以上的多元函数则可以类推．

第一节　多元函数的极限连续

一、多元函数的概念

一元函数研究一个自变量对因变量的影响，但在很多自然现象及实际问题中，常遇到多个变量之间的依赖关系．

例 1　圆锥体的体积 V 与它的底半径 r，高 h 之间的关系为

$$V = \frac{1}{3}\pi r^2 h$$

对于 r,h 在一定范围内取一对确定的值，V 都有唯一确定的值与之对应．

定义 1　设有变量 x,y 和 z，如果当变量 x,y 在某一固定的范围内，任意取一对值时，变量 z 按照一定的法则 f 总有唯一确定的值与之对应，就称 z 为 x,y 的二元函数，记作：$z=f(x,y)$，其中 x,y 称为自变量，z 称为因变量．自变量 x,y 的取值范围称为二元函数的定义域，通常用 D 表示．

例 2　求二元函数 $z=\sqrt{x-\sqrt{y}}$ 的定义域．

解　二元函数 $z=\sqrt{x-\sqrt{y}}$ 有意义，需满足 $\begin{cases} x-\sqrt{y} \geqslant 0 \\ y \geqslant 0 \end{cases} \Rightarrow \begin{cases} y \leqslant x^2 \\ y > 0 \end{cases}$．

二、二元函数的极限

类似于一元函数极限的定义，可以引入二元函数的极限的定义．为叙述方便，引入平面上点的领域概念．

定义 2　给定平面内 $P_0(x_0,y_0)$ 点，常数 $\delta > 0$，以点 P_0 为圆心，以 δ 为半径作圆，该圆内所有点的全体，即 $\{(x,y)\mid (x-x_0)^2+(y-y_0)^2<\delta^2\}$，称为点 P_0 的 δ 邻域，记作 $U(P_0,\delta)$，简记 $U(P_0)$．

定义 3　设二元函数 $z=f(x,y)$ 在点 $P_0(x_0,y_0)$ 某个邻域有定义（点 P_0 可除外），A 为一常数，如果当点 $P(x,y)$ 沿任意路径趋近于点 $P_0(x_0,y_0)$ 时，都有 $f(x,y)$ 趋近于常数 A，则称 A 是 $f(x,y)$ 在当 $P(x,y)$ 趋于 $P_0(x_0,y_0)$ 时的极限，又称为二重极限，记作

$$\lim_{\substack{x \to x_0 \\ y \to y_0}} f(x, y) = A \quad 或 \quad f(x, y) \to A((x, y) \to (x_0, y_0))$$

例 3　$\lim\limits_{\substack{x \to 0 \\ y \to 0}} (1 + xy)^{\frac{1}{\tan xy}}$.

解　$\lim\limits_{\substack{x \to 0 \\ y \to 0}} (1 + xy)^{\frac{1}{\tan xy}} = \lim\limits_{\substack{x \to 0 \\ y \to 0}} (1 + xy)^{\frac{1}{xy} \cdot \frac{xy}{\tan xy}} = e^{\lim\limits_{\substack{x \to 0 \\ y \to 0}} \frac{xy}{\tan xy}} = e^1 = e.$

例 4　$\lim\limits_{\substack{x \to 3 \\ y \to 0}} \dfrac{\sin(xy)}{y}$.

解　原式 $= \lim\limits_{\substack{x \to 3 \\ y \to 0}} \dfrac{x \cdot \sin(xy)}{xy} = \lim\limits_{\substack{x \to 3 \\ y \to 0}} x \cdot \lim\limits_{\substack{x \to 3 \\ y \to 0}} \dfrac{\sin(xy)}{xy} = 3.$

与一元函数的极限一样,二元函数的二重极限有类似的运算法则:

如果 $\lim\limits_{\substack{x \to x_0 \\ y \to y_0}} f(x, y) = A$,$\lim\limits_{\substack{x \to x_0 \\ y \to y_0}} g(x, y) = B$,则有

(1) $\lim\limits_{\substack{x \to x_0 \\ y \to y_0}} (f(x, y) \pm g(x, y)) = A \pm B$;

(2) $\lim\limits_{\substack{x \to x_0 \\ y \to y_0}} (f(x, y) \cdot g(x, y)) = A \cdot B$;

(3) $\lim\limits_{\substack{x \to x_0 \\ y \to y_0}} \dfrac{f(x, y)}{g(x, y)} = \dfrac{A}{B} (B \neq 0)$.

例 5　讨论 $f(x, y) = \begin{cases} \dfrac{xy}{x^2 + y^2}, & x^2 + y^2 \neq 0 \\ 0 & x^2 + y^2 = 0 \end{cases}$ 在 $(0, 0)$ 处的极限.

解　取不同路径 $y = kx$,当 x 趋近 0 时,y 趋近 0,但方式不同,则

$$\lim_{y = kx \to 0} f(x, y) = \lim_{y = kx \to 0} \frac{xy}{x^2 + y^2} = \lim_{x \to 0} \frac{kx^2}{(1 + k^2) x^2} = \frac{k}{1 + k^2}$$

当 k 取值不同值时,极限也不相同.所以函数 $f(x, y)$ 在 $(0, 0)$ 处的极限不存在.

🄩 **小贴士**　由二元函数极限的定义知,如果当点 $P(x, y)$ 以不同方式趋于点 $P_0(x_0, y_0)$ 时,函数 $f(x, y)$ 趋于不同的值,则函数 $f(x, y)$ 的极限不存在.

三、二元函数的连续性

在二元函数极限的概念基础上,给出二元函数的连续性的概念.

定义 4　设函数 $z = f(x, y)$ 在点 $P_0(x_0, y_0)$ 某邻域有定义,如果 $\lim\limits_{\substack{x \to x_0 \\ y \to y_0}} f(x, y) = f(x_0, y_0)$,则称函数 $z = f(x, y)$ 在点 $P_0(x_0, y_0)$ 连续,否则称该点为间断点.

如果二元函数 $z = f(x, y)$ 在区域 D 上的每一点都连续,则称 $z = f(x, y)$ 在区域 D 上连续.其几何意义是连续函数的图形是一张无缝、无孔洞的曲面.

二元连续函数的和、差、积、商(分母不为 0)和复合函数仍然是连续函数.

┌─ **习题 7.1**

1. 设函数 $f(x, y)=x^2+y^3-y\tan\dfrac{\pi x}{y}$，求 $f(1, 4)$，$f(xy, x+y)$.

2. 求下列函数的定义域.

(1) $f(x, y)=x+\dfrac{1}{\sqrt{y}}$；

(2) $f(x, y)=\dfrac{1}{\sqrt{1-x^2-y^2}}$；

(3) $f(x, y)=\ln(x+y)$；

(4) $f(x, y)=\sqrt{1-x^2}+\dfrac{1}{\sqrt{1-y^2}}$.

3. 求下列函数的极限.

(1) $\lim\limits_{\substack{x\to 2\\y\to 1}}\dfrac{x-y}{x+y}$；

(2) $\lim\limits_{\substack{x\to 0\\y\to 0}}\dfrac{\sin(x^2+y^2)}{x^2+y^2}$；

(3) $\lim\limits_{\substack{x\to 0\\y\to 1}}\arcsin\sqrt{x^2+y^2}$；

(4) $\lim\limits_{\substack{x\to 1\\y\to 3}}\dfrac{xy-3}{\sqrt{xy+1}-2}$.

4. 指出下列函数的间断点.

(1) $f(x, y)=\sin\dfrac{1}{x+y+1}$；

(2) $f(x, y)=\dfrac{x-y}{x-y^2}$.

第二节　偏　导　数

一、偏导数的概念

定义 1　设函数 $z=f(x, y)$ 在点 $P_0(x_0, y_0)$ 的某邻域内有定义，固定自变量 $y=y_0$，而自变量 x 在 x_0 处的增量为 Δx，函数相应的增量为 $\Delta z_x=f(x_0+\Delta x, y_0)-f(x_0, y_0)$，若 $\lim\limits_{\Delta x\to 0}\dfrac{f(x_0+\Delta x, y_0)-f(x_0, y_0)}{\Delta x}$ 存在，则称 $z=f(x, y)$ 在点 $P_0(x_0, y_0)$ 关于 x 的偏导数存在，且其极限值为其在点 $P_0(x_0, y_0)$ 处的偏导数. 记作

$$\dfrac{\partial z}{\partial x}\bigg|_{(x_0, y_0)}、\dfrac{\partial f}{\partial x}\bigg|_{(x_0, y_0)}\quad 或\quad f_x(x_0, y_0)、z_x(x_0, y_0)$$

即

$$f_x(x_0, y_0)=\lim_{\Delta x\to 0}\dfrac{f(x_0+\Delta x, y_0)-f(x_0, y_0)}{\Delta x}$$

同理

$$f_y(x_0, y_0)=\lim_{\Delta y\to 0}\dfrac{f(x_0, y_0+\Delta y)-f(x_0, y_0)}{\Delta y}$$

如果二元函数 $z=f(x, y)$ 在 D 内的每一点 $P(x, y)$ 都有偏导数，则称 $f_x(x, y)$ 为 $z=f(x, y)$ 关于 x 的偏导数，$f_y(x, y)$ 为 $z=f(x, y)$ 关于 y 的偏导数.

例 1　设 $z=\dfrac{y}{x}$，求 $\dfrac{\partial z}{\partial x}$，$\dfrac{\partial z}{\partial y}$.

解　将 y 看作常数，对 x 求导得 $\dfrac{\partial z}{\partial x}=-\dfrac{y}{x^2}$；将 x 看作常数，对 y 求导得 $\dfrac{\partial z}{\partial y}=\dfrac{1}{x}$.

例 2　求 $z=x^2-2xy+3y^3$ 在点 $(1,2)$ 处的偏导数 $\dfrac{\partial z}{\partial x}\Big|_{(1,2)}$，$\dfrac{\partial z}{\partial y}\Big|_{(1,2)}$.

解　$\dfrac{\partial z}{\partial x}\Big|_{(1,2)}=2x-2y\big|_{(1,2)}=2-4=-2$

$\dfrac{\partial z}{\partial y}\Big|_{(1,2)}=-2x+9y^2=-2+36=34$

例 3　求三元函数 $u=\sqrt{x^2+y^2+z^2}$ 的各个偏导数.

解　$\dfrac{\partial u}{\partial x}=\dfrac{1}{2}\cdot\dfrac{2x}{\sqrt{x^2+y^2+z^2}}=\dfrac{x}{\sqrt{x^2+y^2+z^2}}$

$\dfrac{\partial u}{\partial y}=\dfrac{1}{2}\cdot\dfrac{2y}{\sqrt{x^2+y^2+z^2}}=\dfrac{y}{\sqrt{x^2+y^2+z^2}}$

$\dfrac{\partial u}{\partial z}=\dfrac{1}{2}\cdot\dfrac{2z}{\sqrt{x^2+y^2+z^2}}=\dfrac{z}{\sqrt{x^2+y^2+z^2}}$

二、高阶偏导数

定义 2　若二元函数 $z=f(x,y)$ 的两个偏导数 $f_x(x,y)$，$f_y(x,y)$ 关于 x，y 的偏导数仍然存在，则称为二元函数的 $z=f(x,y)$ 的二阶偏导数.

依照对二元函数自变量的不同次序求偏导，二阶偏导数有四个：

$$f_{xx}(x,y)=\frac{\partial}{\partial x}\left(\frac{\partial z}{\partial x}\right)=\frac{\partial^2 z}{\partial x^2},\quad f_{xy}(x,y)=\frac{\partial}{\partial y}\left(\frac{\partial z}{\partial x}\right)=\frac{\partial^2 z}{\partial x\partial y}$$

$$f_{yx}(x,y)=\frac{\partial}{\partial x}\left(\frac{\partial z}{\partial y}\right)=\frac{\partial^2 z}{\partial y\partial x},\quad f_{yy}(x,y)=\frac{\partial}{\partial y}\left(\frac{\partial z}{\partial y}\right)=\frac{\partial^2 z}{\partial y^2}$$

其中，称 $f_{xy}(x,y)$，$f_{yx}(x,y)$ 为二元函数的二阶混合偏导数.

例 4　设 $z=x^4+y^4-4x^2y^3$，求 $\dfrac{\partial^2 z}{\partial x^2}$，$\dfrac{\partial^2 z}{\partial x\partial y}$，$\dfrac{\partial^2 z}{\partial y\partial x}$，$\dfrac{\partial^2 z}{\partial y^2}$.

解　$\dfrac{\partial z}{\partial x}=\dfrac{\partial}{\partial x}(x^4+y^4-4x^2y^3)=4x^3-8xy^3$

$\dfrac{\partial z}{\partial y}=\dfrac{\partial}{\partial y}(x^4+y^4-4x^2y^3)=4y^3-12x^2y^2$

$\dfrac{\partial^2 z}{\partial x^2}=\dfrac{\partial}{\partial x}\left(\dfrac{\partial z}{\partial x}\right)=\dfrac{\partial}{\partial x}(4x^3-8xy^3)=12x^2-8y^3$

$\dfrac{\partial^2 z}{\partial x\partial y}=\dfrac{\partial}{\partial y}\left(\dfrac{\partial z}{\partial x}\right)=\dfrac{\partial}{\partial y}(4x^3-8xy^3)=-24xy^2$

$\dfrac{\partial^2 z}{\partial y\partial x}=\dfrac{\partial}{\partial x}\left(\dfrac{\partial z}{\partial y}\right)=\dfrac{\partial}{\partial x}(4y^3-12x^2y^2)=-24xy^2$

$\dfrac{\partial^2 z}{\partial y^2}=\dfrac{\partial}{\partial y}\left(\dfrac{\partial z}{\partial y}\right)=\dfrac{\partial}{\partial y}(4y^3-12x^2y^2)=12y^2-24x^2y$

从例 4 看出，二元函数 $z=f(x,y)$ 的两个混合偏导数 $f_{xy}(x,y)$，$f_{yx}(x,y)$ 是相等的，对于任意二元函数 $z=f(x,y)$，具备怎样的性质才能使得 $f_{xy}(x,y)=f_{yx}(x,y)$？

定理 1　若函数 $z = f(x, y)$ 在区域 D 上的两个二阶混合偏导数 $f_{xy}(x, y)$，$f_{yx}(x, y)$ 都连续，则两者在区域 D 内相等.

例 5　设 $z = x^y y^x$，求 $\dfrac{\partial^2 z}{\partial x^2}$，$\dfrac{\partial^2 z}{\partial x \partial y}$.

解　由 $z = x^y y^x = \mathrm{e}^{y \ln x + x \ln y}$，得

$$\frac{\partial z}{\partial x} = \mathrm{e}^{y \ln x + x \ln y} \cdot \left(\frac{y}{x} + \ln y \right) = x^y y^x \left(\frac{y}{x} + \ln y \right)$$

$$\frac{\partial^2 z}{\partial x^2} = \frac{\partial}{\partial x} \left(\frac{\partial z}{\partial x} \right) = x^y y^x \left[-\frac{y}{x^2} + \left(\frac{y}{x} + \ln y \right)^2 \right]$$

$$\frac{\partial^2 z}{\partial x \partial y} = x^y y^x \left[\left(\frac{1}{x} + \frac{1}{y} \right) + \left(\frac{y}{x} + \ln y \right) \left(\ln x + \frac{x}{y} \right) \right]$$

例 6　验证函数 $z = \ln \sqrt{x^2 + y^2}$ 满足拉普拉斯(Laplace)方程 $\dfrac{\partial^2 z}{\partial x^2} + \dfrac{\partial^2 z}{\partial y^2} = 0$.

证　由 $z = \ln \sqrt{x^2 + y^2} = \dfrac{1}{2} \ln(x^2 + y^2)$，得

$$\frac{\partial z}{\partial x} = \frac{\partial}{\partial x} \left(\frac{1}{2} \ln(x^2 + y^2) \right) = \frac{x}{x^2 + y^2}$$

$$\frac{\partial z}{\partial y} = \frac{\partial}{\partial y} \left(\frac{1}{2} \ln(x^2 + y^2) \right) = \frac{y}{x^2 + y^2}$$

$$\frac{\partial^2 z}{\partial x^2} = \frac{\partial}{\partial x} \left(\frac{\partial z}{\partial x} \right) = \frac{\partial}{\partial x} \left(\frac{x}{x^2 + y^2} \right) = -\frac{x^2 - y^2}{(x^2 + y^2)^2}$$

$$\frac{\partial^2 z}{\partial y^2} = \frac{\partial}{\partial y} \left(\frac{\partial z}{\partial y} \right) = \frac{\partial}{\partial y} \left(\frac{x}{x^2 + y^2} \right) = \frac{x^2 - y^2}{(x^2 + y^2)^2}$$

因此，函数 $z = \ln \sqrt{x^2 + y^2}$ 满足方程 $\dfrac{\partial^2 z}{\partial x^2} + \dfrac{\partial^2 z}{\partial y^2} = 0$.

习题 7.2

1. 求下列函数的偏导数.

(1) $z = x^5 + 4x^3 y - 2y^3 + 3xy + y$；(2) $z = \dfrac{xy}{x^2 + y^2}$；(3) $z = \dfrac{x}{\sqrt{x^2 + y^2}}$；

(4) $z = x^2 \cos 2y$；(5) $z = \arctan \dfrac{y}{x}$；(6) $z = \sqrt{\ln(xy)}$.

2. 设函数 $f(x, y) = x^3 + y^3 - 2xy$，求 $f_x(2, 3)$，$f_y(2, 3)$.

3. 求下列函数的二阶偏导数.

(1) $z = \cos(xy)$；(2) $z = x^y$；(3) $z = x \ln(x + y)$；

(4) $z = \sin^2(ax + by)$ (a, b 为常数)；(5) $z = \arcsin(xy)$；(6) $z = \dfrac{\mathrm{e}^{x+y}}{\mathrm{e}^x + \mathrm{e}^y}$.

4. 设函数 $z = \mathrm{e}^x (\sin y + x \cos y)$，求 $\dfrac{\partial^2 z}{\partial x^2} \Big|_{\substack{x=0 \\ y=\frac{\pi}{2}}}$，$\dfrac{\partial^2 z}{\partial x \partial y} \Big|_{\substack{x=0 \\ y=\frac{\pi}{2}}}$.

第三节 全 微 分

一、全微分的概念

定义 1 设函数 $z=f(x,y)$ 在点 $P_0(x_0,y_0)$ 的某邻域 $U(P_0)$ 内有定义, 对于 $U(P_0)$ 中的点 $P(x,y)=(x_0+\Delta x,y_0+\Delta y)$, 如果 $z=f(x,y)$ 在 $P_0(x_0,y_0)$ 处的全增量 Δz 可表示为

$$\Delta z=f(x_0+\Delta x,y_0+\Delta y)-f(x_0,y_0)=A\Delta x+B\Delta y+o(\rho)$$

其中 A,B 是与点 $P_0(x_0,y_0)$ 有关的常数, $\rho=\sqrt{(\Delta x)^2+(\Delta y)^2}$, 则称函数 $z=f(x,y)$ 在点 $P_0(x_0,y_0)$ 处可微, 并称 $A\Delta x+B\Delta y$ 为函数 $z=f(x,y)$ 在点 $P_0(x_0,y_0)$ 处的全微分, 记作

$$\mathrm{d}z\big|_{P_0}=A\Delta x+B\Delta y$$

由一元函数知, 如果一元函数在某一点处可微, 那么在该点处连续. 对于二元函数有类似的性质.

例 1 求 $z=x^2y^2$ 在点 $(2,-1)$ 处, 当 $\Delta x=0.02$, $\Delta y=-0.01$ 时的全微分.

解 $z=x^2y^2$ 关于 x,y 的偏导数 $z_x=2xy^2$, $z_y=2x^2y$, $z=x^2y^2$ 在 $(2,-1)$ 处的全微分为

$$\begin{aligned}\mathrm{d}z\big|_{(2,-1)}&=z_x(2,-1)\Delta x+z_y(2,-1)\Delta y\\&=4\times0.02+(-8)\times(-0.01)=0.16\end{aligned}$$

定理 1 如果函数 $z=f(x,y)$ 在点 $P_0(x_0,y_0)$ 处可微, 则函数 $z=f(x,y)$ 在点 $P_0(x_0,y_0)$ 处连续.

证明 设 $z=f(x,y)$ 在点 $P_0(x_0,y_0)$ 处可微分, 则有

$$\Delta z=A\Delta x+B\Delta y+o(\rho)$$

对上式取极限得

$$\lim_{\substack{\Delta x\to0\\\Delta y\to0}}\Delta z=\lim_{\substack{\Delta x\to0\\\Delta y\to0}}[A\Delta x+B\Delta y+o(\rho)]=0$$

因此, 函数 $z=f(x,y)$ 在点 $P_0(x_0,y_0)$ 处连续.

定理 2(可微的必要条件) 如果函数 $z=f(x,y)$ 在点 $P_0(x_0,y_0)$ 处可微, 则 $z=f(x,y)$ 在点 $P_0(x_0,y_0)$ 处关于 x,y 的偏导数都存在, 且

$$A=f_x(x_0,y_0),\ B=f_y(x_0,y_0)$$

证明 由于函数 $z=f(x,y)$ 在点 $P_0(x_0,y_0)$ 处可微分, 则有

$$\Delta z=f(x_0+\Delta x,y_0+\Delta y)-f(x_0,y_0)=A\Delta x+B\Delta y+o(\rho)$$

因为 A,B 与 $\Delta x,\Delta y$ 无关, 所以当 $\Delta y=0$ 时上式依然成立, 即

$$\Delta z=f(x_0+\Delta x,y_0)-f(x_0,y_0)=A\Delta x+o(|\Delta x|)$$

对上式两边同时除以 Δx, 当 $\Delta x\to0$ 时得

$$\lim_{\Delta x\to0}\frac{f(x_0+\Delta x,y_0)-f(x_0,y_0)}{\Delta x}=\lim_{\Delta x\to0}\left(A+\frac{o|\Delta x|}{\Delta x}\right)=A$$

即 $f_x(x_0,y_0)$ 存在, 且 $A=f_x(x_0,y_0)$.

同理可证 $B=f_y(x_0,y_0)$.

定理 3(可微的充分条件)　如果函数 $z=f(x,y)$ 的偏导数在点 $P_0(x_0,y_0)$ 的某邻域上存在，且 $f_x(x,y)$，$f_y(x,y)$ 在点 $P_0(x_0,y_0)$ 处连续，则 $z=f(x,y)$ 在点 $P_0(x_0,y_0)$ 处可微.

证　全增量 Δz 写成

$$\Delta z=f(x_0+\Delta x,y_0+\Delta y)-f(x_0,y_0)$$
$$=f(x_0+\Delta x,y_0+\Delta y)-f(x_0,y_0+\Delta y)+f(x_0,y_0+\Delta y)-(x_0,y_0)$$

由拉格朗日中值定理，可得

$$f(x+\Delta x,y+\Delta y)-f(x,y+\Delta y)=f_x(x+\theta_1\Delta x,y+\Delta y)\Delta x$$
$$f(x,y+\Delta y)-f(x,y)=f_y(x,y+\theta_2\Delta y)\Delta y$$

其中 $0<\theta_1,\theta_2<1$.

由于 $f_x(x,y)$，$f_y(x,y)$ 在点 $P_0(x_0,y_0)$ 连续，因此有

$$\lim_{\substack{\Delta x\to0\\\Delta y\to0}}f_x(x_0+\theta_1\Delta x,y_0+\Delta y)=f_x(x_0,y_0)$$
$$\lim_{\substack{\Delta x\to0\\\Delta y\to0}}f_x(x_0,y_0+\theta_2\Delta y)=f_y(x_0,y_0)$$

即

$$f_x(x_0+\theta_1\Delta x,y_0+\Delta y)=f_x(x_0,y_0)+\alpha_1$$
$$f_y(x_0,y_0+\theta_2\Delta y)=f_y(x_0,y_0)+\alpha_2$$

其中，$\lim\limits_{\substack{\Delta x\to0\\\Delta y\to0}}\alpha_1=0$，$\lim\limits_{\substack{\Delta x\to0\\\Delta y\to0}}\alpha_2=0$.

将上式代入 $\Delta z=f_x(x_0,y_0)\Delta x+f_y(x_0,y_0)\Delta y+\alpha_1\Delta x+\alpha_2\Delta y$ 得

$$\Delta z=f_x(x_0,y_0)\Delta x+f_y(x_0,y_0)\Delta y+o(\rho)$$

所以 $z=f(x,y)$ 在点 $P_0(x_0,y_0)$ 处可微.

定义 2　如果函数 $z=f(x,y)$ 在取区域 D 内的任意一点 $P(x,y)$ 都可微，则称函数 $z=f(x,y)$ 在区域 D 内可微，且函数 $z=f(x,y)$ 的微分为

$$dz=\frac{\partial z}{\partial x}dx+\frac{\partial z}{\partial y}dy$$

例 2　求函数 $z=e^{\sqrt{x^2+y^2}}$ 的全微分及在点 $(1,2)$ 处的微分.

解
$$\frac{\partial z}{\partial x}=e^{\sqrt{x^2+y^2}}\cdot\frac{1}{2}\cdot(x^2+y^2)^{-\frac{1}{2}}\cdot2x=\frac{xe^{\sqrt{x^2+y^2}}}{\sqrt{x^2+y^2}}$$

$$\frac{\partial z}{\partial y}=e^{\sqrt{x^2+y^2}}\cdot\frac{1}{2}\cdot(x^2+y^2)^{-\frac{1}{2}}\cdot2y=\frac{ye^{\sqrt{x^2+y^2}}}{\sqrt{x^2+y^2}}$$

所以

$$dz=\frac{\partial z}{\partial x}dx+\frac{\partial z}{\partial y}dy=\frac{e^{\sqrt{x^2+y^2}}}{\sqrt{x^2+y^2}}(xdx+ydy)$$

$$dz\big|_{(1,2)}=\frac{1}{\sqrt{5}}e^{\sqrt{5}}(dx+2dy)$$

例 3　求函数 $z=x^2y+\tan(x+y)$ 的全微分.

解
$$\frac{\partial z}{\partial x}=2xy+\sec^2(x+y);\frac{\partial z}{\partial y}=x^2+\sec^2(x+y)$$

所以

$$\mathrm{d}z = \frac{\partial z}{\partial x}\mathrm{d}x + \frac{\partial z}{\partial y}\mathrm{d}y = [2xy + \sec^2(x+y)]\mathrm{d}x + [x^2 + \sec^2(x+y)]\mathrm{d}y$$

二、全微分在近似计算中的应用

设函数 $z = f(x, y)$ 在点 $P(x, y)$ 处可微，则函数的全增量与全微分之差是 $o(\rho)$，当 $|\Delta x|$、$|\Delta y|$ 都很小时，全增量近似等于全微分，即

$$\Delta z \approx \mathrm{d}z = \frac{\partial z}{\partial x}\Delta x + \frac{\partial z}{\partial y}\Delta y$$

将 $\Delta z = f(x_0 + \Delta x, y_0 + \Delta y) - f(x_0, y_0)$ 代入上式得

$$f(x_0 + \Delta x, y_0 + \Delta y) = f(x_0, y_0) + \frac{\partial z}{\partial x}\Delta x + \frac{\partial z}{\partial y}\Delta y$$

例 4　计算 $(0.99)^{2.02}$ 的近似值.

解　设函数 $f(x, y) = x^y$，取 $x = 1$，$\Delta x = -0.01$，$y = 2$，$\Delta y = 0.02$，则有

$$f(1, 2) = 1, \quad f_x(1, 2) = yx^{y-1}\big|_{x=1, y=2} = 2, \quad f_y(1, 2) = x^y\ln x\big|_{x=1, y=2} = 0$$

所以

$$(0.99)^{2.02} \approx 1 + 2 \times (-0.01) + 0 \times 0.02 = 0.98$$

习题 7.3

1. 求函数 $z = 2x^2 + 3y^2$，当 $x = 10$，$y = 2$，$\Delta x = 0.2$，$\Delta y = 0.3$ 时的全增量和全微分.

2. 求函数 $z = \ln\sqrt{1 + x^2 + y^2}$ 在点 $(1, 1)$ 处的全微分.

3. 求下列函数的全微分.

(1) $z = x^3y - y^3z$；(2) $z = \sqrt{\dfrac{x}{y}}$；(3) $z = \mathrm{e}^{xy}\cos(xy)$；(4) $z = \arctan\dfrac{x+y}{x-y}$.

4. 求 $\sqrt{1.02^3 + 1.97^3}$ 的近似值.

第四节　多元复合函数的求导法则

定理 1　设 $u = \phi(x)$，$v = \varphi(x)$ 在点 x 处可导，$z = f(u, v)$ 在 x 对应的点 (u, v) 处有连续的偏导数，则复合函数 $z = f(u(x), v(x))$ 在点 x 处可导，且

$$\frac{\mathrm{d}z}{\mathrm{d}x} = \frac{\partial z}{\partial u} \cdot \frac{\mathrm{d}u}{\mathrm{d}x} + \frac{\partial z}{\partial v} \cdot \frac{\mathrm{d}v}{\mathrm{d}x}$$

证明　由于 $z = f(u, v)$ 有连续的偏导数，则 $z = f(u, v)$ 可微，即 $\mathrm{d}z = \dfrac{\partial f}{\partial u}\mathrm{d}u + \dfrac{\partial f}{\partial v}\mathrm{d}v$. 又因为 u, v 关于 x 可导，所以 $\mathrm{d}u = \phi'(x)\mathrm{d}x$，$\mathrm{d}v = \varphi'(x)\mathrm{d}x$，代入可得 $\dfrac{\mathrm{d}z}{\mathrm{d}x} = \dfrac{\partial f}{\partial u} \cdot \dfrac{\mathrm{d}u}{\mathrm{d}x} + \dfrac{\partial f}{\partial v} \cdot \dfrac{\mathrm{d}v}{\mathrm{d}x}$.

例 1　已知函数 $y = u^v$，而 $u = \cos x$，$v = \sin^2 x$，求 $\dfrac{\mathrm{d}y}{\mathrm{d}x}$.

解　$\dfrac{\partial y}{\partial u} = v \cdot u^{v-1}$, $\dfrac{\partial y}{\partial v} = u^{v} \cdot \ln u$, $\dfrac{\mathrm{d}u}{\mathrm{d}x} = -\sin x$, $\dfrac{\mathrm{d}v}{\mathrm{d}x} = 2\sin x \cos x = \sin 2x$

从而

$$\frac{\mathrm{d}y}{\mathrm{d}x} = \frac{\partial y}{\partial u} \cdot \frac{\mathrm{d}u}{\mathrm{d}x} + \frac{\partial y}{\partial v} \cdot \frac{\mathrm{d}v}{\mathrm{d}x} = -\sin^3 x \,(\cos x)^{-\cos^2 x} + \sin 2x \cdot (\cos x)^{\sin^2 x} \cdot \ln\cos x$$

定理 2　设函数 $u = u(x, y)$, $v = v(x, y)$, 在点 (x, y) 处有偏导数, 函数 $z = f(u, v)$ 在其对应的点处有连续的偏导数, 则 $z = f(u(x, y), v(x, y))$ 在点 (x, y) 处有对关于 x 和 y 的偏导数(见图 7.1), 且有

$$\frac{\partial z}{\partial x} = \frac{\partial z}{\partial u} \cdot \frac{\partial u}{\partial x} + \frac{\partial z}{\partial v} \cdot \frac{\partial v}{\partial x}$$

$$\frac{\partial z}{\partial y} = \frac{\partial z}{\partial u} \cdot \frac{\partial u}{\partial y} + \frac{\partial z}{\partial v} \cdot \frac{\partial v}{\partial y}$$

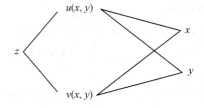

图 7.1　偏导数图

例 2　设函数 $y = \mathrm{e}^u \sin v$, 而 $u = 2x + y$, $v = x + 3y^2$, 求 $\dfrac{\partial z}{\partial x}$, $\dfrac{\partial z}{\partial y}$.

解　$\dfrac{\partial z}{\partial x} = \dfrac{\partial z}{\partial u} \cdot \dfrac{\partial u}{\partial x} + \dfrac{\partial z}{\partial v} \cdot \dfrac{\partial v}{\partial x} = \mathrm{e}^u \sin v \cdot 2 + \mathrm{e}^u \cos v \cdot 1$

　　　$= \mathrm{e}^{2x+y} [2\sin(x + 3y^2) + \cos(x + 3y^2)]$

　　　$\dfrac{\partial z}{\partial y} = \dfrac{\partial z}{\partial u} \cdot \dfrac{\partial u}{\partial y} + \dfrac{\partial z}{\partial v} \cdot \dfrac{\partial v}{\partial y} = \mathrm{e}^u \sin v \cdot 1 + \mathrm{e}^u \cos v \cdot 6y$

　　　$= \mathrm{e}^{2x+y} [\sin(x + 3y^2) + 6y\cos(x + 3y^2)]$

🅩 **小贴士**　在实际解题过程中, 为防止出现不便, 一般习惯有以下记号: $\dfrac{\partial z}{\partial u} = f_1$, $\dfrac{\partial z}{\partial v} = f_2$, 其中, 定理 1、定理 2 是根据题设 $z = f(u, v)$ 中, u 和 v 在函数中排在第几个来决定, 此点务必记清楚.

例 3　设 $z = f\left(x, \dfrac{y}{x}\right)$, 求 $\dfrac{\partial z}{\partial x}$, $\dfrac{\partial z}{\partial y}$.

解　$\dfrac{\partial z}{\partial x} = f_1 + f_2\left(-\dfrac{y}{x^2}\right) = f_1 - \dfrac{y}{x^2} f_2$; $\dfrac{\partial z}{\partial y} = \dfrac{1}{x} f_2$.

┌─ **习题 7.4** ─┐

1. 求下列复合函数的偏导数.

(1) $z = u^2 \ln v$, $u = xy$, $v = x - 2y$, 求 $\dfrac{\partial z}{\partial x}$, $\dfrac{\partial z}{\partial y}$;

(2) $z = (2x + y)^{2x + y}$, 求 $\dfrac{\partial z}{\partial x}$, $\dfrac{\partial z}{\partial y}$;

(3) $z = e^{uv}$, $u = \ln \sqrt{x^2 + y^2}$, $v = \arctan \dfrac{y}{x}$, 求 $\dfrac{\partial z}{\partial x}$, $\dfrac{\partial z}{\partial y}$.

2. 设 $z = f(2x + 3y, e^{xy})$, 且 $f(u, v)$ 有连续的偏导数, 求 $\dfrac{\partial z}{\partial x}$, $\dfrac{\partial z}{\partial y}$.

3. 设 $z = f(x\cos y, y\cos x, x^y)$, 且 $f(u, v, w)$ 有连续的偏导数, 求 $\dfrac{\partial z}{\partial x}$, $\dfrac{\partial z}{\partial y}$.

4. 设 f 可导, $z = x^n f\left(\dfrac{y}{x^2}\right)$, 证明 $x \dfrac{\partial z}{\partial x} + 2y \dfrac{\partial z}{\partial y} - nz = 0$.

第五节　多元函数极值

一、多元函数的极值

定义 1　设函数 $z = f(x, y)$ 在点 $P_0(x_0, y_0)$ 的某个邻域内有定义, 若对于该邻域内异于点 $P_0(x_0, y_0)$ 的任一点 $P(x, y)$ 都有 $f(x, y) \leqslant f(x_0, y_0)$, 则称函数 $z = f(x, y)$ 在点 $P_0(x_0, y_0)$ 处有极大值. 若对于该邻域内异于点 $P_0(x_0, y_0)$ 的任一点 $P(x, y)$ 都有 $f(x, y) \geqslant f(x_0, y_0)$, 则称函数 $z = f(x, y)$ 在点 $P_0(x_0, y_0)$ 处有极小值. 极大值与极小值统称为极值.

定理 1(必要条件)　设函数 $z = f(x, y)$ 在点 $P_0(x_0, y_0)$ 处具有偏导数, 且在点 $P_0(x_0, y_0)$ 处有极值点, 则有 $f_x(x_0, y_0) = 0$, $f_y(x_0, y_0) = 0$.

🅩 **小贴士**　驻点不一定是极值点.

【反例】　(1) $f(x, y) = xy$, $(0, 0)$ 是其驻点, 但非其极值点.

(2) 极值点可能是驻点, 也可能是偏导数不存在的点.

定理 2(充分条件)　设函数 $z = f(x, y)$ 在 $P_0(x_0, y_0)$ 的某个邻域内具有二阶连续偏导数, 且点 $P_0(x_0, y_0)$ 为 $z = f(x, y)$ 的驻点, 即 $f_x(x_0, y_0) = 0$, $f_y(x_0, y_0) = 0$. 记
$$A = f_{xx}(x_0, y_0), \quad B = f_{xy}(x_0, y_0), \quad C = f_{yy}(x_0, y_0)$$
则有

(1) 当 $AC - B^2 > 0$ 时, 函数在 $z = f(x, y)$ 在点 $P_0(x_0, y_0)$ 处有极值, 且若 $A > 0$, 则点 $P_0(x_0, y_0)$ 为极小值点; 若 $A < 0$, 则点 $P_0(x_0, y_0)$ 为极大值点;

(2) 当 $AC - B^2 = 0$ 时, 函数 $z = f(x, y)$ 在点 $P_0(x_0, y_0)$ 处无法判定极值;

(3) 当 $AC - B^2 < 0$ 时, 函数 $z = f(x, y)$ 在点 $P_0(x_0, y_0)$ 处没有极值.

例 1　求函数 $f(x, y) = \sin x + \cos y + \cos(x - y)$, $0 < x$, $y < \dfrac{\pi}{2}$ 的极值.

解　函数 $f(x, y)$ 的偏导数是
$$f_x(x, y) = \cos x - \sin(x - y), \quad f_y(x, y) = -\sin y + \sin(x - y)$$

令 $f_x(x, y)=0$，$f_y(x, y)=0$，即

$$\begin{cases} \cos x - \sin(x-y)=0 \\ -\sin y + \sin(x-y)=0 \end{cases}，解得\begin{cases} x=\dfrac{\pi}{3} \\ y=\dfrac{\pi}{6} \end{cases}$$

即点 $\left(\dfrac{\pi}{3}, \dfrac{\pi}{6}\right)$ 为驻点. 在点 $\left(\dfrac{\pi}{3}, \dfrac{\pi}{6}\right)$ 处，有

$$A=f_{xx}\left(\frac{\pi}{3}, \frac{\pi}{6}\right)=\left[-\sin x-\cos(x-y)\right]\big|_{(x, y)=(\frac{\pi}{3}, \frac{\pi}{6})}=-\sqrt{3}$$

$$B=f_{xy}\left(\frac{\pi}{3}, \frac{\pi}{6}\right)=\cos(x-y)\big|_{(x, y)=(\frac{\pi}{3}, \frac{\pi}{6})}=\frac{\sqrt{3}}{2}$$

$$C=f_{yy}\left(\frac{\pi}{3}, \frac{\pi}{6}\right)=\left[-\cos y-\cos(x-y)\right]\big|_{(x, y)=(\frac{\pi}{3}, \frac{\pi}{6})}=-\sqrt{3}$$

由于 $AC-B^2=\dfrac{9}{4}>0$，从而 $\left(\dfrac{\pi}{3}, \dfrac{\pi}{6}\right)$ 为其极值点，又由于 $A<0$，故 $\left(\dfrac{\pi}{3}, \dfrac{\pi}{6}\right)$ 为极大值点且极大值 $f\left(\dfrac{\pi}{3}, \dfrac{\pi}{6}\right)=\dfrac{\sqrt{3}}{2}$.

例2　求函数 $f(x, y)=x^3-4x^2+2xy-y^2+3$ 的极值.

解　函数 $f(x, y)$ 的偏导数是
$$f_x(x, y)=3x^2-8x+2y$$
$$f_y(x, y)=2x-2y$$

令 $f_x(x, y)=0$，$f_y(x, y)=0$，即

$$\begin{cases} 3x^2-8x+2y=0 \\ 2x-2y=0 \end{cases}，解得\begin{cases} x=0 \\ y=0 \end{cases}，\begin{cases} x=2 \\ y=2 \end{cases}$$

即 $(0, 0)$，$(2, 2)$ 都为函数 $f(x, y)$ 的驻点.

在点 $(0, 0)$ 处，
$$A=f_{xx}(0, 0)=(6x-8)\big|_{(x, y)=(0, 0)}=-8$$
$$B=f_{xy}(0, 0)=2$$
$$C=f_{yy}(0, 0)=-2$$

于是 $AC-B^2=12>0$.

所以，函数 $f(x, y)$ 在点 $(0, 0)$ 处有极值. 又由于 $A<0$，故点 $(0, 0)$ 为极大值点且极大值 $f(0, 0)=3$.

在点 $(2, 2)$ 处，
$$A=f_{xx}(2, 2)=(6x-8)\big|_{(x, y)=(0, 0)}=4$$
$$B=f_{xy}(2, 2)=2,\quad C=f_{yy}(2, 2)=-2$$

于是 $AC-B^2=-12<0$. 故函数 $f(x, y)$ 在点 $(2, 2)$ 处没有极值.

二、多元函数最大值与最小值

与一元函数类似，有连续函数的性质可知，在有界闭区域上连续的二元函数一定能在该区域取得最大值和最小值. 二元函数的最大值或最小值的求解方法是：函数在所讨论区

域内的所有驻点处的函数值与函数在区域边界上求得的最大值和最小值进行比较,其中最大的就是闭区域上的最大值,最小的就是闭区域上的最小值.

在实际问题中,如果函数在区域内有唯一驻点,且从问题中就能判断它一定存在最大值或最小值,那么在该驻点处的函数值就是所求函数的最大值或最小值.

例 3　求函数 $f(x, y) = (x^2 + y^2 + 2y)^2$ 在闭区域 D: $x^2 + y^2 + 2y \leqslant 0$ 上的最大值与最小值.

解　函数 $f(x, y)$ 的偏导数是

$$f_x(x, y) = 4x(x^2 + y^2 + 2y)$$
$$f_y(x, y) = 4(y+1)(x^2 + y^2 + 2y)$$

令 $f_x(x, y) = 0$,$f_y(x, y) = 0$,即

$$\begin{cases} 4x(x^2 + y^2 + 2y) = 0 \\ 4(y+1)(x^2 + y^2 + 2y) = 0 \end{cases}, \text{ 解得} \begin{cases} x = 0 \\ y = -1 \end{cases} \text{或 } x^2 + y^2 + 2y = 0 (舍去)$$

即 $(0, -1)$ 为函数 $f(x, y)$ 在区域内的驻点,对应点函数值 $f(0, -1) = 1$.

另外,在边界 $x^2 + y^2 + 2y = 0$ 上函数 $f(x, y)$ 的值恒为 0,所以 $f(x, y)$ 在闭区域 D 上的最大值 $f(0, -1) = 1$,最小值在 $x^2 + y^2 + 2y = 0$ 上取得,最小值是 0.

例 4　用铁皮做一个体积为 32 cm³ 的无盖长方体箱子,箱子的尺寸是多少时才能使得铁皮最省.

解　设长方体箱子的长、宽、高分别为 x, y, z,无盖箱子所需要铁皮的面积为 S,即

$$S = xy + 2xz + 2yz$$

由于 $xyz = 32$,解得 $z = \dfrac{32}{xy}$,代入上式,得

$$S = xy + \frac{64}{y} + \frac{64}{x} \quad (x > 0, \ y > 0)$$

函数 $S = xy + \dfrac{64}{y} + \dfrac{64}{x}$ 的偏导数是

$$S_x = y - \frac{64}{x^2}$$

$$S_y = x - \frac{64}{y^2}$$

令 $S_x = 0$,$S_y = 0$,解得 $\begin{cases} x = 4 \\ y = 4 \end{cases}$,代入 $z = \dfrac{32}{xy}$,得 $z = 2$.

于是,点 $(4, 4, 2)$ 是函数 $S = xy + 2xz + 2yz$ 在区域 D 内的唯一驻点. 所以,当长、宽均为 4,高为 2 时,铁皮最省.

三、条件极值——拉格朗日乘数法

上面所讨论的极值问题,对于函数的自变量,除了限制在函数的定义域内,并无其他条件,通常称为无条件极值. 但在实际问题中,有时会遇到对于函数的自变量附加条件的极值问题,称为条件极值.

关于条件极值,可以按照例 4 的将消元法转化为无条件极值. 但是大部分情况下,这种转化比较复杂. 接下来,介绍拉格朗日乘数法.

目标函数 $z=f(x,y)$ 在约束条件 $\varphi(x,y)=0$ 下的极值，拉格朗日乘数法步骤如下：

（1）构造拉格朗日函数：将目标函数 $z=f(x,y)$ 与约束条件 $\varphi(x,y)$ 组合起来，得到的函数 $L(x,y,\lambda)=f(x,y)+\lambda\varphi(x,y)$ 称为拉格朗日函数.

（2）驻点：拉格朗日函数 $L(x,y,\lambda)$ 分别对自变量 x,y,λ 求一阶偏导数，且令它们为零，得到方程组为

$$\begin{cases} L_x=f_x(x,y)+\lambda\varphi_x(x,y)=0 \\ L_y=f_y(x,y)+\lambda\varphi_y(x,y)=0 \\ L_\lambda=\varphi(x,y)=0 \end{cases}$$

（3）判定极值：一般根据问题的实际意义，判定驻点是否是极值点.

例 5　求表面积为 $2a^2$ 而体积最大的长方体的体积.

解　设长方体的长、宽、高分别为 x,y,z，则问题化为目标函数 $V=xyz(x>0,y>0,z>0)$ 在约束条件 $(xy+yz+xz-a^2)=0$ 下的最大值. 构造拉格朗日函数 $L(x,y,z,\lambda)=xyz+\lambda(xy+yz+xz-a^2)$，对该式求偏导数，得方程组

$$\begin{cases} L_x(x,y,z,\lambda)=yz+\lambda(y+z)=0 \\ L_y(x,y,z,\lambda)=xz+\lambda(x+z)=0 \\ L_z(x,y,z,\lambda)=xy+\lambda(x+y)=0 \\ L_\lambda(x,y,z,\lambda)=xy+yz+xz-a^2=0 \end{cases}$$

解得 $x=y=z=\dfrac{\sqrt{3}}{3}a$. 由于该问题的最大值一定存在，因此最大值就在这点取得. 即表面积为 $2a^2$ 的长方体中，以棱长为 $\dfrac{\sqrt{3}}{3}a$ 的正方体体积最大，最大体积为 $V=\dfrac{\sqrt{3}}{9}a^3$.

习题 7.5

1. 求下列函数的极值.
  （1）$f(x,y)=x^3-4x^2+2xy-y^2$；　　（2）$f(x,y)=e^{xy}(x+y^2+2y)$.
2. 求函数 $f(x,y)=x^2+y^2$ 在条件 $2x+y=2$ 下的极值.
3. 求函数 $f(x,y)=x+2y$ 在条件 $x^2+y^2-5=0$ 下的极值.
4. 求函数 $f(x,y)=(x^2+y^2-2x)^2$ 在圆域 $x^2+y^2\leqslant 2x$ 上的最大值和最小值.
5. 设某企业的总成本函数为 $C(x,y)=5x^2+2xy+3y^2+800$，每年的产品限额为 $x+y=39$，求最小成本.

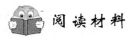 **阅读材料**

函数极值理论的起源与发展

极值问题起源于两个古希腊传说.

迦太基的建国者狄多女王有一次得到一张水牛皮，父亲许诺给她能用此圈住的土地作为她的嫁妆，于是她命人把水牛皮切成一根皮条，沿海岸圈了一个半圆，这就是所能圈出的最大面积. 这个传说的另一个版本是：自从地中海塞浦路斯岛主狄多女王的丈夫被她的

兄弟格玛利翁杀死后，女王逃到了非洲海岸，并从当地的一位酋长手中购买了一块土地，在那里建立了迦太基城．这块土地是这样划定的：一个人在一天内犁出的沟能圈起多大的面积，这个城就可以建多大．

　　法国物理学家奥缪拉于 18 世纪由蜂房的尺寸得到一个启示：蜂房的形状是不是为了使材料最节省而容积最大呢？（数学的提法应当是：同样大的容积，建筑用材最省；或同样多的建筑材料，造成最大的容器）．后来苏格兰数学家经过计算得出的结果竟然和蜂房的尺寸完全一样．此后多元函数极值问题先后被应用在生物学、物理学以及日常生活中．1971 年，哥伦比亚大学杜卡用电子计算机经过 47.5 小时的计算，将 $\sqrt{2}$ 至少展开到了小数点后 1 000 082 位，成为迄今为止最长的一个无理数方根．这种极端做法是为了要验证 $\sqrt{2}$ 的一个特殊性质 —— 正态性．在数学历史上许多极值问题的提出和解决极大地推动了数学的发展．

第八章　二重积分

本章为多元函数积分学，在一元函数积分学中，定积分是特殊和的极限，将该种特殊和的极限的概念推广到定义在平面或空间区域的多元函数，便得到重积分.

第一节　二重积分的概念与性质

一、二重积分的概念

1. 曲顶柱体的体积

设有一空间立体 Ω，它的底是 xOy 面上的有界区域 D，它的侧面是以 D 的边界曲线为准线，而母线平行于 z 轴的柱面，它的顶是曲面 $z = f(x, y)$，称这种立体为曲顶柱体. 与求曲边梯形的面积的方法类似，我们可以这样来求曲顶柱体的体积 V.

（1）用任意一组曲线网将区域 D 分成 n 个小区域 $\Delta\sigma_1, \Delta\sigma_2, \cdots, \Delta\sigma_n$，以这些小区域的边界曲线为准线，作母线平行于 z 轴的柱面，这些柱面将原来的曲顶柱体 Ω 划分成 n 个小曲顶柱体 $\Delta\Omega_1, \Delta\Omega_2, \cdots, \Delta\Omega_n$.（假设 $\Delta\sigma_i$ 所对应的小曲顶柱体为 $\Delta\Omega_i$，这里 $\Delta\sigma_i$ 既代表第 i 个小区域，又表示它的面积值，$\Delta\Omega_i$ 既代表第 i 个小曲顶柱体，又代表它的体积值.）从而

$$V = \sum_{i=1}^{n} \Delta\Omega_i,\ \text{如图 8.1 所示.}$$

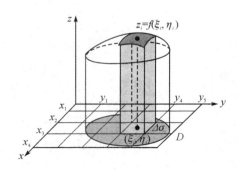

图 8.1　曲顶柱体图

（2）由于 $f(x, y)$ 连续，对于同一个小区域来说，函数值的变化不大. 因此，可以将小曲顶柱体近似地看作小平顶柱体，于是

$$\Delta\Omega_i \approx f(\xi_i, \eta_i)\Delta\sigma_i,\quad (\forall(\xi_i, \eta_i) \in \Delta\sigma_i)$$

（3）整个曲顶柱体的体积近似值为

$$V \approx \sum_{i=1}^{n} f(\xi_i, \eta_i) \Delta\sigma_i$$

（4）为得到 V 的精确值，只需让这 n 个小区域越来越小，即让每个小区域向某点收缩．为此，我们引入区域直径的概念：

闭区域的直径是指区域上任意两点距离的最大值．所谓让区域向一点收缩性地变小，意指让区域的直径趋向于零．设 n 个小区域直径中的最大者为 λ，则

$$V = \lim_{\lambda \to 0} \sum_{i=1}^{n} f(\xi_i, \eta_i) \Delta\sigma_i$$

2. 二重积分的定义

定义 设二元函数 $f(x, y)$ 在闭区域 D 上有界，将闭区域 D 分成 n 个小区域

$$\Delta\sigma_1, \Delta\sigma_2, \cdots, \Delta\sigma_n$$

其中，$\Delta\sigma_i$ 既表示第 i 个小区域，也表示它的面积，λ_i 表示它的直径．

$$\lambda = \max_{1 \leqslant i \leqslant n} \{\lambda_i\} \qquad \forall (\xi_i, \eta_i) \in \Delta\sigma_i$$

作乘积 $f(\xi_i, \eta_i)\Delta\sigma_i (i=1, 2, \cdots, n)$，作和式 $\sum_{i=1}^{n} f(\xi_i, \eta_i)\Delta\sigma_i$，若 $\lim_{\lambda \to 0} \sum_{i=1}^{n} f(\xi_i, \eta_i)\Delta\sigma_i$ 存在，则称此极限值为函数 $f(x, y)$ 在区域 D 上的二重积分，$f(x, y)$ 称为被积函数，$f(x, y)\mathrm{d}\sigma$ 称为被积表达式，$\mathrm{d}\sigma$ 称为面积元素，x, y 称为积分变量，D 称为积分区域．记作 $\iint\limits_{D} f(x, y)\mathrm{d}\sigma$．即

$$\iint\limits_{D} f(x, y)\mathrm{d}\sigma = \lim_{\lambda \to 0} \sum_{i=1}^{n} f(\xi_i, \eta_i)\Delta\sigma_i$$

小贴士 二重积分定义的说明：

（1）极限 $\lim_{\lambda \to 0} \sum_{i=1}^{n} f(\xi_i, \eta_i)\Delta\sigma_i$ 的存在与区域 D 的划分及点 (ξ_i, η_i) 的选取无关．

（2）$\iint\limits_{D} f(x, y)\mathrm{d}\sigma$ 中的面积元素 $\mathrm{d}\sigma$（见图 8.2）象征着积分和式中的 $\Delta\sigma_i$．由于二重积分的定义中对区域 D 的划分是任意的，若用一组平行于坐标轴的直线来划分区域 D，那么除了靠近边界曲线的一些小区域，绝大多数的小区域都是矩形，因此，可以将 $\mathrm{d}\sigma$ 记作

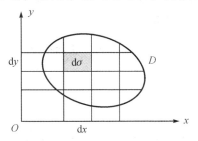

图 8.2 面积元素 $\mathrm{d}\sigma$ 图

$\mathrm{d}x\mathrm{d}y$(并称 $\mathrm{d}x\mathrm{d}y$ 为直角坐标系下的面积元素），二重积分也可表示为 $\iint\limits_D f(x,y)\ \mathrm{d}x\mathrm{d}y$.

（3）二重积分的存在定理.

若 $f(x,y)$ 在闭区域 D 上连续，则 $f(x,y)$ 在 D 上的二重积分存在．在后面的讨论中，假定在闭区域上的二重积分存在.

（4）若 $f(x,y)\geqslant 0$，二重积分表示以 $f(x,y)$ 为曲顶，以 D 为底的曲顶柱体的体积.

二、二重积分的性质

比较定积分与二重积分的概念，定积分与二重积分有相似的性质.

性质 1（线性性）　设 α,β 为常数，则

$$\iint\limits_D [\alpha f(x,y)+\beta g(x,y)]\mathrm{d}\sigma = \alpha\iint\limits_D f(x,y)\mathrm{d}\sigma + \beta\iint\limits_D g(x,y)\mathrm{d}\sigma$$

性质 2（区域可加性）　如果闭区域 D 分为两个不相交闭区域 D_1 与 D_2，则

$$\iint\limits_D f(x,y)\mathrm{d}\sigma = \iint\limits_{D_1} f(x,y)\mathrm{d}\sigma + \iint\limits_{D_2} f(x,y)\mathrm{d}\sigma$$

性质 3　若在闭区域 D 上 $f(x,y)=1$，σ 为区域 D 的面积，则

$$\sigma = \iint\limits_D 1\mathrm{d}\sigma = \iint\limits_D \mathrm{d}\sigma$$

该性质的几何意义是高为 1 的平顶柱体的体积在数值上等于柱体的底面积.

性质 4　若在闭区域 D 上，$f(x,y)\leqslant g(x,y)$，则有不等式

$$\iint\limits_D f(x,y)\mathrm{d}\sigma \leqslant \iint\limits_D g(x,y)\mathrm{d}\sigma$$

特别地，由于 $-|f(x,y)|\leqslant f(x,y)\leqslant |f(x,y)|$，有

$$\left|\iint\limits_D f(x,y)\right|\mathrm{d}\sigma \leqslant \iint\limits_D |f(x,y)|\mathrm{d}\sigma$$

性质 5（估值不等式）　设 M 与 m 分别是 $f(x,y)$ 在闭区域 D 上最大值和最小值，σ 是 M 的面积，则

$$m\sigma \leqslant \iint\limits_D f(x,y)\ \mathrm{d}\sigma \leqslant M\sigma$$

性质 6（二重积分的中值定理）　设函数 $f(x,y)$ 在闭区域 D 上连续，σ 是 D 的面积，则在 D 上至少存在一点 (ξ,η)，使得

$$\iint\limits_D f(x,y)\mathrm{d}\sigma = f(\xi,\eta)\sigma$$

习题 8.1

1．设有一平面薄片(不计其厚度)占有 xOy 面上的闭区域 D，在薄片上分布有面密度为 $\mu=\mu x(x,y)$ 的电荷，试用二重积分表达该板上的全部电荷 Q.

2. 已知二重积分 $\iint\limits_{D}\ln(x+y)\mathrm{d}x\mathrm{d}y$，其中积分区域 $D=\left\{(x,\ y)\ \middle|\ \dfrac{\mathrm{e}}{2}\leqslant x+y\leqslant 3\right\}$，判断该积分的符号.

3. 估计下列各二重积分的值.

(1) $\iint\limits_{D}xy(x+y)\mathrm{d}x\mathrm{d}y$，其中 D 是矩形闭区域 $0\leqslant x\leqslant 1$，$0\leqslant y\leqslant 1$；

(2) $\iint\limits_{D}\sin^2 x\sin^2 y\mathrm{d}x\mathrm{d}y$，其中 D 是矩形闭区域 $0\leqslant x\leqslant\pi$，$0\leqslant y\leqslant\pi$.

第二节　二重积分的计算

一、直角坐标系下的二重积分计算

如果积分区域 D 是由两条直线 $x=a$，$x=b$ 及两条连续曲线 $y=\varphi_1(x)$ 和 $y=\varphi_2(x)$ 所围成，该区域 D 用不等式表示为

$$\varphi_1(x)\leqslant y\leqslant\varphi_2(x),\quad a\leqslant x\leqslant b$$

该区域称为 X 型区域，如图 8.3 所示. X 型区域的特点是穿过 D 内部平行 y 轴的直线与 D 的边界相交不多于两点. 函数 $z=f(x,y)$ 在区域 D 上的二重积分可化为二次积分，即

$$\iint\limits_{D}f(x,\ y)\mathrm{d}x\mathrm{d}y=\int_a^b\mathrm{d}x\int_{\varphi_1(x)}^{\varphi_2(x)}f(x,\ y)\mathrm{d}y$$

类似地，如果积分区域 D 是由两条直线 $y=c$，$y=d$ 及两条连续曲线 $x=\varphi_1(y)$ 和 $x=\varphi_2(y)$ 所围成，该区域 D 用不等式表示为

$$\varphi_1(y)\leqslant x\leqslant\varphi_2(y),\quad c\leqslant y\leqslant d$$

该区域称为 Y 型区域，如图 8.4 所示. Y 型区域的特点是穿过 D 内部平行 x 轴的直线与 D 的边界相交不多于两点. 函数 $z=f(x,y)$ 在区域 D 上的二重积分可化为二次积分，即

$$\iint\limits_{D}f(x,\ y)\mathrm{d}x\mathrm{d}y=\int_c^d\mathrm{d}x\int_{\varphi_1(y)}^{\varphi_2(y)}f(x,\ y)\mathrm{d}y$$

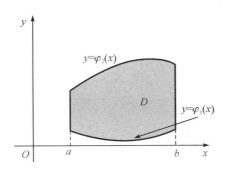
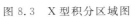
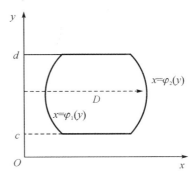

图 8.3　X 型积分区域图　　　　　　图 8.4　Y 型积分区域图

当积分区域既不是 X 型区域也不是 Y 型区域时，将其分割成 X 型与 Y 型小区域. 如图 8.5 所示，把 D 分成 D_1、D_2、D_3 部分，他们都是 X 型区域.

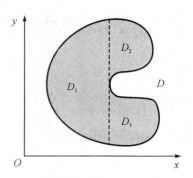

图 8.5　复合积分区域图

例 1　计算 $\iint\limits_{D} \dfrac{x^2}{y}\mathrm{d}x\mathrm{d}y$，其中区域 $D = [0,2] \times [2,4]$（见图 8.6）.

解　由于积分区域是正方形区域，则

$$\iint\limits_{D} \frac{x^2}{y}\mathrm{d}x\mathrm{d}y = \int_0^2 x^2\,\mathrm{d}x \int_2^4 \frac{1}{y}\mathrm{d}y = \frac{1}{3}x^3\Big|_0^2 \cdot \left(-\frac{1}{y^2}\right)\Big|_2^4 = \frac{1}{2}$$

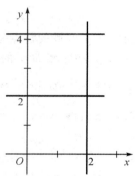

图 8.6　正方形区域图

例 2　计算 $\iint\limits_{D} xy\,\mathrm{d}x\mathrm{d}y$，其中 D 是由抛物线 $y = x^2$ 及直线 $y = x+2$ 所围的闭区域（见图8.7）.

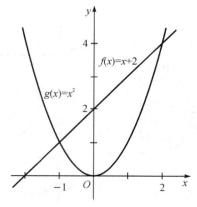

图 8.7　两曲线围成的区域图

解 方法 1 用 X 型，积分区域 $D=\{(x,y)\,|-1\leqslant x\leqslant 2,\ x^2\leqslant y\leqslant x+2\}$，则有

$$\iint\limits_{D}xy\,\mathrm{d}x\mathrm{d}y=\int_{-1}^{2}\mathrm{d}x\int_{x^2}^{x+2}xy\,\mathrm{d}y=\int_{-1}^{2}x\left(\frac{y^2}{2}\right)\Big|_{x^2}^{x+2}\mathrm{d}x$$

$$=\frac{1}{2}\int_{-1}^{2}x[(x+2)^2-x^4]\mathrm{d}x=\frac{45}{8}$$

方法 2 用 Y 型，积分区域 D 分成 D_1 和 D_2，其中

$$D_1=\{(x,y)\,|\,0\leqslant y\leqslant 1,\ -\sqrt{y}\leqslant x\leqslant\sqrt{y}\}$$

$$D_2=\{(x,y)\,|\,1\leqslant y\leqslant 4,\ y-2\leqslant x\leqslant\sqrt{y}\}$$

则有

$$\iint\limits_{D}xy\,\mathrm{d}x\mathrm{d}y=\iint\limits_{D_1}xy\,\mathrm{d}x\mathrm{d}y+\iint\limits_{D_2}xy\,\mathrm{d}x\mathrm{d}y=\int_{0}^{1}\mathrm{d}y\int_{-\sqrt{y}}^{\sqrt{y}}xy\,\mathrm{d}x+\int_{1}^{4}\mathrm{d}y\int_{y-2}^{\sqrt{y}}xy\,\mathrm{d}x=\frac{45}{8}$$

例 3 计算二重积分 $\iint\limits_{D}\mathrm{d}\sigma$，其中 D 是由直线 $y=2x$，$x=2y$ 及 $x+y=3$ 所围的三角形区域（见图 8.8）.

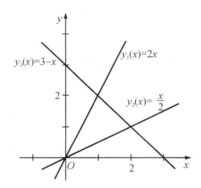

图 8.8 三直线围成的三角区域图

解 用 X 型，积分区域 D 分成 D_1 和 D_2，其中

$$D_1=\left\{(x,y)\,\Big|\,\frac{x}{2}\leqslant y\leqslant 2x,\ 0\leqslant x\leqslant 1\right\}$$

$$D_2=\left\{(x,y)\,\Big|\,\frac{x}{2}\leqslant y\leqslant 3-x,\ 1\leqslant x\leqslant 2\right\}$$

由积分区域的可加性得

$$\iint\limits_{D}\mathrm{d}x\mathrm{d}y=\iint\limits_{D_1}\mathrm{d}x\mathrm{d}y+\iint\limits_{D_2}\mathrm{d}x\mathrm{d}y=\int_{0}^{1}\mathrm{d}x\int_{\frac{x}{2}}^{2x}\mathrm{d}y+\int_{1}^{2}\mathrm{d}x\int_{\frac{x}{2}}^{3-x}\mathrm{d}y$$

$$=\int_{0}^{1}\left(2x-\frac{x}{2}\right)\mathrm{d}x+\int_{1}^{2}\left(3-x-\frac{x}{2}\right)\mathrm{d}x=\frac{3}{2}$$

二、极坐标系下的计算

前面介绍了二重积分在直角坐标系中的计算方法，但有些函数和积分区域在直角坐标系中计算二重积分非常复杂，甚至无法计算，而用极坐标计算简单，下面介绍二重积分在极坐标系中的二次积分.

根据二重积分的定义 $\iint\limits_{D} f(x, y)\mathrm{d}\sigma = \lim\limits_{\lambda \to 0}\sum\limits_{i=1}^{n} f(\xi_i, \eta_i)\Delta\sigma_i$，接下来讨论该和式极限在极坐标系中的形式. 假定从极点 O 出发穿过闭区域 D 内部的射线与 D 的边界线相交不多于两点. 以极点 O 为中心的一组同心圆构成的网将区域 D 分成 n 个小闭区域，根据扇形面积的计算，则小区域的面积(见图 8.9)

$$\begin{aligned}
\Delta\sigma_i &= \frac{1}{2}(r_i + \Delta r_i)^2 \cdot \Delta\theta_i - \frac{1}{2}r_i^2 \Delta\theta_i \\
&= \frac{1}{2}(2r_i + \Delta r_i)\Delta r_i \Delta\theta_i \\
&= \frac{r_i + (r_i + \Delta r_i)}{2}\Delta r_i \Delta\theta \\
&= \bar{r}_i \Delta r_i \Delta\theta_i
\end{aligned}$$

其中 $\bar{r}_i$ 表示相邻两圆弧的半径的平均值，在小闭区域内取圆周上的一点 $(\bar{r}_i, \overline{\theta_i})$，该点在直角坐标系记为 (ξ_i, η_i)，则由直角坐标系与极坐标系的关系有

$$\xi_i = \bar{r}_i \cos\overline{\theta_i}, \qquad \eta_i = \bar{r}_i \sin\overline{\theta_i}$$

于是，

$$\lim\limits_{\lambda \to 0}\sum\limits_{i=1}^{n} f(\xi_i, \eta_i)\Delta\sigma_i = \lim\limits_{\lambda \to 0}\sum\limits_{i=1}^{n} f(\bar{r}_i \cos\overline{\theta_i}, \bar{r}_i \sin\overline{\theta_i})\bar{r}_i \Delta r_i \Delta\theta_i$$

即

$$\iint\limits_{D} f(x, y)\ \mathrm{d}\sigma = \iint\limits_{D} f(r\cos\theta, r\sin\theta)\ r\mathrm{d}r\mathrm{d}\theta$$

其中，$\mathrm{d}\sigma = r\mathrm{d}r\mathrm{d}\theta$ 称为极坐标系下的面积元素. 由于在直角坐标系中 $\iint\limits_{D} f(x, y)\mathrm{d}\sigma$ 也常记作 $\iint\limits_{D} f(x, y)\mathrm{d}x\mathrm{d}y$，所以上式可写成

$$\iint\limits_{D} f(x, y)\mathrm{d}x\mathrm{d}y = \iint\limits_{D} f(r\cos\theta, r\sin\theta)r\mathrm{d}r\mathrm{d}\theta$$

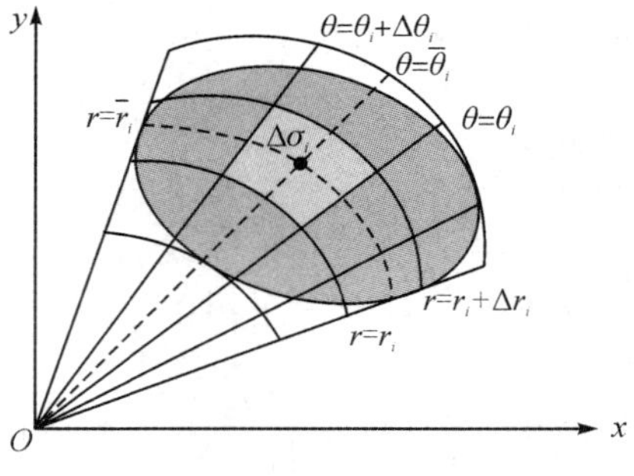

图 8.9　极坐标小区域面积图

例 4　计算二重积分 $\iint\limits_{D} \dfrac{1}{x^2 + y^2}\mathrm{d}\sigma$，其中 D 为圆环域 $1 \leqslant x^2 + y^2 \leqslant 2$.

解　$\iint\limits_{D} \dfrac{1}{x^2 + y^2}\mathrm{d}\sigma = \int_0^{2\pi} \mathrm{d}\theta \int_1^{\sqrt{2}} \dfrac{1}{r^2} r\mathrm{d}r = 2\pi \int_1^{\sqrt{2}} \dfrac{1}{r}\mathrm{d}r = \pi\ln 2.$

例 5　计算 $I=\iint\limits_{D}(x^2+y^2+1)\mathrm{d}x\mathrm{d}y$，其中 D 为 $x^2+y^2=a^2$ 所围的区域.

解　由积分域与被积函数的关系可知，用极坐标系较为简便.

由于 D：$0\leqslant r\leqslant a$，$0\leqslant\theta\leqslant2\pi$，于是

$$\iint\limits_{D}(x^2+y^2+1)\mathrm{d}x\mathrm{d}y=\iint\limits_{D}(r^2+1)r\mathrm{d}r\mathrm{d}\theta$$

$$=\frac{1}{2}\int_0^{2\pi}\mathrm{d}\theta\int_0^a(r^2+1)\mathrm{d}(r^2+1)$$

$$=\frac{1}{2}\cdot2\pi\frac{(r^2+1)^2}{2}\Big|_0^a$$

$$=\frac{(a^2+1)^2-1}{2}\pi$$

例 6　计算 $\iint\limits_{D}(x+y)\mathrm{d}x\mathrm{d}y$，其中 $D=\{(x,y)\,|\,x^2+y^2\leqslant x+y\}$（见图 8.10）.

解　令 $x=r\cos\theta$，$y=r\sin\theta$，积分区域 D：$0\leqslant r\leqslant\sin\theta+$

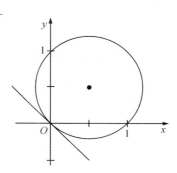

$\cos\theta$，$\dfrac{-\pi}{4}\leqslant\theta\leqslant\dfrac{3\pi}{4}$，于是

$$\iint\limits_{D}(x+y)\mathrm{d}x\mathrm{d}y=\iint\limits_{D}(r\cos\theta+r\sin\theta)r\mathrm{d}r\mathrm{d}\theta$$

$$=\int_{-\frac{\pi}{4}}^{\frac{3\pi}{4}}\mathrm{d}\theta\int_0^{\sin\theta+\cos\theta}r^2(\sin\theta+\cos\theta)\mathrm{d}r$$

$$=\frac{1}{3}\int_{-\frac{\pi}{4}}^{\frac{3\pi}{4}}(\sin\theta+\cos\theta)^4\mathrm{d}\theta$$

$$=\frac{4}{3}\int_{-\frac{\pi}{4}}^{\frac{3\pi}{4}}\sin^4\left(\theta+\frac{\pi}{4}\right)\mathrm{d}\theta$$

$$=\frac{\pi}{2}$$

图 8.10　圆形区域图

习题 8.2

1. 对积分 $\iint\limits_{D}f(x,y)\mathrm{d}x\mathrm{d}y$ 进行极坐标变换，并写出变换后不同顺序的累次积分.

(1) $D=\{(x,y)\,|\,a^2\leqslant x^2+y^2\leqslant b^2,\ y\geqslant0\}$；

(2) $D=\{(x,y)\,|\,x^2+y^2\leqslant y,\ x\geqslant0\}$.

2. 计算下列二重积分.

(1) $\iint\limits_{D}x\mathrm{e}^{xy}\mathrm{d}x\mathrm{d}y$，其中 D 是矩形闭区域 $0\leqslant x\leqslant1$，$0\leqslant y\leqslant1$；

(2) $\iint\limits_{D}(x^2+y^2)\mathrm{d}x\mathrm{d}y$，其中 D 是矩形闭区域 $|x|\leqslant1$，$|y|\leqslant1$；

(3) $\iint\limits_{D}(3x+2y)\mathrm{d}x\mathrm{d}y$，其中 D 是由两坐标轴及直线 $x+y=2$ 所围成的闭区域；

(4) $\iint\limits_{D} x\sqrt{y}\mathrm{d}x\mathrm{d}y$，其中 D 是由两条抛物线 $y=\sqrt{x}$，$y=x^2$ 所围成的闭区域；

(5) $\iint\limits_{D} xy^2\mathrm{d}x\mathrm{d}y$，其中 D 是由抛物线 $y^2=2px$ 与直线 $x=\dfrac{p}{2}(p>0)$ 所围成的闭区域.

3. 利用极坐标计算下列重积分.

(1) $\iint\limits_{D} \mathrm{e}^{x^2+y^2}\mathrm{d}x\mathrm{d}y$，其中 D 是由圆周 $x^2+y^2=4$ 所围成的闭区域；

(2) $\iint\limits_{D} \ln(1+x^2+y^2)\mathrm{d}x\mathrm{d}y$，其中 D 是由圆周 $x^2+y^2=4$ 与坐标轴所围成的在第一象限内的闭区域.

第三节　二重积分的应用

二重积分在几何学和物理学研究中有广泛的应用，下面介绍几类常见的二重积的应用.

一、曲顶柱体的体积

根据二重积分的几何意义，当 $f(x,y)\geqslant0$ 时，以 D 底、曲面 $f(x,y)$ 为曲顶的曲顶柱体的体积 $V=\iint\limits_{D}f(x,y)\mathrm{d}\sigma$，当 $f(x,y)\leqslant0$ 时，以 D 底、曲面 $f(x,y)$ 为曲顶的曲顶柱体的体积 $V=-\iint\limits_{D}f(x,y)\mathrm{d}\sigma$.

例 1　求由平面 $x=0$，$x=1$，$y=1$ 和 $y=2$ 所围成的柱体被平面 $z=6-3x-2y$ 和 $z=0$ 截得的立体的体积 V.

解　所围成的立体在 xOy 上的投影，如图 8.11 所示，则所求的体积为

$$V=\iint\limits_{D}(6-3x-2y)\mathrm{d}x\mathrm{d}y$$
$$=\int_0^1\mathrm{d}x\int_1^2(6-3x-2y)\mathrm{d}y$$
$$=\int_0^1(3-3x)\mathrm{d}x$$
$$=\frac{3}{2}$$

例 2　求两个底圆半径都为 R 的直交圆柱面所围成的立体的体积 V(见图 8.12).

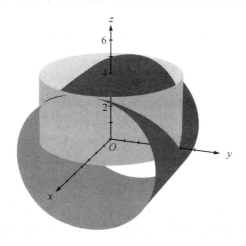

图 8.12　两圆柱体相交投影 xOy 面的积分区域图

解　设两个圆柱面的方程分别为

$$x^2 + y^2 = R^2, \quad x^2 + z^2 = R^2$$

利用立体关于坐标平面的对称性,只要计算第一卦限部分体积 V_1,然后再乘以 8 即可.所求立体在第一卦限部分可以看成是一个曲顶柱体,它的底为

$$D = \{(x, y) \mid 0 \leqslant y \leqslant \sqrt{R^2 - x^2}, \ 0 \leqslant x \leqslant R\}$$

它的顶是柱面 $z = \sqrt{R^2 - x^2}$.于是

$$V = 8V_1 = 8\iint_D \sqrt{R^2 - x^2}\,\mathrm{d}x\mathrm{d}y = 8\int_0^R \mathrm{d}x \int_0^{\sqrt{R^2 - x^2}} \sqrt{R^2 - x^2}\,\mathrm{d}y = \frac{16}{3}R^3$$

小贴士　二重积分计算曲顶的体积,关键是确定立体的曲顶方程,即被积函数,及其立体的底,即积分区域.

二、曲面的面积

设空间曲面 Σ 的方程为 $z = f(x, y)$,在 xOy 平面上的投影为 D,$z = f(x, y)$ 在 D 上具有连续的偏导数,则曲面 Σ 的面积为

$$S = \iint_D \sqrt{1 + f_x^2 + f_y^2}\,\mathrm{d}x\mathrm{d}y$$

例 3　求半径为 R 的球面面积 S.

解　取球心为坐标原点,则该球面方程为 $x^2 + y^2 + z^2 = R^2$,由立体关于坐标平面的对称性知,该球面的面积是在第一卦限部分面积的 8 倍.所求球体在第一卦限内球面方程为 $z = \sqrt{R^2 - x^2 - y^2}$,则

$$z_x = \frac{-x}{\sqrt{R^2 - x^2 - y^2}}, \quad z_y = \frac{-y}{\sqrt{R^2 - x^2 - y^2}}$$

另外，在第一卦限内球面的投影区域 $D=\left\{(r,\theta)\,|\,0\leqslant r\leqslant R,\ 0\leqslant\theta\leqslant\dfrac{\pi}{2}\right\}$，于是

$$
\begin{aligned}
S &= 8\iint_D \sqrt{1+f_x^2+f_y^2}\,\mathrm{d}x\mathrm{d}y \\
&= 8\iint_D \frac{R}{\sqrt{R^2-x^2-y^2}}\,\mathrm{d}x\mathrm{d}y \\
&= 8\int_0^{\frac{\pi}{2}}\mathrm{d}\theta\int_0^R \frac{R}{\sqrt{R^2-r^2}}r\,\mathrm{d}r \\
&= 4\pi R^2
\end{aligned}
$$

三、平面薄片的重心

现有一平面薄片，在直角坐标 xOy 平面上的一个区域 D，该薄片在点(x,y)处的面密度为 $\rho(x,y)$，求该薄片的重心的坐标. 由物理学可知，平面薄片的重心是$(\bar{x},\bar{y})$，重心横坐标 $\bar{x}=\dfrac{m_y}{m}$，重心纵坐标 $\bar{y}=\dfrac{m_x}{m}$，其中 m 为薄片的质量，m_x，m_y 分别为薄片关于 y 轴、x 轴的静力矩. 由二重积分的概念可以计算出该薄片的重心坐标$(\bar{x},\bar{y})$为

$$
\bar{x}=\frac{m_y}{m}=\frac{\displaystyle\iint_D x\rho(x,y)\mathrm{d}\sigma}{\displaystyle\iint_D \rho(x,y)\mathrm{d}\sigma},\qquad
\bar{y}=\frac{m_x}{m}=\frac{\displaystyle\iint_D y\rho(x,y)\mathrm{d}\sigma}{\displaystyle\iint_D \rho(x,y)\mathrm{d}\sigma}
$$

当平面薄片 D 的密度均匀时，即 $\rho(x,y)$是常数时，则有

$$
\bar{x}=\frac{1}{\sigma}\iint_D x\,\mathrm{d}\sigma,\qquad
\bar{y}=\frac{1}{\sigma}\iint_D y\,\mathrm{d}\sigma
$$

其中 σ 为平面薄片 D 的面积.

例 4　求位于圆 $r=2\sin\theta$ 和圆 $r=4\sin\theta$ 之间的均匀薄片的重心.

解　由于所围成的区域 D 关于 y 轴对称，所以重心 C $(\bar{x},\bar{y})$必定位于 y 轴上，如图 8.13 所示，即 $\bar{x}=0$，则有薄片的面积 $\sigma=4\pi-\pi=3\pi$，另外，所围成的积分区域是 $D=\{(r,\theta)\,|\,2\sin\theta\leqslant r\leqslant 4\sin\theta,\ 0\leqslant\theta\leqslant\pi\}$，于是

$$
\begin{aligned}
\bar{y} &= \frac{1}{\sigma}\iint_D y\,\mathrm{d}\sigma = \frac{1}{3\pi}\iint_D y\,\mathrm{d}\sigma \\
&= \frac{1}{3\pi}\iint_D r^2\sin\theta\,\mathrm{d}r\mathrm{d}\theta \\
&= \frac{1}{3\pi}\int_0^{\pi}\mathrm{d}\theta\int_{2\sin\theta}^{4\sin\theta}r^2\sin\theta\,\mathrm{d}r \\
&= \frac{56}{9\pi}\int_0^{\pi}\sin^4\theta\,\mathrm{d}\theta \\
&= \frac{7}{3}
\end{aligned}
$$

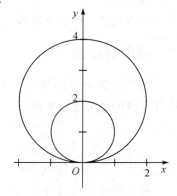

图 8.13　两圆相切的积分区域图

习题 8.3

1. 求下列曲面所围成的立体的体积.

(1) $x=0$，$y=0$，$x=2$，$y=3$，$z=0$，$x+y+z=4$；

(2) $z=\dfrac{1}{4}(x^2+y^2)$，$x^2+y^2=8x$，$z=0$.

2. 求曲面 $z=4-x^2-y^2$ 与平面 $z=0$ 所围成的立体的体积.

3. 求圆锥 $z=\sqrt{x^2+y^2}$ 在圆柱体 $x^2+y^2\leqslant x$ 内的那一部分的面积.

4. 求圆锥 $z=\sqrt{x^2+y^2}$ 被柱体 $z^2=2x$ 所截部分的曲面面积.

5. 设有一等腰直角三角形薄片，腰长为 a，各点处的密度等于该点到直角点的距离的平方，求该薄片的重心.

 阅读材料

欧拉与微积分

欧拉(Euler，1707 年—1783 年)，瑞士数学家、物理学家，1707 年 4 月 15 日出生于瑞士的巴塞尔，1783 年 9 月 18 日于俄国的彼得堡去逝.自幼聪慧，在约翰·伯努利教授的保荐下，13 岁(1720 年)进入巴塞尔大学，17 岁就成为巴塞尔大学有史以来最年轻的硕士，18 岁开始发表论文，19 岁发表的论文获得巴黎科学院奖.

欧拉对微积分的发展所做的划时代贡献值得大书特书.自从牛顿和莱布尼兹创立微积分之后，很快出现了许多毫无联系的数学成果有待整理.欧拉通过他的著作《无穷分析引论》(1748 年)、《微分学原理》(1755 年)、《积分学原理》(1774 年)，把前人的发现加以总结定型并注入了自己的见解.他的《无穷分析引论》是他的划时代的代表作，是世界上第一部最系统的分析引论，也是第一部沟通微积分与初等数学的分析学著作.

欧拉为微积分发展做出的贡献主要在于：用形式化方法把微积分从几何中解放出来，使其建立在算术化与代数的基础之上.

欧拉关于微积分方面的论述构成了 18 世纪微积分的主要内容.他澄清了函数的概念及对各种新函数的认识，对全体初等函数连同它们的微分、积分进行了系统的研究和分类，标志着微积分从几何学的束缚中彻底解放，从此成为一种形式化的函数理论；给出了多元函数的定义及偏导数的运算性质，研究了二阶混合偏导数相等、用累次积分计算二重积分等问题，初步建立起多元函数的微积分理论；考察了微积分的严密性，使微积分脱离几何而建立在代数的基础上；还有无穷级数的专门研究等.正如贝努利所言，是欧拉将微积分"带大成人".

纵观欧拉一生的研究历程，我们会发现，他虽然没有像笛卡尔、牛顿那样为数学开辟撼人心灵的新分支，但没有一个人像他那样多产，像他那样巧妙地把握数学；也没有人能收集和利用代数、几何、分析的手段去产生那么多令人钦佩的结果.

第九章　常微分方程

本章重点介绍常微分方程的概念及求解方法，以及结合实际问题建立数学模型的一般思想方法.

第一节　微分方程的基本概念

函数是客观事物的内部联系在数量方面的反映，利用函数关系又可以对客观事物的规律性进行研究. 因此如何寻找出所需要的函数关系，在实践中具有重要意义. 在许多问题中，往往不能直接找出所需要的函数关系，但是根据问题所提供的情况，有时可以列出含有要找的函数及其导数的关系式. 这样的关系式就是所谓的微分方程. 微分方程建立以后，对它进行研究，找出未知函数来，这就是解微分方程.

例 1　一曲线通过点 $(1,2)$，且在该曲线上任一点 $M(x,y)$ 处的切线的斜率为 $2x$，求该曲线的方程.

解　设所求曲线的方程为 $y=y(x)$. 根据导数的几何意义，可知未知函数 $y=y(x)$ 应满足关系式（称为微分方程）

$$\frac{\mathrm{d}y}{\mathrm{d}x}=2x$$

此外，未知函数 $y=y(x)$ 还应满足条件：$x=1$ 时，$y=2$，简记为 $y|_{x=1}=2$.

对 $\dfrac{\mathrm{d}y}{\mathrm{d}x}=2x$ 两端积分，得（称为微分方程的通解）

$$y=\int 2x\,\mathrm{d}x$$

即 $y=x^2+C$. 其中，C 是任意常数.

把条件"$x=1$ 时，$y=2$"代入上式，得

$$2=1^2+C$$

由此定出 $C=1$. 把 $C=1$ 代入 $y=x^2+c$，得所求曲线方程（称为微分方程满足条件 $y|_{x=1}=2$ 的解）：

$$y=x^2+1$$

例 2　列车在平直线路上以 $20\ \mathrm{m/s}$（相当于 $72\ \mathrm{km/h}$）的速度行驶；当制动时列车获得加速度 $-0.4\ \mathrm{m/s^2}$. 问开始制动后多少时间列车才能停住，以及列车在这段时间里行驶了多少路程？

解　设列车在开始制动后 t s 时行驶了 s 米. 根据题意，反映制动阶段列车运动规律的函数 $s=s(t)$ 应满足关系式

$$\frac{\mathrm{d}^2 s}{\mathrm{d}t^2} = -0.4$$

此外，未知函数 $s = s(t)$ 还应满足条件：$t = 0$ 时，$s = 0$，$v = \dfrac{\mathrm{d}s}{\mathrm{d}t} = 20$. 简记为 $s\big|_{t=0} = 0$，$s'\big|_{t=0} = 20$.

对 $\dfrac{\mathrm{d}^2 s}{\mathrm{d}t^2} = -0.4$ 两端积分一次，得

$$v = \frac{\mathrm{d}s}{\mathrm{d}t} = -0.4t + C_1$$

再积分一次，得

$$s = -0.2t^2 + C_1 t + C_2$$

这里 C_1，C_2 都是任意常数.

把条件 $v\big|_{t=0} = 20$ 代入 $v = -0.4t + C_1$ 得 $C_1 = 20$；

把条件 $s\big|_{t=0} = 0$ 代入 $s = -0.2t^2 + C_1 t + C_2$ 得 $C_2 = 0$.

把 C_1，C_2 的值代入

$$v = -0.4t + C_1$$
$$s = -0.2t^2 + C_1 t + C_2$$

得

$$v = -0.4t + 20$$
$$s = -0.2t^2 + 20t$$

令 $v = 0$，得到列车从开始制动到完全停住所需的时间

$$t = \frac{20}{0.4} = 50(\mathrm{s})$$

再把 $t = 50$ 代入 $s = -0.2t^2 + 20t$，得到列车在制动阶段行驶的路程

$$s = -0.2 \times 50^2 + 20 \times 50 = 500(\mathrm{m}).$$

小贴士 几个概念：

微分方程：表示未知函数、未知函数的导数与自变量之间的关系的方程.

常微分方程：未知函数是一元函数的微分方程，即自变量只有一个.

偏微分方程：未知函数是多元函数的微分方程，即自变量有多个.

微分方程的阶：微分方程中出现函数的最高阶导数的阶数.

$$x^3 y''' + x^2 y'' - 4xy' = 3x^2, \ 3 \text{ 阶}$$
$$y^{(4)} - 4y''' + 10y'' - 12y' + 5y = \sin 2x, \ 4 \text{ 阶}$$
$$y^{(n)} + 1 = 0, \ n \text{ 阶}$$

一般 n 阶微分方程：

$$F(x, y, y', \cdots, y^{(n)}) = 0$$
$$y^{(n)} = f(x, y, y', \cdots, y^{(n-1)})$$

微分方程的解：满足微分方程的函数（把函数代入微分方程能使该方程成为恒等式）.

确切地说，设函数 $y = \varphi(x)$ 在区间 I 上有 n 阶连续导数，如果在区间 I 上

$$F[x, \varphi(x), \varphi'(x), \cdots, \varphi^{(n)}(x)] = 0$$

那么函数 $y = \varphi(x)$ 就叫作微分方程 $F(x, y, y', \cdots, y^{(n)}) = 0$ 在区间 I 上的解.

通解：如果微分方程的解中含有任意常数，且任意常数的个数与微分方程的阶数相同，这样的解叫作微分方程的通解.

初始条件：用于确定通解中任意常数的条件，称为初始条件. 如

$$x = x_0 \text{ 时}, y = y_0, y' = y'_0$$

一般写成

$$y|_{x=x_0} = y_0, y'|_{x=x_0} = y'_0$$

特解：确定了通解中的任意常数以后，就得到微分方程的特解，即不含任意常数的解.

初值问题：求微分方程满足初始条件的解的问题称为初值问题.

如求微分方程 $y' = f(x, y)$ 满足初始条件 $y|_{x=x_0} = y_0$ 的解的问题，记为

$$\begin{cases} y' = f(x, y) \\ y|_{x=x_0} = y_0 \end{cases}$$

积分曲线：微分方程的解的图像是一条曲线，叫作微分方程的积分曲线.

例 3　验证函数 $x = C_1 \cos kt + C_2 \sin kt$ 是微分方程 $\dfrac{d^2 x}{dt^2} + k^2 x = 0$ 的解.

解　求所给函数的导数

$$\frac{dx}{dt} = -kC_1 \sin kt + kC_2 \cos kt$$

$$\frac{d^2 x}{dt^2} = -k^2 C_1 \cos kt - k^2 C_2 \sin kt = -k^2 (C_1 \cos kt + C_2 \sin kt)$$

将 $\dfrac{d^2 x}{dt^2}$ 及 x 的表达式代入所给方程，得

$$-k^2 (C_1 \cos kt + C_2 \sin kt) + k^2 (C_1 \cos kt + C_2 \sin kt) = 0$$

这表明函数 $x = C_1 \cos kt + C_2 \sin kt$ 满足方程 $\dfrac{d^2 x}{dt^2} + k^2 x = 0$，因此所给函数是所给方程的解.

例 4　已知函数 $x = C_1 \cos kt + C_2 \sin kt (k \neq 0)$ 是微分方程 $\dfrac{d^2 x}{dt^2} + k^2 x = 0$ 的通解，求满足初始条件 $x|_{t=0} = A$，$x'|_{t=0} = 0$ 的特解.

解　由条件 $x|_{t=0} = A$ 及 $x = C_1 \cos kt + C_2 \sin kt$，得 $C_1 = A$.

再由条件 $x'|_{t=0} = 0$，及 $x'(t) = -kC_1 \sin kt + kC_2 \cos kt$，得 $C_2 = 0$.

把 C_1、C_2 的值代入 $x = C_1 \cos kt + C_2 \sin kt$ 中，得 $x = A \cos kt$.

习题 9.1

1. 指出下列微分方程的阶数，并说明是否为线性方程.

(1) $x(y')^2 - 2yy' + x = 0$;　　　(2) $y'' + y' - 10y = 3x^2$;

(3) $y^{(5)} + \cos y + 4x = 0$;　　　(4) $y^{(5)} - 5x^2 y' = 0$.

2. 验证下列各题中的函数是否为所给微分方程的解.

(1) $xy' = 2y$，$y = 5x^2 - 1$；　　(2) $y'' + 4y = 0$，$y = \cos 2x - 3\sin 2x$；

(3) $y' + y = 2\mathrm{e}^{-x}$，$y = 2x\mathrm{e}^{-x}$；　(4) $y'' - 5y' + 6y = 0$，$y = 3\mathrm{e}^{2x} + 2\mathrm{e}^{3x}$.

3. 求微分方程 $\dfrac{\mathrm{d}y}{\mathrm{d}x} = 2xy$ 满足初始条件：$x = 0$，$y = 1$ 的特解.

第二节　　可分离变量的微分方程

先进行观察与分析：

(1) 求微分方程 $y' = 2x$ 的通解. 为此给方程两边积分，得

$$y = x^2 + C$$

一般地，方程 $y' = f(x)$ 的通解为 $y = \displaystyle\int f(x)\mathrm{d}x + C$（此处积分后不再加任意常数）.

(2) 求微分方程 $y' = 2xy^2$ 的通解.

因为 y 是未知的，所以积分 $\displaystyle\int 2xy^2 \mathrm{d}x$ 无法进行，方程两边直接积分不能求出通解.

为求通解可将方程变为 $\dfrac{1}{y^2}\mathrm{d}y = 2x\mathrm{d}x$，两边积分，得

$$-\frac{1}{y} = x^2 + C，\text{或 } y = -\frac{1}{x^2 + C}$$

可以验证函数 $y = -\dfrac{1}{x^2 + C}$ 是原方程的通解.

一般地，如果一阶微分方程 $y' = \varphi(x, y)$ 能写成 $g(y)\mathrm{d}y = f(x)\mathrm{d}x$ 形式，则两边积分可得一个不含未知函数的导数的方程 $G(y) = F(x) + C$，由该方程所确定的隐函数就是原方程的通解.

一、变量可分离方程

如果一个一阶微分方程能写成 $g(y)\mathrm{d}y = f(x)\mathrm{d}x$（或写成 $y' = \varphi(x)\psi(y)$）的形式，就是说，能把微分方程写成一端只含 y 的函数和 $\mathrm{d}y$，另一端只含 x 的函数和 $\mathrm{d}x$，那么原方程就称为可分离变量的微分方程.

例 1　下列方程中哪些是可分离变量的微分方程？

解　(1) $y' = 2xy$，　　　　　　　是 $\Rightarrow y^{-1}\mathrm{d}y = 2x\mathrm{d}x$.

(2) $3x^2 + 5x - y' = 0$，　　　　是 $\Rightarrow \mathrm{d}y = (3x^2 + 5x)\mathrm{d}x$.

(3) $(x^2 + y^2)\mathrm{d}x - xy\mathrm{d}y = 0$，　不是.

(4) $y' = 1 + x + y^2 + xy^2$，　　是 $\Rightarrow y' = (1 + x)(1 + y^2)$.

(5) $y' = 10^{x+y}$，　　　　　　　是 $\Rightarrow 10^{-y}\mathrm{d}y = 10^x \mathrm{d}x$.

(6) $y' = \dfrac{x}{y} + \dfrac{y}{x}$.　　　　　　不是.

二、可分离变量的微分方程的解法

第一步：分离变量，将方程写成 $g(y)\mathrm{d}y = f(x)\mathrm{d}x$ 的形式；

第二步：两端积分，$\int g(y)\mathrm{d}y = \int f(x)\mathrm{d}x$，设积分后得 $G(y) = F(x) + C$；

第三步：求出由 $G(y) = F(x) + C$ 所确定的隐函数 $y = \Phi(x)$ 或 $x = \Psi(y)$.

$G(y) = F(x) + C$，$y = \Phi(x)$ 或 $x = \Psi(y)$ 都是方程的通解，其中 $G(y) = F(x) + C$ 称为隐式（通）解.

例 2　求微分方程 $\dfrac{\mathrm{d}y}{\mathrm{d}x} = 2xy$ 的通解.

解　此方程为可分离变量方程，分离变量后得

$$\frac{1}{y}\mathrm{d}y = 2x\mathrm{d}x$$

两边积分得

$$\int \frac{1}{y}\mathrm{d}y = \int 2x\mathrm{d}x$$

即

$$\ln|y| = x^2 + C_1$$

从而

$$y = \pm\, \mathrm{e}^{x^2 + C_1} = \pm\, \mathrm{e}^{C_1}\mathrm{e}^{x^2}$$

因为 $\pm\,\mathrm{e}^{C_1}$ 仍是任意常数，把它记作 C，便得所给方程的通解

$$y = C\mathrm{e}^{x^2}$$

另解　此方程为可分离变量方程，分离变量后得

$$\frac{1}{y}\mathrm{d}y = 2x\mathrm{d}x$$

两边积分得

$$\int \frac{1}{y}\mathrm{d}y = \int 2x\mathrm{d}x$$

即

$$\ln|y| = x^2 + \ln C$$

从而

$$y = C\mathrm{e}^{x^2}$$

例 3　铀的衰变速度与当时未衰变的原子的含量 M 成正比. 已知 $t = 0$ 时铀的含量为 M_0，求在衰变过程中铀含量 $M(t)$ 随时间 t 变化的规律.

解　铀的衰变速度就是 $M(t)$ 对时间 t 的导数 $\dfrac{\mathrm{d}M}{\mathrm{d}t}$.

由于铀的衰变速度与其含量成正比，故得微分方程

$$\frac{\mathrm{d}M}{\mathrm{d}t} = -\lambda M$$

其中 $\lambda(\lambda > 0)$ 是常数，λ 前的负号表示当 t 增加时 M 单调减少，即 $\dfrac{\mathrm{d}M}{\mathrm{d}t} < 0$.

由题意，初始条件为

$$M\big|_{t=0} = M_0$$

将方程分离变量得

$$\frac{\mathrm{d}M}{M} = -\lambda \mathrm{d}t$$

两边积分，得

$$\int \frac{\mathrm{d}M}{M} = \int (-\lambda)\mathrm{d}t$$

即

$$\ln M = -\lambda t + \ln C, \qquad M = C\mathrm{e}^{-\lambda t}$$

由初始条件，得

$$M_0 = C\mathrm{e}^0 = C$$

所以铀含量 $M(t)$ 随时间 t 变化的规律 $M = M_0 \mathrm{e}^{-\lambda t}$.

例 4　设降落伞从跳伞塔下落时，所受空气阻力与速度成正比，并设降落伞离开跳伞塔时速度为零. 求降落伞下落速度与时间的函数关系.

解　设降落伞下落速度为 $v(t)$. 降落伞所受外力为 $F = mg - kv$（k 为比例系数）. 根据牛顿第二运动定律 $F = ma$，得函数 $v(t)$ 应满足的方程为

$$m\frac{\mathrm{d}v}{\mathrm{d}t} = mg - kv$$

初始条件为

$$v\,|_{t=0} = 0$$

方程分离变量，得

$$\frac{\mathrm{d}v}{mg - kv} = \frac{\mathrm{d}t}{m}$$

两边积分，得

$$\int \frac{\mathrm{d}v}{mg - kv} = \int \frac{\mathrm{d}t}{m}$$

$$-\frac{1}{k}\ln(mg - kv) = \frac{t}{m} + C_1$$

即

$$v = \frac{mg}{k} + C\mathrm{e}^{-\frac{k}{m}t} \quad \left(C = -\frac{\mathrm{e}^{-kC_1}}{k}\right)$$

将初始条件 $v\,|_{t=0} = 0$ 代入通解得 $C = -\dfrac{mg}{k}$，于是降落伞下落速度与时间的函数关系为

$$v = \frac{mg}{k}(1 - \mathrm{e}^{-\frac{k}{m}t})$$

三、齐次方程

如果一阶微分方程 $\dfrac{\mathrm{d}y}{\mathrm{d}x} = f(x, y)$ 中的函数 $f(x, y)$ 可写成 $\dfrac{y}{x}$ 的函数，即 $f(x, y) = \varphi\left(\dfrac{y}{x}\right)$，则称此方程为齐次方程.

例 5　下列方程哪些是齐次方程?

解　(1) $xy' - y - \sqrt{y^2 - x^2} = 0$ 是齐次方程 $\Rightarrow \dfrac{\mathrm{d}y}{\mathrm{d}x} = \dfrac{y + \sqrt{y^2 - x^2}}{x}$

$$\Rightarrow \frac{\mathrm{d}y}{\mathrm{d}x} = \frac{y}{x} + \sqrt{\left(\frac{y}{x}\right)^2 - 1}.$$

(2) $\sqrt{1 - x^2}\, y' = \sqrt{1 - y^2}$ 不是齐次方程 $\Rightarrow \dfrac{\mathrm{d}y}{\mathrm{d}x} = \sqrt{\dfrac{1 - y^2}{1 - x^2}}.$

(3) $(x^2 + y^2)\mathrm{d}x - xy\,\mathrm{d}y = 0$ 是齐次方程 $\Rightarrow \dfrac{\mathrm{d}y}{\mathrm{d}x} = \dfrac{x^2 + y^2}{xy} \Rightarrow \dfrac{\mathrm{d}y}{\mathrm{d}x} = \dfrac{x}{y} + \dfrac{y}{x}.$

(4) $(2x + y - 4)\mathrm{d}x + (x + y - 1)\mathrm{d}y = 0$ 不是齐次方程 $\Rightarrow \dfrac{\mathrm{d}y}{\mathrm{d}x} = -\dfrac{2x + y - 4}{x + y - 1}.$

(5) $\left(2x\mathrm{sh}\dfrac{y}{x} + 3y\mathrm{ch}\dfrac{y}{x}\right)\mathrm{d}x - 3x\mathrm{ch}\dfrac{y}{x}\mathrm{d}y = 0$ 是齐次方程 $\Rightarrow \dfrac{\mathrm{d}y}{\mathrm{d}x} = \dfrac{2x\mathrm{sh}\dfrac{y}{x} + 3y\mathrm{ch}\dfrac{y}{x}}{3x\mathrm{ch}\dfrac{y}{x}}$

$$\Rightarrow \frac{\mathrm{d}y}{\mathrm{d}x} = \frac{2}{3}\mathrm{th}\frac{y}{x} + \frac{y}{x}$$

四、齐次方程的解法

在齐次方程 $\dfrac{\mathrm{d}y}{\mathrm{d}x} = \varphi\left(\dfrac{y}{x}\right)$ 中, 令 $u = \dfrac{y}{x}$, 即 $y = ux$, 有

$$u + x\frac{\mathrm{d}u}{\mathrm{d}x} = \varphi(u)$$

分离变量, 得

$$\frac{\mathrm{d}u}{\varphi(u) - u} = \frac{\mathrm{d}x}{x}$$

两端积分, 得

$$\int \frac{\mathrm{d}u}{\varphi(u) - u} = \int \frac{\mathrm{d}x}{x}$$

求出积分后, 再用 $\dfrac{y}{x}$ 代替 u, 便得所给齐次方程的通解.

例 6　解方程 $y^2 + x^2\dfrac{\mathrm{d}y}{\mathrm{d}x} = xy\dfrac{\mathrm{d}y}{\mathrm{d}x}.$

解　原方程可写成

$$\frac{\mathrm{d}y}{\mathrm{d}x} = \frac{y^2}{xy - x^2} = \frac{\left(\dfrac{y}{x}\right)^2}{\dfrac{y}{x} - 1}$$

因此, 原方程是齐次方程. 令 $\dfrac{y}{x} = u$, 则

$$y = ux, \quad \frac{\mathrm{d}y}{\mathrm{d}x} = u + x\frac{\mathrm{d}u}{\mathrm{d}x}$$

于是原方程变为

$$u + x \frac{\mathrm{d}u}{\mathrm{d}x} = \frac{u^2}{u-1}$$

即

$$x \frac{\mathrm{d}u}{\mathrm{d}x} = \frac{u}{u-1}$$

分离变量，得

$$\left(1 - \frac{1}{u}\right)\mathrm{d}u = \frac{\mathrm{d}x}{x}$$

两边积分，得 $u - \ln \mid u \mid + C = \ln \mid x \mid$，或写成 $\ln \mid xu \mid = u + C$.

以 $\frac{y}{x}$ 代上式中的 u，便得所给方程的通解

$$\ln \mid y \mid = \frac{y}{x} + C$$

例 7　有旋转曲面形状的凹镜，假设由旋转轴上一点 O 发出的一切光线经此凹镜反射后都与旋转轴平行. 求该旋转曲面的方程.

解　设此凹镜是由 xOy 面上曲线 $L : y = y(x)(y > 0)$ 绕 x 轴旋转而成，光源在原点. 在 L 上任取一点 $M(x, y)$，作 L 的切线交 x 轴于点 A. 点 O 发出的光线经点 M 反射后是一条平行于 x 轴的射线. 由光学及几何原理可以证明 $OA = OM$.

因为 $OA = AP - OP = PM\cot\alpha - OP = \frac{y}{y'} - x$，而 $OM = \sqrt{x^2 + y^2}$. 于是得微分方程

$$\frac{y}{y'} - x = \sqrt{x^2 + y^2}$$

整理得 $\frac{\mathrm{d}x}{\mathrm{d}y} = \frac{x}{y} + \sqrt{\left(\frac{x}{y}\right)^2 + 1}$，这是齐次方程.

问题归结为解齐次方程 $\frac{\mathrm{d}x}{\mathrm{d}y} = \frac{x}{y} + \sqrt{\left(\frac{x}{y}\right)^2 + 1}$.

令 $\frac{x}{y} = v$，即 $x = yv$，得 $v + y \frac{\mathrm{d}v}{\mathrm{d}y} = v + \sqrt{v^2 + 1}$，即

$$y \frac{\mathrm{d}v}{\mathrm{d}y} = \sqrt{v^2 + 1}$$

分离变量，得

$$\frac{\mathrm{d}v}{\sqrt{v^2 + 1}} = \frac{\mathrm{d}y}{y}$$

两边积分，得

$$\ln(v + \sqrt{v^2 + 1}) = \ln y - \ln C \Rightarrow v + \sqrt{v^2 + 1} = \frac{y}{C}$$

$$\Rightarrow \left(\frac{y}{C} - v\right)^2 = v^2 + 1$$

$$\frac{y^2}{C^2} - \frac{2yv}{C} = 1$$

以 $yv = x$ 代入上式，得

$$y^2 = 2C\left(x + \frac{C}{2}\right)$$

这是以 x 轴为轴、焦点在原点的抛物线，它绕 x 轴旋转所得旋转曲面的方程为

$$y^2 + z^2 = 2C\left(x + \frac{C}{2}\right)$$

这就是所求的旋转曲面方程.

习题 9.2

1．用分离变量法求解下列微分方程.

(1) $\dfrac{\mathrm{d}y}{\mathrm{d}x} = x^2 y^2$, (2) $\dfrac{\mathrm{d}y}{\mathrm{d}x} = \dfrac{y}{\sqrt{1-x^2}}$, (3) $\dfrac{\mathrm{d}y}{\mathrm{d}x} = (1+x+x^2)y$, 且 $y(0) = \mathrm{e}$.

2．一曲线通过点 $(1，2)$ 处，且曲线上任意一点 $P(x，y)$ 处切线斜率为 $3x^2$ ，求该曲线方程.

3． $\dfrac{\mathrm{d}y}{\mathrm{d}x} + \dfrac{\mathrm{e}^{y^2+3x}}{y} = 0$.

4． $x(\ln x - \ln y)\mathrm{d}y - y\mathrm{d}x = 0$.

5． $\dfrac{\mathrm{d}y}{\mathrm{d}x} = \mathrm{e}^{x-y}$.

6． $\dfrac{\mathrm{d}y}{\mathrm{d}x} = (x+y)^2$.

7． $\dfrac{\mathrm{d}y}{\mathrm{d}x} = \dfrac{1}{(x+y)^2}$.

8． $\dfrac{\mathrm{d}y}{\mathrm{d}x} = \dfrac{2x-y+1}{x-2y+1}$.

第三节　　线性微分方程及全微分方程

一、线性微分方程

线性方程：方程 $\dfrac{\mathrm{d}y}{\mathrm{d}x} + P(x)y = Q(x)$ 叫作一阶线性微分方程.

如果 $Q(x) \equiv 0$ ，则方程称为齐次线性方程，否则方程称为非齐次线性方程.

方程 $\dfrac{\mathrm{d}y}{\mathrm{d}x} + P(x)y = 0$ 叫作对应于非齐次线性方程 $\dfrac{\mathrm{d}y}{\mathrm{d}x} + P(x)y = Q(x)$ 的齐次线性方程.

例 1　下列方程各是什么类型方程？

解　(1) $(x-2)\dfrac{\mathrm{d}y}{\mathrm{d}x} = y \Rightarrow \dfrac{\mathrm{d}y}{\mathrm{d}x} - \dfrac{1}{x-2}y = 0$ 是齐次线性方程.

(2) $3x^2 + 5x - 5y' = 0 \Rightarrow y' = 3x^2 + 5x$，是非齐次线性方程.

(3) $y' + y\cos x = \mathrm{e}^{-\sin x}$，是非齐次线性方程.

(4) $\dfrac{\mathrm{d}y}{\mathrm{d}x} = 10^{x+y}$，不是线性方程.

(5) $(y+1)^2 \dfrac{\mathrm{d}y}{\mathrm{d}x} + x^3 = 0 \Rightarrow \dfrac{\mathrm{d}y}{\mathrm{d}x} + \dfrac{x^3}{(y+1)^2} = 0$ 或 $\dfrac{\mathrm{d}x}{\mathrm{d}y} = -\dfrac{(y+1)^2}{x^3}$，不是线性方程.

二、齐次线性方程的解法

齐次线性方程 $\dfrac{\mathrm{d}y}{\mathrm{d}x} + P(x)y = 0$ 是变量可分离方程. 分离变量后得

$$\frac{\mathrm{d}y}{y} = -P(x)\mathrm{d}x,$$

两边积分，得

$$\ln|y| = -\int P(x)\mathrm{d}x + C_1$$

或

$$y = C\mathrm{e}^{-\int P(x)\mathrm{d}x} \qquad (C = \pm\,\mathrm{e}^{C_1})$$

这就是齐次线性方程的通解(积分中不再加任意常数).

例 2 求方程 $(x-2)\dfrac{\mathrm{d}y}{\mathrm{d}x} = y$ 的通解.

解 这是齐次线性方程，分离变量得

$$\frac{\mathrm{d}y}{y} = \frac{\mathrm{d}x}{x-2}$$

两边积分得

$$\ln|y| = \ln|x-2| + \ln C$$

方程的通解为

$$y = C(x-2)$$

非齐次线性方程的解法：

将齐次线性方程通解中的常数换成 x 的未知函数 $u(x)$，把

$$y = u(x)\mathrm{e}^{-\int P(x)\mathrm{d}x}$$

设想成非齐次线性方程的通解. 代入非齐次线性方程 $\dfrac{\mathrm{d}y}{\mathrm{d}x} + P(x)y = Q(x)$ 求得

$$u'(x)\mathrm{e}^{-\int P(x)\mathrm{d}x} - u(x)\mathrm{e}^{-\int P(x)\mathrm{d}x}P(x) + P(x)u(x)\mathrm{e}^{-\int P(x)\mathrm{d}x} = Q(x)$$

化简得

$$u'(x) = Q(x)\mathrm{e}^{\int P(x)\mathrm{d}x}$$

$$u(x) = \int Q(x)\mathrm{e}^{\int P(x)\mathrm{d}x}\mathrm{d}x + C$$

于是非齐次线性方程的通解为

$$y = \mathrm{e}^{-\int P(x)\mathrm{d}x}\left[\int Q(x)\mathrm{e}^{\int P(x)\mathrm{d}x}\mathrm{d}x + C\right]$$

或

$$y = C \mathrm{e}^{-\int P(x)\mathrm{d}x} + \mathrm{e}^{-\int P(x)\mathrm{d}x} \int Q(x) \mathrm{e}^{\int P(x)\mathrm{d}x} \mathrm{d}x$$

非齐次线性方程的通解等于对应的齐次线性方程通解与非齐次线性方程的一个特解之和.

例 3　求方程 $\dfrac{\mathrm{d}y}{\mathrm{d}x} - \dfrac{2y}{x+1} = (x+1)^{\frac{5}{2}}$ 的通解.

解　这是一个非齐次线性方程.

先求对应的齐次线性方程 $\dfrac{\mathrm{d}y}{\mathrm{d}x} - \dfrac{2y}{x+1} = 0$ 的通解. 分离变量得

$$\frac{\mathrm{d}y}{y} = \frac{2\mathrm{d}x}{x+1}$$

两边积分得

$$\ln y = 2\ln(x+1) + \ln C$$

齐次线性方程的通解为

$$y = C(x+1)^2$$

用常数变易法,把 C 换成 u,即令 $y = u \cdot (x+1)^2$,代入所给非齐次线性方程,得

$$u' \cdot (x+1)^2 + 2u \cdot (x+1) - \frac{2}{x+1} u \cdot (x+1)^2 = (x+1)^{\frac{5}{2}}$$

$$u' = (x+1)^{\frac{1}{2}}$$

两边积分,得

$$u = \frac{2}{3}(x+1)^{\frac{3}{2}} + C$$

再把上式代入 $y = u(x+1)^2$ 中,即得所求方程的通解为

$$y = (x+1)^2 \left[\frac{2}{3}(x+1)^{\frac{3}{2}} + C \right]$$

另解　这里 $P(x) = -\dfrac{2}{x+1}$,$Q(x) = (x+1)^{\frac{5}{2}}$.

因为 $\displaystyle\int P(x)\mathrm{d}x = \int \left(-\frac{2}{x+1} \right) \mathrm{d}x = -2\ln(x+1)$,则

$$\mathrm{e}^{-\int P(x)\mathrm{d}x} = \mathrm{e}^{2\ln(x+1)} = (x+1)^2$$

$$\int Q(x) \mathrm{e}^{\int P(x)\mathrm{d}x} \mathrm{d}x = \int (x+1)^{\frac{5}{2}} (x+1)^{-2} \mathrm{d}x = \int (x+1)^{\frac{1}{2}} \mathrm{d}x = \frac{2}{3}(x+1)^{\frac{3}{2}}$$

所以通解为

$$y = \mathrm{e}^{-\int P(x)\mathrm{d}x} \left[\int Q(x) \mathrm{e}^{\int P(x)\mathrm{d}x} \mathrm{d}x + C \right] = (x+1)^2 \left[\frac{2}{3}(x+1)^{\frac{3}{2}} + C \right]$$

三、全微分方程

全微分方程:一个一阶微分方程写成

$$P(x, y)\mathrm{d}x + Q(x, y)\mathrm{d}y = 0$$

形式后，如果它的左端恰好是某一个函数 $u = u(x, y)$ 的全微分

$$\mathrm{d}u(x, y) = P(x, y)\mathrm{d}x + Q(x, y)\mathrm{d}y$$

那么方程 $P(x, y)\mathrm{d}x + Q(x, y)\mathrm{d}y = 0$ 就叫作全微分方程. 这里

$$\frac{\partial u}{\partial x} = P(x, y), \quad \frac{\partial u}{\partial y} = Q(x, y)$$

而方程可写为

$$\mathrm{d}u(x, y) = 0$$

全微分方程的判定：若 $P(x, y)$、$Q(x, y)$ 在单连通域 G 内具有一阶连续偏导数，且

$$\frac{\partial P}{\partial y} = \frac{\partial Q}{\partial x}$$

则方程 $P(x, y)\mathrm{d}x + Q(x, y)\mathrm{d}y = 0$ 是全微分方程.

四、全微分方程的通解

若方程 $P(x, y)\mathrm{d}x + Q(x, y)\mathrm{d}y = 0$ 是全微分方程，且

$$\mathrm{d}u(x, y) = P(x, y)\mathrm{d}x + Q(x, y)\mathrm{d}y$$

则

$$u(x, y) = C$$

即

$$\int_{x_0}^{x} P(x, y)\mathrm{d}x + \int_{y_0}^{y} Q(x, y)\mathrm{d}x = C \quad ((x_0, y_0) \in G)$$

是方程 $P(x, y)\mathrm{d}x + Q(x, y)\mathrm{d}y = 0$ 的通解.

例 4　求解 $(5x^4 + 3xy^2 - y^3)\mathrm{d}x + (3x^2y - 3xy^2 + y^2)\mathrm{d}y = 0$.

解　这里

$$\frac{\partial P}{\partial y} = 6xy - 3y^2 = \frac{\partial Q}{\partial x}$$

所以这是全微分方程. 取 $(x_0, y_0) = (0, 0)$，有

$$u(x, y) = \int_{0}^{x} (5x^4 + 3xy^2 - y^3)\mathrm{d}x + \int_{0}^{y} y^2 \mathrm{d}y$$

$$= x^5 + \frac{3}{2}x^2y^2 - xy^3 + \frac{1}{3}y^3$$

于是，方程的通解为

$$x^5 + \frac{3}{2}x^2y^2 - xy^3 + \frac{1}{3}y^3 = C$$

⌐ **习题 9.3** ⌐

1. 求解微分方程 $\dfrac{\mathrm{d}y}{\mathrm{d}x} = y + \sin x$.

2. 求解微分方程 $\dfrac{\mathrm{d}x}{\mathrm{d}t} + 3x = \mathrm{e}^{2t}$.

3. 求解微分方程 $(1+y)\mathrm{d}x-(1-x)\mathrm{d}y=0$.

4. 求解微分方程 $y'+y=x\mathrm{e}^{-x}$.

5. 求解微分方程 $xy'+y=x^2+3x+2$.

6. 一质量为 m 的潜水艇从水面由静止状态下沉,所受阻力与下沉速度成正比(比例系数为 k, $k>0$). 试求潜水艇下沉深度与时间 t 的函数关系.

7. 求解微分方程 $(x+2y)\mathrm{d}x+x\mathrm{d}y=0$.

8. 求解微分方程 $(y-x^2)\mathrm{d}x-x\mathrm{d}y=0$.

第四节　　可降阶的高阶微分方程

一、$y^{(n)}=f(x)$ 型的微分方程的解法

积分 n 次

$$y^{(n-1)}=\int f(x)\mathrm{d}x+C_1$$

$$y^{(n-2)}=\int\left[\int f(x)\mathrm{d}x+C_1\right]\mathrm{d}x+C_2$$

…

例 1　求微分方程 $y'''=\mathrm{e}^{2x}-\cos x$ 的通解.

解　对所给方程接连积分三次,得

$$y''=\frac{1}{2}\mathrm{e}^{2x}-\sin x+C_1$$

$$y'=\frac{1}{4}\mathrm{e}^{2x}+\cos x+C_1x+C_2$$

$$y=\frac{1}{8}\mathrm{e}^{2x}+\sin x+\frac{1}{2}C_1x^2+C_2x+C_3$$

这就是所给方程的通解.

例 2　质量为 m 的质点受力 F 的作用沿 Ox 轴作直线运动. 设力 F 仅是时间 t 的函数 $F=F(t)$. 在开始时刻 $t=0$ 时 $F(0)=F_0$,随着时间 t 的增大,此力 F 均匀地减小,直到 $t=T$ 时,$F(T)=0$. 如果开始时质点位于原点,且初速度为零,求该质点的运动规律.

解　设 $x=x(t)$ 表示在时刻 t 时质点的位置,根据牛顿第二定律,质点运动的微分方程为

$$m\frac{\mathrm{d}^2x}{\mathrm{d}t^2}=F(t)$$

由题设,力 $F(t)$ 随 t 增大而均匀地减小,且 $t=0$ 时,$F(0)=F_0$,所以 $F(t)=F_0-kt$,又当 $t=T$ 时,$F(T)=0$,从而

$$F(t) = F_0 \left(1 - \frac{t}{T}\right)$$

于是质点运动的微分方程又可写为

$$\frac{\mathrm{d}^2 x}{\mathrm{d}t^2} = \frac{F_0}{m}\left(1 - \frac{t}{T}\right)$$

其初始条件为 $x \mid_{t=0} = 0$，$\frac{\mathrm{d}x}{\mathrm{d}t} \mid_{t=0} = 0$.

把微分方程两边积分，得

$$\frac{\mathrm{d}x}{\mathrm{d}t} = \frac{F_0}{m}\left(t - \frac{t^2}{2T}\right) + C_1$$

再积分一次，得

$$x = \frac{F_0}{m}\left(\frac{1}{2}t^2 - \frac{t^3}{6T}\right) + C_1 t + C_2$$

由初始条件 $x \mid_{t=0} = 0$，$\frac{\mathrm{d}x}{\mathrm{d}t}\bigg|_{t=0} = 0$，得

$$C_1 = C_2 = 0$$

于是所求质点的运动规律为

$$x = \frac{F_0}{m}\left(\frac{1}{2}t^2 - \frac{t^3}{6T}\right), \quad 0 \leqslant t \leqslant T$$

二、$y'' = f(x, y')$ 型的微分方程的解法

设 $y' = p$，则方程化为

$$p' = f(x, p)$$

设 $p' = f(x, p)$ 的通解为 $p = (x, C_1)$，则

$$\frac{\mathrm{d}y}{\mathrm{d}x} = \varphi(x, C_1)$$

原方程的通解为

$$y = \int \varphi(x, C_1)\mathrm{d}x + C_2$$

例 3　求微分方程 $(1+x^2)y'' = 2xy'$，满足初始条件 $y \mid_{x=0} = 1$，$y' \mid_{x=0} = 3$ 的特解.

解　所给方程是 $y'' = f(x, y')$ 型的. 设 $y' = p$，代入方程并分离变量后，有

$$\frac{\mathrm{d}p}{p} = \frac{2x}{1+x^2}\mathrm{d}x$$

两边积分，得

$$\ln \mid p \mid = \ln(1+x^2) + C$$

即

$$p = y' = C_1(1+x^2) \quad (C_1 = \pm e^c)$$

由条件 $y' \mid_{x=0} = 3$，得 $C_1 = 3$，所以

$$y' = 3(1+x^2)$$

两边再积分，得 $y = x^3 + 3x + C_2$.

又由条件 $y \mid_{x=0} = 1$，得 $C_2 = 1$，于是所求的特解为

$$y = x^3 + 3x + 1$$

三、$y'' = f(y, y')$ 型的微分方程的解法

设 $y' = p$，有

$$y'' = \frac{\mathrm{d}p}{\mathrm{d}x} = \frac{\mathrm{d}p}{\mathrm{d}y} \cdot \frac{\mathrm{d}y}{\mathrm{d}x} = p \frac{\mathrm{d}p}{\mathrm{d}y}$$

原方程化为

$$p \frac{\mathrm{d}p}{\mathrm{d}y} = f(y, p)$$

设方程 $p \dfrac{\mathrm{d}p}{\mathrm{d}y} = f(y, p)$ 的通解为 $y' = p = \varphi(y, C_1)$，则原方程的通解为

$$\int \frac{\mathrm{d}y}{\varphi(y, C_1)} = x + C_2$$

例 4　求微分 $yy'' - y'^2 = 0$ 的通解.

解　设 $y' = p$，则 $y'' = p \dfrac{\mathrm{d}p}{\mathrm{d}y}$，代入方程，得

$$yp \frac{\mathrm{d}p}{\mathrm{d}y} - p^2 = 0$$

在 $y \neq 0$，$p \neq 0$ 时，约去 p 并分离变量，得

$$\frac{\mathrm{d}p}{p} = \frac{\mathrm{d}y}{y}$$

两边积分得

$$\ln \mid p \mid = \ln \mid y \mid + \ln c$$

即

$$p = Cy \quad \text{或} \quad y' = Cy \ (C = \pm c)$$

再分离变量并两边积分，便得原方程的通解为

$$\ln \mid y \mid = Cx + \ln c_1$$

或

$$y = C_1 \mathrm{e}^{Cx} \quad (C_1 = \pm c_1)$$

┌ ┄ ┄ ┄ ┄ ┄ ┐
┊ **习题 9.4** ┊
└ ┄ ┄ ┄ ┄ ┄ ┘

1. 求方程 $\dfrac{\mathrm{d}^5 x}{\mathrm{d}t^5} - \dfrac{1}{t} \dfrac{\mathrm{d}^4 x}{\mathrm{d}t^4} = 0$ 的解.

2. 求解方程 $y''' = \mathrm{e}^{2x}$.

3. 求解方程 $xx'' + (x')^2 = 0$.

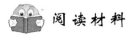 **阅读材料**

一阶微分方程解的存在唯一性定理及逐步逼近的思想

微分方程来源于生产实践，研究微分方程的目的就在于掌握它所反映的客观规律，能动解释所出现的各种现象并预测未来的可能情况．本章介绍了一阶微分方程初等解法的几种类型，但是，大量的一阶方程一般不能用初等解法求出其通解．而实际问题中所需要的往往是要求满足某种初始条件的解．因此初值问题的研究就显得十分重要，从前面我们也了解到初值问题的解不一定是唯一的．它必须满足一定的条件才能保证初值问题解的存在性与唯一性，而讨论初值问题解的存在性与唯一性在解常微分方程中占有很重要的地位，是近代常微分方程定性理论，稳定性理论以及其他理论的基础．

例如方程 $\dfrac{\mathrm{d}y}{\mathrm{d}x} = 2\sqrt{y}$ 过点 $(0,0)$ 的解就是不唯一的，易知 $y = 0$ 是方程过点 $(0,0)$ 的解，此外，容易验证，$y = x^2$ 或更一般地，函数 $y = \begin{cases} 0, & 0 \leqslant x \leqslant c \\ (x-c)^2, & c < x \leqslant 1 \end{cases}$ 都是方程过点 $(0,0)$ 而且定义在区间 $0 \leqslant x \leqslant 1$ 上的解，其中 c 是满足 $0 < c < 1$ 的任一数．

这就提出了一个问题，要求解方程，首先要搞清方程是否有解，如果解本身不存在，而近似求解就失去意义；如果存在而不唯一，则不能确定所求的是哪个解．19 世纪 20 年代，柯西建立了柯西问题，即微分方程初值问题解的存在唯一性定理．此定理能够很好地解释上述问题，它明确地肯定了方程的解在一定条件下的存在性和唯一性．1873 年，德国数学家利普希兹提出了著名的"利普希兹条件"，对柯西的存在唯一性定理做了改进．此外，还有皮亚诺和皮卡，他们先后于 1875 年和 1876 年给出常微分方程的逐步逼近法，皮亚诺仅要求 $f(x, y)$ 在点 (x_0, y_0) 领域连续的条件下证明了柯西问题解的存在性．

解的存在性与唯一性定理：

如果函数 $f(x, y)$ 满足以下条件：(1) 在 R 上连续；(2) 在 R 上关于变量 y 满足利普希兹条件，即存在常数 $L > 0$，使对于 R 上任何一对点 (x, y_1)，(x, y_2) 均有不等式 $|f(x, y_1) - f(x, y_2)| \leqslant L|y_1 - y_2|$ 成立，则方程 $\dfrac{\mathrm{d}y}{\mathrm{d}x} = f(x, y)$（R：$|x - x_0| \leqslant a$，$|y - y_0| \leqslant b$ 上连续）存在唯一的解 $y = \varphi(x)$，在区间 $|x - x_0| \leqslant h$ 上连续，而且满足初始条件 $\varphi(x_0) = y_0$，其中 $h = \min\left(a, \dfrac{b}{M}\right)$，$M = \max\limits_{x, y \in R} |f(x, y)|$，$L$ 称为利普希兹常数．

证明思路：

(1) 求解初值问题的解等价于积分方程 $y = y_0 + \displaystyle\int_{x_0}^{x} f(x, y)\mathrm{d}x$ 的连续解．

(2) 构造近似解函数列 $\{\varphi_n(x)\}$．

任取一个连续函数 $\varphi_0(x)$，使得 $|\varphi_0(x) - y_0| \leqslant b$，替代上述积分方程右端的 y，得到 $\varphi_1(x) = y_0 + \displaystyle\int_{x_0}^{x} f(x, \varphi_0(x))\mathrm{d}x$；如果 $\varphi_1(x) \equiv \varphi_0(x)$，那么 $\varphi_0(x)$ 是积分方程的解，否则，

又用 $\varphi_1(x)$ 替代积分方程右端的 y，得到 $\varphi_2(x) = y_0 + \displaystyle\int_{x_0}^{x} f(x, \varphi_1(x))\mathrm{d}x$；如果 $\varphi_2(x) \equiv \varphi_1(x)$，那么 $\varphi_1(x)$ 是积分方程的解，否则，继续进行，得到 $\varphi_n(x) = y_0 + \displaystyle\int_{x_0}^{x} f(x, \varphi_{n-1}(x))\mathrm{d}x$，于是得到函数序列 $\{\varphi_n(x)\}$.

（3）函数序列 $\{\varphi_n(x)\}$ 在区间 $[x_0 - h, x_0 + h]$ 上一致收敛于 $\varphi(x)$，即 $\lim\limits_{n\to\infty}\varphi_n(x) = \varphi(x)$ 存在，对 $\varphi_n(x) = y_0 + \displaystyle\int_{x_0}^{x} f(x, \varphi_{n-1}(x))\mathrm{d}x$ 取极限，得到

$$\lim_{n\to\infty}\varphi_n(x) = y_0 + \lim_{n\to\infty}\int_{x_0}^{x} f(x, \varphi_{n-1}(x))\mathrm{d}x = y_0 + \int_{x_0}^{x} f(x, \varphi(x))\mathrm{d}x$$

即 $\varphi(x) = y_0 + \displaystyle\int_{x_0}^{x} f(x, \varphi(x))\mathrm{d}x$.

（4）$\varphi(x)$ 是积分方程 $y = y_0 + \displaystyle\int_{x_0}^{x} f(x, y)\mathrm{d}x$ 在 $[x_0 - h, x_0 + h]$ 上的连续解.

这种一步一步求出方程解的方法称为逐步逼近法.

第十章　级　　数

对于数列 $\{u_n\}$，有限和 $u_1+u_2+\cdots+u_n$ 一定存在，而无限和 $u_1+u_2+\cdots+u_n+\cdots$ 存在吗？有些什么性质？本章就来研究这个问题——级数.

第一节　数 项 级 数

一、级数的敛散性

定义 1　对于给定数列 $\{u_n\}$，称无限和 $\displaystyle\sum_{n=1}^{\infty}u_n=u_1+u_2+\cdots+u_n+\cdots$ 为常数项无穷级数或数项级数，其中 u_n 为数项级数 $u_1+u_2+\cdots+u_n+\cdots$ 的通项. 称 $\displaystyle s_n=\sum_{k=1}^{n}u_k=u_1+u_2+\cdots+u_n$ 为数项级数的第 n 个部分和，也简称部分和.

定义 2　若级数 $\displaystyle\sum_{n=1}^{\infty}u_n$ 的部分和极限存在，即 $\displaystyle\lim_{n\to\infty}s_n=s$，则称数项级数 $\displaystyle\sum_{n=1}^{\infty}u_n$ 收敛，称 s 为数项级数 $\displaystyle\sum_{n=1}^{\infty}u_n$ 的和，记为 $\displaystyle s=\sum_{n=1}^{\infty}u_n$；若 $\displaystyle\lim_{n\to\infty}s_n$ 不存在，则称数项级数 $\displaystyle\sum_{n=1}^{\infty}u_n$ 发散.

例 1　判断数项级数 $\dfrac{1}{1\cdot 2}+\dfrac{1}{2\cdot 3}+\cdots+\dfrac{1}{n\cdot(n+1)}+\cdots$ 是否收敛.

解　因为

$$s_n=\frac{1}{1\cdot 2}+\frac{1}{2\cdot 3}+\cdots+\frac{1}{n\cdot(n+1)}$$
$$=\left(1-\frac{1}{2}\right)+\left(\frac{1}{2}-\frac{1}{3}\right)+\cdots+\left(\frac{1}{n}-\frac{1}{n+1}\right)$$
$$=1-\frac{1}{n+1}$$

所以

$$\lim_{n\to\infty}s_n=\lim_{n\to\infty}(1-\frac{1}{n+1})=1$$

故 $\dfrac{1}{1\cdot 2}+\dfrac{1}{2\cdot 3}+\cdots+\dfrac{1}{n\cdot(n+1)}+\cdots$ 收敛，且 $\dfrac{1}{1\cdot 2}+\dfrac{1}{2\cdot 3}+\cdots+\dfrac{1}{n\cdot(n+1)}+\cdots=1$.

例 2　讨论等比级数(也称几何级数) $a+aq+aq^2+\cdots+aq^n+\cdots(a\neq 0)$ 的敛散性.

解　当 $q\neq 1$ 时，$s_n=a+aq+aq^2+\cdots+aq^n=\dfrac{a(1-q^n)}{1-q}$

(1) 当 $|q|<1$ 时，$\displaystyle\lim_{n\to\infty}s_n=\lim_{n\to\infty}\dfrac{a(1-q^n)}{1-q}=\dfrac{a}{1-q}$，此时级数收敛，且

$$a + aq + aq^2 + \cdots + aq^n + \cdots = \frac{a}{1-q}$$

(2) 当 $|q| > 1$ 时，$\lim\limits_{n \to \infty} s_n = \lim\limits_{n \to \infty} \dfrac{a(1-q^n)}{1-q}$ 不存在，此时级数发散；

(3) 当 $q = 1$ 时，$s_n = na$，$\lim\limits_{n \to \infty} s_n$ 不存在，此时级数发散；

(4) 当 $q = -1$ 时，

$$s_{2k} = (a-a) + (a-a) + \cdots + (a-a) = 0$$

$$s_{2k+1} = (a-a) + (a-a) + \cdots + (a-a) + a = a \neq 0$$

故 $\lim\limits_{n \to \infty} s_n$ 不存在，此时级数发散.

二、级数收敛的性质

定理 1(级数的柯西收敛准则) 级数 $\sum\limits_{n=1}^{\infty} u_n$ 收敛的充要条件是：对任意正整数 p，

$\lim\limits_{n \to \infty} |u_{n+1} + u_{n+2} + \cdots + u_{n+p}| = 0$.

由定理 1 立刻得到级数收敛的一个必要条件.

推论 若级数 $\sum\limits_{n=1}^{\infty} u_n$ 收敛，则 $\lim\limits_{n \to \infty} u_n = 0$. 换句话说，若 $\lim\limits_{n \to \infty} u_n \neq 0$，则级数 $\sum\limits_{n=1}^{\infty} u_n$ 发散.

例 3 证明调和级数 $1 + \dfrac{1}{2} + \cdots + \dfrac{1}{n} + \cdots$ 是发散的.

证 因为 $\lim\limits_{n \to \infty} u_n = \lim\limits_{n \to \infty} \dfrac{1}{n} = 0$，由推论无法得出级数 $1 + \dfrac{1}{2} + \cdots + \dfrac{1}{n} + \cdots$ 是发散的.
在定理 1 中，取 $p = n$，则

$$\left| u_{n+1} + u_{n+2} + \cdots + u_{n+n} \right| = \left| \frac{1}{n+1} + \frac{1}{n+2} + \cdots + \frac{1}{n+n} \right| \geqslant \frac{1}{2n} + \frac{1}{2n} + \cdots + \frac{1}{2n}$$

$$= \frac{1}{2} \lim\limits_{n \to \infty} |u_{n+1} + u_{n+2} + \cdots + u_{n+n}| \neq 0$$

由定理 1 知，调和级数 $1 + \dfrac{1}{2} + \cdots + \dfrac{1}{n} + \cdots$ 是发散的.

例 4 证明级数 $\dfrac{1}{2} + \dfrac{2}{3} + \dfrac{3}{4} + \cdots + \dfrac{n}{n+1} + \cdots$ 是发散的.

证 因为 $\lim\limits_{n \to \infty} u_n = \lim\limits_{n \to \infty} \dfrac{n}{n+1} = 1 \neq 0$，所以级数是发散的.

定理 2 (1) 若级数 $\sum\limits_{n=1}^{\infty} u_n$ 收敛，a 是任意常数，则 $\sum\limits_{n=1}^{\infty} au_n$ 也是收敛的，且 $\sum\limits_{n=1}^{\infty} au_n = a \sum\limits_{n=1}^{\infty} u_n$；

(2) 若级数 $\sum\limits_{n=1}^{\infty} u_n$，$\sum\limits_{n=1}^{\infty} v_n$ 收敛，则 $\sum\limits_{n=1}^{\infty} (u_n \pm v_n)$ 也收敛，且 $\sum\limits_{n=1}^{\infty} (u_n \pm v_n) = \sum\limits_{n=1}^{\infty} u_n \pm \sum\limits_{n=1}^{\infty} v_n$.

例 5 判断级数 $\sum\limits_{n=1}^{\infty}\left(\dfrac{1}{2^n}-\dfrac{5}{3^n}\right)$ 是否收敛;若收敛,求其和.

解 因为级数 $\sum\limits_{n=1}^{\infty}\dfrac{1}{2^n}$ 和 $\sum\limits_{n=1}^{\infty}\dfrac{5}{3^n}$ 分别是公比为 $\dfrac{1}{2}$ 和 $\dfrac{1}{3}$ 的等比级数,所以它们都收敛,从而级数 $\sum\limits_{n=1}^{\infty}\left(\dfrac{1}{2^n}-\dfrac{5}{3^n}\right)$ 收敛,且 $\sum\limits_{n=1}^{\infty}\left(\dfrac{1}{2^n}-\dfrac{5}{3^n}\right)=\sum\limits_{n=1}^{\infty}\dfrac{1}{2^n}-\sum\limits_{n=1}^{\infty}\dfrac{5}{3^n}=\dfrac{\frac{1}{2}}{1-\frac{1}{2}}-\dfrac{\frac{5}{3}}{1-\frac{1}{3}}=1-\dfrac{5}{2}=-\dfrac{3}{2}.$

定理 3 去掉、添加或改变级数的有限项,不改变级数的敛散性.

习题 10.1

判断下列级数是否收敛;若收敛,求其和.

(1) $\dfrac{1}{1\cdot 4}+\dfrac{1}{4\cdot 7}+\cdots+\dfrac{1}{(3n-2)\cdot(3n+1)}+\cdots;$

(2) $\ln\dfrac{3}{2}+\ln\dfrac{4}{3}+\cdots+\ln\dfrac{n+2}{n+1}+\cdots;$

(3) $\sum\limits_{n=1}^{\infty}\left(\dfrac{1}{3^n}+\dfrac{1}{4^n}\right);$

(4) $\sum\limits_{n=1}^{\infty}\dfrac{3n}{n+1}.$

第二节 正项级数和一般项级数

一、正项级数

若数项级数各项的符号都相同,则称为同号级数. 对于同号级数,只需研究各项都是由正数组成的级数 —— 正项级数. 如果级数的各项都是负号,则它乘以 -1 后就得到一个正项级数,它们有相同的敛散性.

定理 1 正项级数 $\sum\limits_{n=1}^{\infty}u_n$ 收敛的充要条件是部分和数列 $\{s_n\}$ 有界.

定理 2(正项级数的比较判别法) 设两个正项级数 $\sum\limits_{n=1}^{\infty}u_n$ 和 $\sum\limits_{n=1}^{\infty}v_n$,如果存在某个正数 $n>N$,都有 $u_n\leqslant v_n$,

(1) 若级数 $\sum\limits_{n=1}^{\infty}v_n$ 收敛,则级数 $\sum\limits_{n=1}^{\infty}u_n$ 也收敛;

(2) 若级数 $\sum\limits_{n=1}^{\infty}u_n$ 发散,则级数 $\sum\limits_{n=1}^{\infty}v_n$ 也发散.

比较判别法的极限形式 设两个正项级数 $\sum\limits_{n=1}^{\infty} u_n$ 和 $\sum\limits_{n=1}^{\infty} v_n$，且 $\lim\limits_{n\to\infty}\dfrac{u_n}{v_n}=l$，

(1) 当 $0<l<+\infty$ 时，$\sum\limits_{n=1}^{\infty} u_n$ 和 $\sum\limits_{n=1}^{\infty} v_n$ 同时收敛或同时发散；

(2) 当 $l=0$ 时，若级数 $\sum\limits_{n=1}^{\infty} v_n$ 收敛，则级数 $\sum\limits_{n=1}^{\infty} u_n$ 也收敛；

(3) 当 $l=+\infty$ 时，若级数 $\sum\limits_{n=1}^{\infty} u_n$ 发散，则级数 $\sum\limits_{n=1}^{\infty} v_n$ 也发散.

例 1 判断级数 $\sum\limits_{n=1}^{\infty}\dfrac{1}{2^n+n}$ 是否收敛.

解 因为 $\lim\limits_{n\to\infty}\dfrac{\dfrac{1}{(2^n+n)}}{\dfrac{1}{2^n}}=\lim\limits_{n\to\infty}\dfrac{2^n}{2^n+n}=\lim\limits_{n\to\infty}\dfrac{1}{1+\dfrac{n}{2^n}}=1$，而等比级数 $\sum\limits_{n=1}^{\infty}\dfrac{1}{2^n}$ 收敛，根据

比较判别法，$\sum\limits_{n=1}^{\infty}\dfrac{1}{2^n+n}$ 也收敛.

定理 3(比式判别法) 设 $\sum\limits_{n=1}^{\infty} u_n$ 是正项级数，且 $\lim\limits_{n\to\infty}\dfrac{u_{n+1}}{u_n}=\rho$，则

(1) 当 $0<\rho<1$ 时，级数 $\sum\limits_{n=1}^{\infty} u_n$ 收敛；

(2) 当 $\rho>1$ 时，级数 $\sum\limits_{n=1}^{\infty} u_n$ 发散；

(3) 当 $\rho=1$ 时，级数 $\sum\limits_{n=1}^{\infty} u_n$ 可能收敛也可能发散.

例 2 判断级数 $\sum\limits_{n=1}^{\infty}\dfrac{2^n\cdot n!}{n^n}$ 的敛散性.

解 因为

$$\lim\limits_{n\to\infty}\dfrac{u_{n+1}}{u_n}=\dfrac{\lim\limits_{n\to\infty}\dfrac{2^{n+1}\cdot(n+1)!}{(n+1)^{n+1}}}{\dfrac{2^n\cdot n!}{n^n}}=\lim\limits_{n\to\infty}2\left(\dfrac{n}{n+1}\right)^n=\lim\limits_{n\to\infty}\dfrac{2}{\left(1+\dfrac{1}{n}\right)^n}=\dfrac{2}{e}<1$$

所以级数 $\sum\limits_{n=1}^{\infty}\dfrac{2^n\cdot n!}{n^n}$ 收敛.

定理 4(柯西积分判别法) 设 $\sum\limits_{n=1}^{\infty} u_n$ 是正项级数，且 $\{u_n\}$ 为单调减少的数列，则

(1) 当 $\lim\limits_{n\to\infty}\displaystyle\int_1^n u(x)\mathrm{d}x$ 存在时，级数 $\sum\limits_{n=1}^{\infty} u_n$ 收敛；

(2) 当 $\lim\limits_{n\to\infty}\displaystyle\int_1^n u(x)\mathrm{d}x$ 不存在时，级数 $\sum\limits_{n=1}^{\infty} u_n$ 发散.

定义 1 对任意的正实数 p，称级数 $\sum\limits_{n=1}^{\infty}\dfrac{1}{n^p}$ 为 p-级数.

例 3 讨论 p-级数 $\sum\limits_{n=1}^{\infty} \dfrac{1}{n^p}$ 的敛散性 $(p > 0)$.

解 因为 $p > 0$, $u_n = \dfrac{1}{n^p}$, 则 $\{u_n\}$ 为单调减少的数列.

当 $p = 1$ 时, 调和级数 $\sum\limits_{n=1}^{\infty} \dfrac{1}{n}$ 发散;

当 $p \neq 1$ 时, $\lim\limits_{n\to\infty}\int_1^n u(x)\mathrm{d}x = \lim\limits_{n\to\infty}\int_1^n \dfrac{1}{x^p}\mathrm{d}x = \lim\limits_{n\to\infty}\dfrac{1}{1-p}(n^{1-p}-1) = \begin{cases} \dfrac{1}{p-1}, & \text{当 } p > 1 \text{ 时} \\ \infty, & \text{当 } 0 < p < 1 \text{ 时} \end{cases}$.

所以当 $0 < p \leqslant 1$ 时, p-级数 $\sum\limits_{n=1}^{\infty} \dfrac{1}{n^p}$ 发散; 当 $p > 1$ 时, p-级数 $\sum\limits_{n=1}^{\infty} \dfrac{1}{n^p}$ 收敛.

二、交错级数

定义 2 若级数的各项符号正负相间, 即

$$\sum_{n=1}^{\infty} (-1)^{n+1} u_n = u_1 - u_2 + u_3 - u_4 + \cdots + (-1)^{n+1} u_n + \cdots \quad (\text{其中 } u_n > 0, n = 1, 2, \cdots)$$

则称级数 $\sum\limits_{n=1}^{\infty} (-1)^{n+1} u_n (u_n > 0)$ 为交错级数.

定理 5(莱布尼兹判别法) 若交错级数 $\sum\limits_{n=1}^{\infty} (-1)^{n+1} u_n (u_n > 0)$ 满足两个条件:

(1) 数列 $\{u_n\}$ 为单调减少的数列;

(2) $\lim\limits_{n\to\infty} u_n = 0$.

则交错级数 $\sum\limits_{n=1}^{\infty} (-1)^{n+1} u_n (u_n > 0)$ 收敛.

例 4 判断交错级数 $\sum\limits_{n=1}^{\infty} (-1)^{n+1} \dfrac{1}{n}$ 的敛散性.

解 因为 $u_n = \dfrac{1}{n}$, $u_{n+1} = \dfrac{1}{n+1}$, 所以 $u_n > u_{n+1}$, 从而数列 $\{u_n\}$ 单调递减; 又因为 $\lim\limits_{n\to\infty} u_n = \lim\limits_{n\to\infty} \dfrac{1}{n} = 0$, 所以交错级数 $\sum\limits_{n=1}^{\infty} (-1)^{n+1} \dfrac{1}{n}$ 收敛.

三、绝对收敛和条件收敛

若级数 $\sum\limits_{n=1}^{\infty} u_n$ 中各项可以是正数, 负数或零, 则级数 $\sum\limits_{n=1}^{\infty} u_n$ 称为任意项级数.

若级数 $\sum\limits_{n=1}^{\infty} |u_n| = |u_1| + |u_2| + \cdots + |u_n| + \cdots$ 收敛, 则称级数 $\sum\limits_{n=1}^{\infty} u_n$ 绝对收敛. 如级数 $\sum\limits_{n=1}^{\infty} (-1)^n \dfrac{1}{n^2}$ 绝对收敛.

若级数 $\sum\limits_{n=1}^{\infty} u_n$ 收敛, 但级数 $\sum\limits_{n=1}^{\infty} |u_n|$ 不收敛, 则称级数 $\sum\limits_{n=1}^{\infty} u_n$ 条件收敛. 如级数

$\sum\limits_{n=1}^{\infty}(-1)^{n+1}\dfrac{1}{n}$ 条件收敛.

定理 6 若级数 $\sum\limits_{n=1}^{\infty}u_n$ 绝对收敛,则级数 $\sum\limits_{n=1}^{\infty}u_n$ 一定收敛.

如级数 $\sum\limits_{n=1}^{\infty}\left|(-1)^n\dfrac{1}{n^2}\right|$ 收敛,则 $\sum\limits_{n=1}^{\infty}(-1)^n\dfrac{1}{n^2}$ 收敛.

例 5 证明级数 $\sum\limits_{n=1}^{\infty}(-1)^n\dfrac{\cos n\alpha}{n^2}$ 收敛.

证 因为 $\left|(-1)^n\dfrac{\cos n\alpha}{n^2}\right|\leqslant\dfrac{1}{n^2}$,而级数 $\sum\limits_{n=1}^{\infty}\dfrac{1}{n^2}$ 是 $p=2$ 的 p-级数,它是收敛的,所以由比较判别法知级数 $\sum\limits_{n=1}^{\infty}\left|(-1)^n\dfrac{\cos n\alpha}{n^2}\right|$ 收敛. 所以级数 $\sum\limits_{n=1}^{\infty}(-1)^n\dfrac{\cos n\alpha}{n^2}$ 是绝对收敛的,从而级数 $\sum\limits_{n=1}^{\infty}(-1)^n\dfrac{\cos n\alpha}{n^2}$ 收敛.

┌─────────────┐
│ **习题 10. 2** │
└─────────────┘

1. 用比较判别法判断下列级数是否收敛.

(1) $\sum\limits_{n=1}^{\infty}\dfrac{3^n}{2n}$;(2) $\sum\limits_{n=1}^{\infty}\dfrac{n!}{n^n}$;(3) $\sum\limits_{n=1}^{\infty}\dfrac{n^2}{n!}$.

2. 判断下列级数的敛散性;若收敛,判断是条件收敛还是绝对收敛.

(1) $\sum\limits_{n=1}^{\infty}(-1)^n\dfrac{\sin n\alpha}{n^2}$;(2) $\sum\limits_{n=1}^{\infty}(-1)^n\dfrac{1}{2n+1}$;(3) $\sum\limits_{n=1}^{\infty}(-1)^{n+1}\dfrac{n}{\sqrt{n^2+1}}$.

第三节　函数项级数和幂级数

一、函数项级数

定义 1 设 $u_1(x)$,$u_2(x)$,$\cdots$,$u_n(x)$,$\cdots$ 是一列定义在同一数集 E 上的函数,称为定义在 E 上的函数列,记作 $\{u_n(x)\}$.

定义 2 设 $\{u_n(x)\}$ 是定义在数集 E 上的一个函数列,表达式

$$u_1(x),u_2(x),\cdots,u_n(x),\cdots,x\in E$$

称为定义在 E 上的函数项级数,记为 $\sum\limits_{n=1}^{\infty}u_n(x)$. 称 $s_n(x)=\sum\limits_{k=1}^{\infty}u_k(x)\ (x\in E,n=1,2,\cdots)$ 为函数项级数 $\sum\limits_{n=1}^{\infty}u_n(x)$ 的部分和函数列.

定义 3 若 $x_0\in E$,函数项级数 $\sum\limits_{n=1}^{\infty}u_n(x_0)$ 收敛,即 $\lim\limits_{n\to\infty}s_n(x_0)=\lim\limits_{n\to\infty}\sum\limits_{k=1}^{\infty}u_k(x_0)$ 存在,则

称级数 $\sum\limits_{n=1}^{\infty} u_n(x)$ 在点 x_0 收敛，x_0 称为级数 $\sum\limits_{n=1}^{\infty} u_n(x)$ 的收敛点.

若 $\lim\limits_{n\to\infty} s_n(x_0) = \lim\limits_{n\to\infty} \sum\limits_{k=1}^{\infty} u_k(x_0)$ 不存在，则称级数 $\sum\limits_{n=1}^{\infty} u_n(x)$ 在点 x_0 发散. 级数 $\sum\limits_{n=1}^{\infty} u_n(x)$

的全体收敛点的集合 D 称为级数 $\sum\limits_{n=1}^{\infty} u_n(x)$ 的收敛域.

例 1　讨论在 $(-\infty, +\infty)$ 上的函数项级数 $\sum\limits_{n=1}^{\infty} x^{n-1} = 1 + x + x^2 + \cdots + x^n + \cdots$ 的敛

散性.

解　当 $x \neq 1$ 时，$\lim\limits_{n\to\infty} s_n(x) = \lim\limits_{n\to\infty}(1 + x + x^2 + \cdots + x^n) = \lim\limits_{n\to\infty} \dfrac{1 - x^n}{1 - x}$.

所以当 $|x| < 1$ 时，$\lim\limits_{n\to\infty} s_n(x) = \dfrac{1}{1-x}$，函数项级数 $\sum\limits_{n=1}^{\infty} x^{n-1}$ 收敛；当 $|x| > 1$ 时，

$\lim\limits_{n\to\infty} s_n(x)$ 不存在，函数项级数 $\sum\limits_{n=1}^{\infty} x^{n-1}$ 发散；当 $x = 1$ 时，$s_n(x) = n$，函数项级数 $\sum\limits_{n=1}^{\infty} x^{n-1}$ 发

散；当 $x = -1$ 时，$s_n(x) = \begin{cases} 0, & n \text{ 为偶数} \\ 1, & n \text{ 为奇数} \end{cases}$，函数项级数发散.

综上所述，函数项级数 $\sum\limits_{n=1}^{\infty} x^{n-1}$ 的收敛域为 $(-1, 1)$.

二、幂级数

定义 4　由幂函数序列 $\{a_n (x - x_0)^n\}$ 所产生的函数项级数

$$\sum_{n=0}^{\infty} a_n (x - x_0)^n = a_0 + a_1(x - x_0) + a_2(x - x_0)^2 + \cdots + a_n(x - x_0)^n + \cdots$$

称为幂级数. 其中 $a_n(n = 0, 1, 2, \cdots)$ 称为幂级数的系数.

特别地，当 $x_0 = 0$ 时，幂级数转化为 $\sum\limits_{n=0}^{\infty} a_n x^n = a_0 + a_1 x + a_2 x^2 + \cdots + a_n x^n + \cdots$.

定理 1　(1) 若幂级数 $\sum\limits_{n=0}^{\infty} a_n x^n$ 在 $x = x_0 \neq 0$ 处收敛，对满足 $|x| < |x_0|$ 的任何 x，幂

级数 $\sum\limits_{n=0}^{\infty} a_n x^n$ 收敛；(2) 若幂级数 $\sum\limits_{n=0}^{\infty} a_n x^n$ 在 $x = x_0$ 处发散，对满足 $|x| > |x_0|$ 的任何 x，幂

级数 $\sum\limits_{n=0}^{\infty} a_n x^n$ 发散.

从而，幂级数 $\sum\limits_{n=0}^{\infty} a_n x^n$ 的收敛域是以原点为中心的区间. 若以 $2R$ 表示区间的长度，则

称 R 为幂级数的收敛半径.

当 $R = 0$ 时，幂级数 $\sum\limits_{n=0}^{\infty} a_n x^n$ 仅在 $x = 0$ 处收敛；

当 $R = +\infty$ 时，幂级数 $\sum\limits_{n=0}^{\infty} a_n x^n$ 在 $(-\infty, +\infty)$ 上收敛；

当 $0 < R < +\infty$ 时，幂级数 $\sum\limits_{n=0}^{\infty} a_n x^n$ 在 $(-R, R)$ 处收敛，在区间端点幂级数 $\sum\limits_{n=0}^{\infty} a_n x^n$ 可能收敛也可能发散.

称 $(-R, R)$ 为幂级数的收敛区间.

求幂级数 $\sum\limits_{n=0}^{\infty} a_n x^n$ 的收敛半径，有如下定理：

定理 2　对于幂级数 $\sum\limits_{n=0}^{\infty} a_n x^n$，若 $\lim\limits_{n \to \infty} \left| \dfrac{a_{n+1}}{a_n} \right| = \rho$，则

(1) 当 $0 < \rho < +\infty$ 时，幂级数 $\sum\limits_{n=0}^{\infty} a_n x^n$ 的收敛半径 $R = \dfrac{1}{\rho}$；

(2) 当 $\rho = 0$ 时，幂级数 $\sum\limits_{n=0}^{\infty} a_n x^n$ 的收敛半径 $R = +\infty$；

(3) 当 $\rho = +\infty$ 时，幂级数 $\sum\limits_{n=0}^{\infty} a_n x^n$ 的收敛半径 $R = 0$.

例 2　求下列幂级数的收敛半径、收敛区间和收敛域.

(1) $\sum\limits_{n=0}^{\infty} n x^n$；　(2) $\sum\limits_{n=1}^{\infty} \dfrac{(-1)^n}{n} x^n$.

解　(1) 因为 $\rho = \lim\limits_{n \to \infty} \left| \dfrac{a_{n+1}}{a_n} \right| = \lim\limits_{n \to \infty} \dfrac{n+1}{n} = 1$，所以幂级数 $\sum\limits_{n=0}^{\infty} n x^n$ 的收敛半径 $R = 1$，

收敛区间为 $(-1, 1)$. 当 $x = \pm 1$ 时，级数 $\sum\limits_{n=0}^{\infty} n$ 与 $\sum\limits_{n=0}^{\infty} (-1)^n n$ 均发散，故级数 $\sum\limits_{n=0}^{\infty} n x^n$ 的收敛域为 $(-1, 1)$；

(2) 因为 $\rho = \lim\limits_{n \to \infty} \left| \dfrac{a_{n+1}}{a_n} \right| = \lim\limits_{n \to \infty} \left| \dfrac{\dfrac{(-1)^{n+1}}{n+1}}{\dfrac{(-1)^n}{n}} \right| = \lim\limits_{n \to \infty} \left| \dfrac{n}{n+1} \right| = 1$，所以幂级数 $\sum\limits_{n=1}^{\infty} \dfrac{(-1)^n}{n} x^n$

的收敛半径 $R = 1$，收敛区间为 $(-1, 1)$. 当 $x = 1$ 时，级数 $\sum\limits_{n=1}^{\infty} \dfrac{(-1)^n}{n}$ 收敛；当 $x = -1$ 时，

级数 $\sum\limits_{n=1}^{\infty} \dfrac{1}{n}$ 发散，故级数 $\sum\limits_{n=1}^{\infty} \dfrac{(-1)^n}{n} x^n$ 的收敛域为 $(-1, 1]$.

例 3　求下列幂级数的收敛半径和收敛域.

(1) $\sum\limits_{n=0}^{\infty} \dfrac{1}{n \cdot 2^n} (x+1)^n$；　(2) $\sum\limits_{n=0}^{\infty} \dfrac{(-1)^{n+1} n}{2^n} x^{2n}$.

解　(1) 令 $t = x + 1$，所求级数变为 $\sum\limits_{n=0}^{\infty} \dfrac{1}{n \cdot 2^n} \cdot t^n$.

因为 $\rho = \lim\limits_{n \to \infty} \left| \dfrac{a_{n+1}}{a_n} \right| = \lim\limits_{n \to \infty} \left| \dfrac{\dfrac{1}{(n+1) \cdot 2^{n+1}}}{\dfrac{1}{n \cdot 2^n}} \right| = \lim\limits_{n \to \infty} \left| \dfrac{n}{2(n+1)} \right| = \dfrac{1}{2}$，所以级数 $\sum\limits_{n=0}^{\infty} \dfrac{1}{n \cdot 2^n} \cdot t^n$

即级数 $\sum_{n=0}^{\infty} \frac{1}{n \cdot 2^n} (x+1)^n$ 的收敛半径 $R = 2$.

当 $t = 2$ 时, 级数 $\sum_{n=0}^{\infty} \frac{1}{n}$ 发散; 当 $t = -2$ 时, 级数 $\sum_{n=0}^{\infty} (-1)^n \frac{1}{n}$ 收敛. 因此 $\sum_{n=0}^{\infty} \frac{1}{n \cdot 2^n} \cdot t^n$ 的收敛域为 $[-2, 2)$. 由 $t = x+1$ 得 $-2 \leqslant x+1 < 2$, 即 $-3 \leqslant x < 1$, 所以级数 $\sum_{n=0}^{\infty} \frac{1}{n \cdot 2^n} (x+1)^n$ 的收敛域为 $[-3, 1)$.

(2) 令 $t = x^2$, 所求级数变为 $\sum_{n=0}^{\infty} \frac{(-1)^{n+1} n}{2^n} t^n$,

因为 $\rho = \lim_{n \to \infty} \left| \frac{a_{n+1}}{a_n} \right| = \lim_{n \to \infty} \left| \frac{\frac{(-1)^{n+2}(n+1)}{2^{n+1}}}{\frac{(-1)^{n+1} n}{2^n}} \right| = \lim_{n \to \infty} \left| \frac{n+1}{2n} \right| = \frac{1}{2}$, 所以级数 $\sum_{n=0}^{\infty} \frac{(-1)^{n+1} n}{2^n} t^n$ 的收敛半径 $R = 2$, 所以级数 $\sum_{n=0}^{\infty} \frac{(-1)^{n+1} n}{2^n} x^{2n}$ 的收敛半径 $R = \sqrt{2}$.

当 $t = \pm 2$ 时, 级数 $\sum_{n=0}^{\infty} (-1)^{n+1} n$ 与级数 $\sum_{n=0}^{\infty} (-1)^{2n+1} n$ 均发散, 因此 $\sum_{n=0}^{\infty} \frac{1}{n \cdot 2^n} \cdot t^n$ 的收敛域为 $(-2, 2)$. 由 $t = x^2$ 得 $-2 < x^2 < 2$, 即 $-\sqrt{2} < x < \sqrt{2}$, 所以级数 $\sum_{n=0}^{\infty} \frac{(-1)^{n+1} n}{2^n} x^{2n}$ 的收敛域为 $(-\sqrt{2}, \sqrt{2})$.

定理 3 设幂级数 $\sum_{n=0}^{\infty} a_n x^n$ 在收敛区间 $(-R, R)$ 上的和函数为 $f(x)$, 即 $f(x) = \sum_{n=0}^{\infty} a_n x^n$, 若 x 为 $(-R, R)$ 上的任意一点, 则

(1) $f(x)$ 在点 x 可导, 且 $f'(x) = \sum_{n=1}^{\infty} a_n n x^{n-1}$, 即 $\left(\sum_{n=0}^{\infty} a_n x^n \right)' = \sum_{n=0}^{\infty} (a_n x^n)'$;

(2) $f(x)$ 在点 x 可积, 且 $\int_0^x f(t) dt = \sum_{n=0}^{\infty} \frac{a_n}{n+1} x^{n+1}$, 即 $\int_0^x \left(\sum_{n=0}^{\infty} a_n t^n \right) dt = \sum_{n=0}^{\infty} \int_0^x (a_n t^n) dt$.

三、函数展开成幂级数

定理 4 若函数 $f(x)$ 在区间 $(x_0 - r, x_0 + r)$ 内存在直到 $n+1$ 阶的连续导数, 则
$$f(x) = f(x_0) + \frac{f'(x_0)}{1!} (x - x_0) + \frac{f''(x_0)}{2!} (x - x_0)^2 + \cdots + \frac{f^{(n)}(x_0)}{n!} (x - x_0)^n + R_n(x)$$
其中 $R_n(x) = \frac{f^{(n+1)}(\xi)}{(n+1)!} (x - x_0)^{n+1}$ (ξ 在 x 与 x_0 之间), 称为 $f(x)$ 在 x_0 处的泰勒公式, $R_n(x)$ 称为拉格朗日余项.

定理 5 设 $f(x)$ 在区间 $(x_0 - r, x_0 + r)$ 内具有任意阶导数, 那么 $f(x)$ 在区间 $(x_0 - r, x_0 + r)$ 上可展开成幂级数
$$f(x) = f(x_0) + \frac{f'(x_0)}{1!} (x - x_0) + \frac{f''(x_0)}{2!} (x - x_0)^2 + \cdots + \frac{f^{(n)}(x_0)}{n!} (x - x_0)^n + \cdots$$

的充要条件是函数 $f(x)$ 的泰勒公式余项满足 $\lim\limits_{n\to\infty}R_n(x)=0$. 称

$$f(x)=f(x_0)+\frac{f'(x_0)}{1!}(x-x_0)+\frac{f''(x_0)}{2!}(x-x_0)^2+\cdots+\frac{f^{(n)}(x_0)}{n!}(x-x_0)^n+\cdots$$

为函数 $f(x)$ 在 x_0 处的泰勒展开式，右边的幂级数称为 $f(x)$ 的泰勒级数. 特别地，当 $x_0=0$ 时，

称 $f(x)=f(0)+\dfrac{f'(0)}{1!}x+\dfrac{f''(0)}{2!}x^2+\cdots+\dfrac{f^{(n)}(0)}{n!}x^n+\cdots$ 为 $f(x)$ 的麦克劳林级数.

在实际应用中，主要讨论函数展开成麦克劳林级数.

例 4 将函数 $f(x)=\mathrm{e}^x$ 展开成幂级数.

解 因为 $f(x)=\mathrm{e}^x$，所以 $f'(x)=f''(x)=\cdots=f^{(n)}(x)=\mathrm{e}^x$，故

$$f(0)=1,\ f^{(n)}(0)=1\quad(n=1,2,3,\cdots)$$

于是有级数 $1+x+\dfrac{x^2}{2!}+\cdots+\dfrac{x^n}{n!}+\cdots$，其收敛半径 $R=\lim\limits_{n\to\infty}\dfrac{\dfrac{1}{n!}}{\dfrac{1}{(n+1)!}}=\lim\limits_{n\to\infty}\dfrac{(n+1)!}{n!}=\infty$.

因为 $\mid R_n(x)\mid=\mid\dfrac{\mathrm{e}^\xi}{(n+1)!}x^{n+1}\mid<\dfrac{\mathrm{e}^{\mid x\mid}}{(n+1)!}\mid x^{n+1}\mid$，（$\xi$ 在 x 与 0 之间），对任何实数

x，都有 $\lim\limits_{n\to\infty}\dfrac{\mathrm{e}^{\mid x\mid}}{(n+1)!}\mid x^{n+1}\mid=0$，所以 $\lim\limits_{n\to\infty}R_n(x)=0$. 从而

$$\mathrm{e}^x=1+x+\frac{x^2}{2!}+\cdots+\frac{x^n}{n!}+\cdots,\quad x\in(-\infty,+\infty)$$

例 5 将函数 $f(x)=\sin x$ 展开成幂级数.

解 因为 $f^{(n)}(x)=\sin\left(x+\dfrac{n\pi}{2}\right)$，$(n=1,2,3,\cdots)$，所以

$$f^{(n)}(0)=\begin{cases}0,\ n=2k\\(-1)^k,\ n=2k+1\end{cases}\quad(k=0,1,2,3,\cdots)$$

于是有级数 $x-\dfrac{x^3}{3!}+\dfrac{x^5}{5!}+\cdots+(-1)^{n+1}\dfrac{x^{2n-1}}{(2n-1)!}+\cdots$，其收敛半径 $R=\infty$.

因为 $\mid R_n(x)\mid=\left|\dfrac{\sin[\xi+(n+1)\dfrac{\pi}{2}]}{(n+1)!}x^{n+1}\right|\leqslant\dfrac{\mid x^{n+1}\mid}{(n+1)!}\xrightarrow{n\to\infty}0$，从而

$$\sin x=x-\frac{x^3}{3!}+\frac{x^5}{5!}+\cdots+(-1)^{n+1}\frac{x^{2n-1}}{(2n-1)!}+\cdots,\ x\in(-\infty,+\infty)$$

类似可得 $\cos x=1-\dfrac{x^2}{2!}+\dfrac{x^4}{4!}+\cdots+(-1)^n\dfrac{x^{2n}}{(2n)!}+\cdots,\ x\in(-\infty,+\infty)$.

例 6 将函数 $f(x)=\ln(1+x)$ 展开成幂级数.

解 因为 $f'(x)=\dfrac{1}{1+x}$，$f''(x)=-\dfrac{1}{(1+x)^2}$，$\cdots$，$f^{(n)}(x)=(-1)^{n-1}\dfrac{(n-1)!}{(1+x)^n}$，从

而 $f^{(n)}(0)=(-1)^{n-1}(n-1)!$

于是有级数 $x-\dfrac{x^2}{2}+\dfrac{x^3}{3}+\cdots+(-1)^{n-1}\dfrac{x^n}{n}+\cdots$，其收敛半径 $R=\lim\limits_{n\to\infty}\dfrac{\dfrac{1}{n}}{\dfrac{1}{n+1}}=\lim\limits_{n\to\infty}\dfrac{n+1}{n}=1$

当 $x = 1$ 时，级数 $x - \dfrac{x^2}{2} + \dfrac{x^3}{3} + \cdots + (-1)^{n-1}\dfrac{x^n}{n} + \cdots = 1 - \dfrac{1}{2} + \dfrac{1}{3} + \cdots +$

$(-1)^{n-1}\dfrac{1}{n} + \cdots$ 收敛；

当 $x = -1$ 时，级数 $x - \dfrac{x^2}{2} + \dfrac{x^3}{3} + \cdots + (-1)^{n-1}\dfrac{x^n}{n} + \cdots = -\left(1 + \dfrac{1}{2} + \dfrac{1}{3} + \cdots + \dfrac{1}{n} + \cdots\right)$

发散. 且可证明 $\lim\limits_{n\to\infty} R_n(x) = 0$.

所以 $\ln(1+x) = x - \dfrac{x^2}{2} + \dfrac{x^3}{3} + \cdots + (-1)^{n-1}\dfrac{x^n}{n} + \cdots$，$x \in (-1, 1]$.

例 7　讨论二项式函数 $f(x) = (1+x)^a$ 的展开式.

解　因为 $f^{(n)}(x) = a(a-1)(a-2)\cdots(a-n+1)(x+1)^{a-n}$，所以
$$f^{(n)}(0) = a(a-1)(a-2)\cdots(a-n+1)$$

于是有级数 $1 + ax + \dfrac{a(a-1)}{2!}x^2 + \cdots + \dfrac{a(a-1)\cdots(a-n+1)}{n}x^n + \cdots$，由比式判别法可得，

当 $|x| < 1$ 时，级数 $1 + ax + \dfrac{a(a-1)}{2!}x^2 + \cdots + \dfrac{a(a-1)\cdots(a-n+1)}{n}x^n + \cdots$ 收敛.

且可证明 $\lim\limits_{n\to\infty} R_n(x) = 0$.

所以 $(1+x)^a = 1 + ax + \dfrac{a(a-1)}{2!}x^2 + \cdots + \dfrac{a(a-1)\cdots(a-n+1)}{n}x^n + \cdots$，$x \in (-1, 1)$.

特别地，当 $a = -1$ 时，$\dfrac{1}{1+x} = 1 - x + x^2 + \cdots + (-1)^n x^n + \cdots$，$x \in (-1, 1)$.

例 8　将函数 $f(x) = \arctan x$ 展开成幂级数.

解　在 $\dfrac{1}{1+x} = 1 - x + x^2 + \cdots + (-1)^n x^n + \cdots$ 中，将 x 换成 x^2，得
$$\frac{1}{1+x^2} = 1 - x^2 + x^4 + \cdots + (-1)^n x^{2n} + \cdots, \quad x \in (-1, 1)$$

上式从 0 到 x 逐项积分，得
$$\arctan x = x - \frac{x^3}{3} + \frac{x^5}{5} + \cdots + (-1)^n \frac{x^{2n-1}}{2n-1} + \cdots, \quad x \in [-1, 1]$$

例 9　将函数 $f(x) = \dfrac{1}{x}$ 在 $x = 1$ 处展开成泰勒级数.

解　因为 $\dfrac{1}{1+x} = 1 - x + x^2 + \cdots + (-1)^n x^n + \cdots$，$x \in (-1, 1)$，所以

$\dfrac{1}{x} = \dfrac{1}{1+(x-1)} = 1 - (x-1) + (x-1)^2 + \cdots + (-1)^n (x-1)^n + \cdots$，$x \in (0, 2)$

利用幂级数可以进行一些估算，如利用 $\ln 2 = 1 - \dfrac{1}{2} + \dfrac{1}{3} + \cdots + (-1)^{n-1}\dfrac{1}{n} + \cdots$ 可以

估算 $\ln 2$ 的值.

习题 10.3

1. 求下列幂级数的收敛半径和收敛域.

(1) $\sum_{n=1}^{\infty} \frac{n^3}{n^4+16} x^n$; (2) $\sum_{n=1}^{\infty} \frac{2^n}{(4n-3)^2} x^n$; (3) $\sum_{n=1}^{\infty} \frac{(-1)^n}{(3n-1)2^n} x^n$;

(4) $\sum_{n=1}^{\infty} \frac{(x-5)^n}{\sqrt{n}}$; (5) $\sum_{n=1}^{\infty} \frac{2n-1}{8^n} x^{3n}$; (6) $\sum_{n=1}^{\infty} \frac{(n+1)^5}{2n+1} x^{2n}$.

2．将下列函数展开成幂级数．

(1) $\cos 2x$; (2) $e^{\frac{1}{2}x}$; (3) $\frac{1}{1+x^3}$.

第四节　　傅里叶级数

一、三角级数

在科学实验与工程技术的某些现象中，常会碰到一种周期运动．最简单的周期运动，可用正弦函数 $y = A\sin(\omega x + \varphi)$ 来描述，也称简谐振动．较为复杂的周期运动，常是几个简谐振动 $y = A_k \sin(k\omega x + \varphi_k)$，$(k = 1, 2, \cdots, n)$ 的叠加．$y = \sum_{k=1}^{n} y_k = \sum_{k=1}^{n} A_k \sin(k\omega x + \varphi_k)$.

对于无数个简谐振动的叠加就得到函数项级数 $A_0 + \sum_{n=1}^{\infty} A_n \sin(n\omega x + \varphi_n)$，若它收敛，则它所描述的是更为一般的周期运动现象．这里只讨论 $\omega = 1$ 的情形(如果 $\omega \neq 1$，可用 ωx 代替 x，$A_0 + \sum_{n=1}^{\infty} A_n \sin(n\omega x + \varphi_n)$ 可化为 $\frac{a_0}{2} + \sum_{n=1}^{\infty} (a_n \cos nx + b_n \sin nx)$，它是由三角函数列 1，$\cos x$，$\sin x$，$\cos 2x$，$\sin 2x$，$\cdots$，$\cos nx$，$\sin nx$，$\cdots$ 所产生的三角级数.

二、傅里叶级数

定义　若函数 $f(x)$ 能展开成 $f(x) = \frac{a_0}{2} + \sum_{n=1}^{\infty} (a_n \cos nx + b_n \sin nx)$，其中 $a_n = \frac{1}{\pi} \int_{-\pi}^{\pi} f(x) \cos nx \, dx(n = 0, 1, 2, \cdots)$，$b_n = \frac{1}{\pi} \int_{-\pi}^{\pi} f(x) \sin nx \, dx(n = 1, 2, \cdots)$，则称 $\frac{a_0}{2} + \sum_{n=1}^{\infty} (a_n \cos nx + b_n \sin nx)$ 为函数 $f(x)$ 的傅里叶级数．

怎样的函数能展开成傅里叶级数？下面的定理可以解答这个问题．

傅里叶级数收敛定理　设 $f(x)$ 是以 2π 为周期，且在$[-\pi, \pi]$上按段光滑的函数，则在每一点 $x \in [-\pi, \pi]$，函数 $f(x)$ 的傅里叶级数收敛于

$$\frac{f(x+0) + f(x-0)}{2} = \frac{a_0}{2} + \sum_{n=1}^{\infty} (a_n \cos nx + b_n \sin nx)$$

其中 a_n，b_n 为 $f(x)$ 的傅里叶级数．即当 x 是 $f(x)$ 的连续点时，级数收敛于 $f(x)$；当 x 是 $f(x)$ 的间断点时，级数收敛于 $\frac{f(x+0) + f(x-0)}{2}$.

例 1　设 $f(x)$ 是以 2π 为周期的函数，它在 $(-\pi, \pi]$ 的表达式为 $f(x) =$ $\begin{cases} 0, -\pi < x < 0 \\ x, 0 \leqslant x \leqslant \pi \end{cases}$，求 $f(x)$ 的傅里叶级数．

解　因为 $f(x)$ 是按段光滑的，所以它可以展开成傅里叶级数．

计算傅里叶系数如下：

$$a_0 = \frac{1}{\pi}\int_{-\pi}^{\pi} f(x)\mathrm{d}x = \frac{1}{\pi}\int_0^{\pi} x\mathrm{d}x = \frac{\pi}{2}$$

$$a_n = \frac{1}{\pi}\int_{-\pi}^{\pi} f(x)\cos nx\,\mathrm{d}x = \frac{1}{\pi}\int_0^{\pi} x\cos nx\,\mathrm{d}x = \frac{1}{n^2\pi}(\cos n\pi - 1)$$

$$= \begin{cases} -\dfrac{2}{n^2\pi}, \text{当 } n \text{ 为奇数时} \\ 0, \text{当 } n \text{ 为偶数时} \end{cases}$$

$$b_n = \frac{1}{\pi}\int_{-\pi}^{\pi} f(x)\sin nx\,\mathrm{d}x = \frac{1}{\pi}\int_0^{\pi} x\sin nx\,\mathrm{d}x = \frac{(-1)^{n+1}}{n}$$

所以 $f(x)$ 在开区间 $(-\pi, \pi)$ 内

$$f(x) = \frac{\pi}{4} - \left(\frac{2}{\pi}\cos x - \sin x\right) - \frac{1}{2}\sin 2x - \left(\frac{2}{9\pi}\cos 3x - \frac{1}{3}\sin 3x\right) - \cdots$$

在 $x = \pm\pi$ 时，上式右边收敛于 $\dfrac{f(\pi+0)+f(\pi-0)}{2} = \dfrac{\pi+0}{2} = \dfrac{\pi}{2}$．

例 2　在电子技术中经常用到矩形波，用傅里叶级数展开后，就可以将矩形波看成一系列不同频率的简谐振动的叠加，在电工学中称为谐波分析．设 $f(x)$ 是周期为 2π 的矩形波函数，在 $[-\pi, \pi)$ 上的表达式为 $f(x) = \begin{cases} -\dfrac{\pi}{4}, & -\pi \leqslant x < 0 \\ 0, & x = 0 \\ \dfrac{\pi}{4}, & 0 < x < \pi \end{cases}$，求该矩形波函数的傅里叶级数．

解　计算傅里叶系数如下：

$$a_0 = \frac{1}{\pi}\int_{-\pi}^{\pi} f(x)\mathrm{d}x = 0,$$

$$a_n = \frac{1}{\pi}\int_{-\pi}^{\pi} f(x)\cos nx\,\mathrm{d}x = 0,$$

$$b_n = \frac{1}{\pi}\int_{-\pi}^{\pi} f(x)\sin nx\,\mathrm{d}x = \frac{2}{\pi}\int_0^{\pi}\frac{\pi}{4}\sin nx\,\mathrm{d}x = \frac{1}{2n}\left[1 - (-1)^n\right].$$

于是当 $x \neq k\pi$，$k = 0, \pm 1, \pm 2, \cdots$ 时，

$$f(x) = \sin x + \frac{1}{3}\sin 3x + \cdots + \frac{1}{2n-1}\sin(2n-1)x + \cdots$$

当 $x = k\pi$，$k = 0, \pm 1, \pm 2, \cdots$，级数收敛于 0．

三、周期为 $2l$ 的函数展开成傅里叶级数

我们已经讨论了以 2π 为周期的函数的傅里叶级数，但在实际问题中，所遇到的周期函数的周期不一定是 2π.

设 $f(x)$ 是以 $2l$ 为周期的函数，且 $f(x)$ 满足收敛定理. 作变量替换 $\dfrac{\pi}{l}x = t$ 或 $x = \dfrac{l}{\pi}t$，

当 $x \in [-l, l]$ 时，$t \in [-\pi, \pi]$，$f(x) = f\left(\dfrac{l}{\pi}t\right) = \varphi(t)$，则 $\varphi(t)$ 是以 2π 为周期的函数，

且满足收敛定理条件. 将 $\varphi(t)$ 展开为傅里叶级数，得 $\varphi(t) = \dfrac{a_0}{2} + \sum\limits_{n=1}^{\infty} (a_n \cos nt + b_n \sin nt)$，

其中 $a_n = \dfrac{1}{\pi} \displaystyle\int_{-\pi}^{\pi} f(t) \cos nt \, \mathrm{d}t (n = 0, 1, 2, \cdots)$，$b_n = \dfrac{1}{\pi} \displaystyle\int_{-\pi}^{\pi} f(t) \sin nt \, \mathrm{d}t (n = 1, 2, \cdots)$.

所以 $f(x) = \dfrac{a_0}{2} + \sum\limits_{n=1}^{\infty} \left(a_n \cos \dfrac{n\pi}{l}x + b_n \sin \dfrac{n\pi}{l}x\right)$，其中 $a_n = \dfrac{1}{l} \displaystyle\int_{-l}^{l} f(x) \cos \dfrac{n\pi}{l}x \, \mathrm{d}x (n = 0, 1, 2, \cdots)$，$b_n = \dfrac{1}{l} \displaystyle\int_{-l}^{l} f(x) \sin \dfrac{n\pi}{l}x \, \mathrm{d}x (n = 1, 2, \cdots)$.

若 x 是函数 $f(x)$ 的间断点，则

$$\frac{f(x+0) + f(x-0)}{2} = \frac{a_0}{2} + \sum_{n=1}^{\infty} \left(a_n \cos \frac{n\pi}{l}x + b_n \sin \frac{n\pi}{l}x\right).$$

例 3　设 $f(x)$ 是周期为 5 的周期函数，且 $f(x)$ 在 $[-5, 5)$ 的表达式为

$$f(x) = \begin{cases} 0, & -5 \leqslant x < 0 \\ 1, & 0 \leqslant x < 5 \end{cases}$$

将 $f(x)$ 展开成傅里叶级数.

解　因为 $2l = 10$，所以 $l = 5$.

因为 $f(x)$ 在 $(-5, 5)$ 内按段光滑，所以可以展开成傅里叶级数.

计算傅里叶系数如下：

$$a_0 = \frac{1}{5} \int_{-5}^{5} f(x) \mathrm{d}x = \frac{1}{5} \int_{0}^{5} \mathrm{d}x = 1$$

$$a_n = \frac{1}{5} \int_{-5}^{5} f(x) \cos \frac{n\pi}{5}x \mathrm{d}x = \frac{1}{5} \int_{0}^{5} \cos \frac{n\pi}{5}x \mathrm{d}x = 0 \quad (n = 1, 2, \cdots)$$

$$b_n = \frac{1}{5} \int_{-5}^{5} f(x) \sin \frac{n\pi}{5}x \mathrm{d}x = \frac{1}{5} \int_{0}^{5} \sin \frac{n\pi}{5}x \mathrm{d}x = \frac{1 - \cos n\pi}{n\pi}$$

$$= \begin{cases} \dfrac{2}{(2k-1)\pi}, & (n = 2k-1) \\ 0, & (n = 2k) \end{cases}$$

所以 $f(x)$ 的傅里叶级数为

$$f(x) = \frac{1}{2} + \sum_{k=1}^{\infty} \frac{2}{(2k-1)\pi} \sin \frac{(2k-1)\pi}{5}x$$

$$= \frac{1}{2} + \frac{2}{\pi} \left(\sin \frac{\pi x}{5} + \frac{1}{3} \sin \frac{3\pi x}{5} + \frac{1}{5} \sin \frac{5\pi x}{5} + \cdots\right) \quad (-\infty < x < \infty, \ x \neq 2k, \ k \in z).$$

四、偶函数与奇函数的傅里叶级数

设 $f(x)$ 是以 $2l$ 为周期的按段光滑的函数，且 $f(x)$ 在 $[-l, l]$ 上是偶函数，则 $f(x)\cos\frac{n\pi}{l}x$ 是偶函数，$f(x)\sin\frac{n\pi}{l}x$ 是奇函数．因此 $f(x)$ 的傅里叶系数是

$$a_n = \frac{1}{l}\int_{-l}^{l}f(x)\cos\frac{n\pi}{l}x\,\mathrm{d}x = \frac{2}{l}\int_{0}^{l}f(x)\cos\frac{n\pi}{l}x\,\mathrm{d}x \quad (n=0,1,2,\cdots)$$

$$b_n = \frac{1}{l}\int_{-l}^{l}f(x)\sin\frac{n\pi}{l}x\,\mathrm{d}x = 0 \quad (n=1,2,\cdots)$$

于是 $f(x)$ 的傅里叶级数为 $f(x) = \frac{a_0}{2} + \sum_{n=1}^{\infty}a_n\cos\frac{n\pi}{l}x$，它只有余弦函数的项，故称为余弦级数．

同理，若 $f(x)$ 是以 $2l$ 为周期的按段光滑的函数，且 $f(x)$ 在 $[-l, l]$ 上是奇函数，可得 $a_n = 0(n=0,1,2,\cdots)$，$b_n = \frac{2}{l}\int_{0}^{l}f(x)\sin\frac{n\pi}{l}x\,\mathrm{d}x\ (n=1,2,\cdots)$．

于是 $f(x)$ 的傅里叶级数为 $f(x) = \sum_{n=1}^{\infty}b_n\sin\frac{n\pi}{l}x$，它只有正弦函数的项，故称为正弦级数．

特别地，当 $l=\pi$ 时，偶函数 $f(x)$ 所展开成的余弦级数为 $f(x) = \frac{a_0}{2} + \sum_{n=1}^{\infty}a_n\cos nx$，$a_n = \frac{2}{\pi}\int_{0}^{\pi}f(x)\cos nx\,\mathrm{d}x(n=0,1,2,\cdots)$；奇函数 $f(x)$ 所展开的正弦级数为 $f(x) = \sum_{n=1}^{\infty}b_n\sin nx$，其中 $b_n = \frac{2}{\pi}\int_{0}^{\pi}f(x)\sin nx\,\mathrm{d}x\ (n=1,2,\cdots)$．

在实际应用中，有时需要把定义在 $[0, l]$ 上的函数展开成余弦级数或正弦级数．为此，先把定义在 $[0, l]$ 上的函数作偶式延拓或奇式延拓到 $[-l, l]$ 上，然后求延拓后函数的傅里叶级数．

例 4 将函数 $f(x) = \sin x(x \in [0, \pi])$ 展开成余弦级数．

解 将函数 $f(x) = \sin x, (x \in [0, \pi])$ 延拓成以 2π 为周期的偶函数 $F(x) = |\sin x|$．$F(x)$ 的傅里叶系数为

$$a_0 = \frac{2}{\pi}\int_{0}^{\pi}\sin x\,\mathrm{d}x = \frac{4}{\pi}, \quad a_1 = \frac{2}{\pi}\int_{0}^{\pi}\sin x\cos x\,\mathrm{d}x = 0$$

$$a_n = \frac{2}{\pi}\int_{0}^{\pi}\sin x\cos nx\,\mathrm{d}x = \frac{1}{\pi}\frac{2}{n^2-1}[\cos(n-1)\pi - 1]$$

$$= \begin{cases} 0, & n=3,5,\cdots \\ -\dfrac{4}{\pi}\cdot\dfrac{1}{n^2-1}, & n=2,4,\cdots \end{cases},$$

所以

$$\sin x = \frac{2}{\pi} - \frac{1}{\pi}\sum_{n=1}^{\infty}\frac{4}{4n^2-1}\cos 2nx = \frac{2}{\pi}\left(1 - 2\sum_{n=1}^{\infty}\frac{\cos 2nx}{4n^2-1}\right).$$

当 $x = 0$ 时，有 $0 = \dfrac{2}{\pi}\left(1 - 2\sum\limits_{n=1}^{\infty}\dfrac{1}{4n^2-1}\right)$，由此可得

$$\frac{1}{2} = \frac{1}{1 \cdot 3} + \frac{1}{3 \cdot 5} + \cdots + \frac{1}{(2n-1)(2n+1)}$$

习题 10.4

1. 将下列周期为 2π 的函数 $f(x)$ 展开成傅里叶级数，其中 $f(x)$ 在 $(-\pi,\pi]$ 的表达式为

(1) $f(x) = \begin{cases} 0, & -\pi < x < 0 \\ 1, & 0 \leqslant x < \pi \end{cases}$；　　　　(2) $f(x) = x$.

2. 设 $f(x) = |\cos x|$（周期为 π），将 $f(x)$ 展开成傅里叶级数.

3. 将函数 $f(x) = \dfrac{\pi - x}{2}$，$x \in [0, \pi]$ 展开成余弦级数和正弦级数.

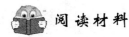 **阅读材料**

数学家泰勒

布鲁克·泰勒（Brook Taylor，1685 年—1731 年）出生于英格兰米德塞克斯的埃德蒙顿，逝世于伦敦，是一名英国数学家，他主要以泰勒公式和泰勒级数出名.

1701 年布鲁克·泰勒进入剑桥大学圣约翰学院学习，1709 年他获得法学学士学位，1714 年法学博士学位. 同时他也学习数学. 1708 年他获得了"振荡中心"问题的一个解决方法，但是这个解法直到 1714 年才被发表. 因此导致约翰·伯努利与他争谁首先得到解法的问题. 他 1715 年发表的《Methodus Incrementorum Directa et Inversa》为高等数学添加了一个新的分支，今天这个方法被称为有限差分方法. 除了其他许多用途，他还用这个方法来确定振动弦的运动. 泰勒是第一个把成功地使用物理效应来阐明这个运动的人，在同一著作中他还提出了著名的泰勒公式. 直到 1772 年约瑟夫·拉格朗日才认识到这个公式的重要性并称之为"导数计算的基础"（le principal fondement du calcul différentiel）.

泰勒的主要著作是 1715 年出版的《正的和反的增量方法》，书中陈述了他已于 1712 年 7 月给其老师梅钦（数学家、天文学家）信中首先提出的著名定理——泰勒定理.

泰勒定理开创了有限差分理论，使任何单变量函数都可展成幂级数；同时也使泰勒成了有限差分理论的奠基者. 泰勒在书中还讨论了微积分对一系列物理问题的应用，其中以有关弦的横向振动结果最为重要. 他透过求解方程导出了基本频率公式，开创了研究弦振问题的先河. 此外，此书还包括了他在数学上其他方面所做的创造性工作，如论述常微分方程的奇异解，曲率问题的研究等.

1712 年泰勒被选入皇家学会，同年他加入判决艾萨克·牛顿和戈特弗里德·莱布尼兹就微积分发明权的案子的委员会. 从 1714 年 1 月 13 日至 1718 年 10 月 21 日他任皇家学会的秘书.

1715 年，泰勒出版了另一名著《线性透视论》，更发表了再版的《线性透视原理》（1719）. 他以极严密的形式展开其线性透视学体系，其中最突出的贡献是提出和使用"没影点"概念，这对摄影测量制图学的发展有一定影响.

参 考 答 案

■ 第一章

习题 1.1

1. (1) 不同；(2) 不同；(3) 相同；(4) 不同.

2. (1) $[-1,0)\bigcup(0,1]$；(2) $[-\infty,1]\bigcup[3,+\infty)$；(3) $[0,2)\bigcup(2,+\infty)$；
   (4) $[-2,0)\bigcup(0,1)$；(5) $[-4,-\pi]\bigcup[0,\pi]$；(6) $(1,+\infty)$.

3. (1) $y=4^{x-1}$；(2) $y=\log_2\frac{x}{1-x}$；(3) $f=x^3-1$；(4) $y=x+\sqrt{x^2-1}$.

4. (1) 非奇非偶；(2) 奇函数；(3) 奇函数；(4) 偶函数.

5. (1) 非周期函数；(2) 非周期函数；(3) 周期为 2π；(4) 周期为 π.

6. (1) $f[g(x)]=2x+1,x\in\mathbf{R}$，$\qquad\qquad g[f(x)]=2x+2,x\in\mathbf{R}$；
   (2) $f[g(x)]=\sqrt{x^4+1},x\in\mathbf{R}$，$\qquad g[f(x)]=(x+1)^2,x\in[-1,+\infty)$；
   (3) $f[g(x)]=\frac{x-1}{3x-1},x\in\mathbf{R}$，且 $x\neq0,x\neq\frac{1}{3}$，$\quad g[f(x)]=-\frac{2}{x},x\in\mathbf{R}$，且 $x\neq-2,x\neq0$；
   (4) $f[g(x)]=|x|,x\in\mathbf{R}$，$\qquad\qquad g[f(x)]=-|x|,x\in\mathbf{R}$.

习题 1.2

1. (1) 0；(2) ∞；(3) $\frac{1}{2}$；(4) e；(5) $\frac{1}{e}$；(6) e^3.

2. 略.

习题 1.3

1. $a=1$.

2. $f(x)$ 在 $x=1$ 处的连续，连续区间为 $(-\infty,+\infty)$.

3. 提示，构造一函数，使它符合零点定理的条件.

4. 参照连续的判定条件.

■ 第二章

习题 2.1

1. (1) B；(2) B；(3) A；(4) C；(5) B.

2. 切线和法线方程分别为 $3x-y=2$，$x+3y=4$.

3. 函数 $f(x)$ 在 $x=0$ 处连续且可导.

4. 当 $a=b=1$ 时，$f(x)$ 在 $x=0$ 处连续且可导.

习题 2.2

1. (1) $3x^2+3^x\ln3+\sin x$；(2) $\frac{5}{2}x^{\frac{3}{2}}+\frac{1}{2}x^{-\frac{1}{2}}$；

(3) $\dfrac{3}{x\ln 10}-2\csc^2 x-0.7x^{-0.3}$；(4) e^x+2x^{-3}；

(5) $4x^3-\dfrac{5}{2}x^{-\frac{7}{2}}+15x^{-4}$；(6) $\dfrac{9}{2}x^{\frac{1}{2}}+x^{-\frac{1}{2}}+\dfrac{1}{2}x^{-\frac{3}{2}}$.

2. (1) $3\mathrm{e}^{3x+1}$；(2) $30(3x+5)^9$；(3) $2\csc 2x$；(4) $-\dfrac{x}{\sqrt{1-x^2}}$；(5) $\dfrac{3}{4}\sin x\sin\dfrac{x}{2}$；

(6) $-\dfrac{\csc^2(2x+1)}{\sqrt{\cot(2x+1)}}$；(7) $\dfrac{2\ln x}{3x\sqrt[3]{(1+\ln^2 x)^2}}$；(8) $\dfrac{1}{x^2}\mathrm{e}^{\cos\frac{1}{x}}\sin\dfrac{1}{x}$.

3. (1) $\dfrac{y^2-4xy}{2x^2-2xy+3y^2}$；(2) $\dfrac{xy-y^2}{xy+x^2}$；(3) $\dfrac{x+y}{x-y}$；(4) $\dfrac{2x\cos 2x-xy\mathrm{e}^{xy}-y}{x^2\mathrm{e}^{xy}+x\ln x}$.

4. 切线方程为：$y=3x-2$，法线方程为：$y=-\dfrac{x}{3}+\dfrac{4}{3}$.

5. 切线方程为：$4x-y-4=0$.

习题 2.3

1. (1) $-\dfrac{15}{\sqrt{(5-3x^2)^3}}$；(2) $2\arctan x+\dfrac{2x}{1+x^2}$；

(3) $-\mathrm{e}^{3x}(9\cos 2x+46\sin 2x)$；(4) $\dfrac{4}{x}$；(5) 0；(6) 0.

2. $\dfrac{1}{2}\cdot 4^n\sin\left(4x+\dfrac{n\pi}{2}\right)$.

习题 2.4

1. (1) $\dfrac{2x}{2+x^2}\mathrm{d}x$；(2) $\dfrac{1}{2\sqrt{x(1-x)}}\mathrm{d}x$；(3) $4\tan(2x+5)\sec^2(2x+5)\mathrm{d}x$；

(4) $\dfrac{2}{1+4x^2}\mathrm{e}^{\mathrm{arctan}2x}\mathrm{d}x$；(5) $-\mathrm{e}^{2x}(2\cot 3x+3\csc^2 3x)\mathrm{d}x$；

(6) $\dfrac{1-x^2+2x^2\ln x}{x(1-x^2)^2}\mathrm{d}x$.

2. (1) $2x+C$；(2) $\dfrac{x^2}{2}+C$；(3) $\dfrac{2}{3}x^{\frac{3}{2}}+C$；(4) $\arctan x+C$.

(5) $\dfrac{\tan 3x}{3}+C$；(6) $-\left(\dfrac{1}{2}x+\dfrac{1}{4}\right)\mathrm{e}^{-2x}+C$；(7) $-\dfrac{1}{x}+C$；(8) $-\sqrt{1-x^2}+C$.

3. (1) 2.0025；(2) -0.05；(3) 0.6947；(4) 2.0052.

4. $3.14\ \mathrm{cm}^2$.

■ 第三章

习题 3.1

1. 不满足.

2. 提示：反证法，要利用罗尔定理.

3. 满足，$\xi=\ln(\mathrm{e}-1)$.

习题 3.2

1. (1) -9；(2) 1；(3) 1；(4) $\dfrac{n}{m}a^{n-m}$；

(5) $\dfrac{1}{2}$；(6) $-\dfrac{1}{2}$；(7) ∞；(8)1.

2. (1) 极限为 1，不能用洛必达法则；(2) 极限为 1，不能用洛必达法则；

(3) 极限为 0，不能用洛必达法则；(4) 极限为 ∞，可用一次洛必达法则.

习题 3.3

1. 函数在 $(-\infty,1]$ 与 $[3,+\infty)$ 内是单调增加，在 $[1,3]$ 内是单调减少.

2. (1) 错；(2) 对；(3) 对.

3. (1) 极大值点为 $x=0$，极大值为 0；极小值点为 $x=1$，极小值为 -1；

(2) 函数为增函数，不存在极值点；

(3) 极小值点为 $x=0$，极小值 0，极大值点为 $x=-0.75$，极大值为 3.571；

(4) 极小值点为 $x=1$，极小值为 $2-\ln16$

4. 最大值为 $f(-3)=22$，最小值为 $f(2)=-3$.

5. 5 h.

6. $r=10$ m，$h=20$ m.

7. 3.

8. (1) -8；(2) -0.54；(3) 0.457；(4) -0.846；(5) $p=5$.（经济意义略）

■ **第四章**

习题 4.1

1. (1) $\dfrac{1}{3}x^3+\sin x$，$2x-\sin x$；(2) $f(x)$，$f(x)+C$，$f'(x)$.

2. 略.

3. $-\cos x+C$；(2) $\arctan x+C$.

4. $y=x^2+2$.

5. $C(Q)=240Q^{\frac{2}{3}}+1880$.

习题 4.2

1. (1) $\dfrac{2}{5}x^{\frac{5}{2}}+C$；(2) $\dfrac{6^x}{\ln6}+C$；(3) $e^x-2\ln|x|+2x^3+C$；

(4) $x-4\ln|x|-\dfrac{4}{x}+C$；(5) $x-\arctan x+C$；(6) $\dfrac{1}{3}x^3+x^2+4x+C$；

(7) $\dfrac{1}{2}x-\dfrac{1}{2}\sin x+C$；(8) $\sin x+\cos x+C$；(9) $\dfrac{4}{5}x^{\frac{5}{4}}-\dfrac{8}{3}x^{\frac{3}{4}}+4x^{\frac{1}{4}}+C$；

(10) $\dfrac{x^3}{3}-x+\arctan x+C$；(11) $\ln|x|+\arctan x+C$；(12) $e^x-\ln|x|+C$.

2. 设曲线方程为 $y=f(x)$，则 $f'(x)=x+1$，故 $f(x)=\displaystyle\int(x+1)\mathrm{d}x=\dfrac{1}{2}x^2+x+C$，将

$x=1$，$f(x)=3$ 代入得 $C=\dfrac{3}{2}$，从而 $f(x)=\dfrac{1}{2}x^2+x+\dfrac{3}{2}$.

3. 设 $f'(x)=a(x-0)(x-2)=ax^2-2ax$，$a>0$，则 $f(x)=\dfrac{1}{3}ax^3-ax^2+C$，由 $f(0)=4$，

$f(2)=0$ 得 $C=4$，$a=3$，所以 $f(x)=x^3-3x^2+4$.

4. 设运动方程为 $s=s(t)$，则 $s'(t)=v(t)=3t^2+4t$，故 $s(t)=\int(3t^2+4t)\mathrm{d}t=t^3+2t^2+C$，将 $t=2$，$s=18$ 代入得 $C=2$，从而物体的运动方程为 $s(t)=t^3+2t^2+2$.

习题 4.3

1. (1) $\dfrac{1}{a}$；(2) $\dfrac{1}{n+1}$；(3) $\dfrac{1}{x}$；(4) $\arctan x$；(5) $\dfrac{1}{2\sqrt{x}}$.

2. (1) $\dfrac{1}{5}\sin 5x+C$；(2) $\dfrac{1}{18}(3x+1)^6+C$；(3) $\dfrac{1}{2}\mathrm{e}^{x^2}+C$；(4) $\ln|\sin x|+C$；

(5) $\dfrac{1}{2}\ln\left|\dfrac{\cos x-1}{\cos x+1}\right|+C$；(6) $\mathrm{e}^{\sin x}+C$；(7) $-\dfrac{1}{4}\cos x^4+C$；

(8) $\arcsin\dfrac{x}{a}+C$；(9) $\dfrac{1}{2}(\ln x)^2+C$；(10) $-\sqrt{1-2x}+C$；

(11) $\dfrac{3}{2}\sqrt[3]{(x+1)^2}-3\sqrt[3]{x+1}+3\ln|1+\sqrt[3]{x+1}|+C$；(12) $\ln\left|\dfrac{\sqrt{x+1}-1}{\sqrt{x+1}+1}\right|+C$；

(13) $6\ln\dfrac{\sqrt[6]{x}}{\sqrt[6]{x}+1}+C$；(14) $-2\cos\sqrt{x}+C$(提示：用两种换元法均可).

3. (1) $-x\cos x+\sin x+C$；(2) $-x\mathrm{e}^{-x}-\mathrm{e}^{-x}+C$；

(3) $-\dfrac{1}{4}x\cos 2x+\dfrac{1}{8}\sin 2x+C$；(4) $x\arctan x-\dfrac{1}{2}\ln(1+x^2)+C$；

(5) $x\ln(1+x)-x+\ln(1+x)$；(6) $\dfrac{x^2}{4}+\dfrac{x}{4}\sin 2x+\dfrac{1}{8}\cos 2x+C$；

(7) $\dfrac{1}{3}x^3\ln x-\dfrac{1}{9}x^3+C$；(8) $\dfrac{1}{2}\mathrm{e}^x(\sin x+\cos x)+C$；

(9) $-(x^2+2x+3)\mathrm{e}^{-x}+C$；(10) $-2\sqrt{x}\cos\sqrt{x}+2\sin\sqrt{x}+C$.

4. 因为 $f(x)$ 的一个原函数是 $\sin x$，所以 $f(x)=\cos x$.

(1) $\sin x+C$；(2) $x\cos x-\sin x+C$；(3) $x\sin x+\cos x+C$.

■ 第五章

习题 5.1

1. (1) $6m+\dfrac{1}{6}n$；(2) $\sqrt{2}m-\dfrac{11}{3}n$.

2. 略.

3. $W=\displaystyle\int_{30}^{120}(3t^2+4t-7)\mathrm{d}t$.

4. $S=\displaystyle\int_{1}^{4}(x^2-2x+3)\mathrm{d}x$.

习题 5.2

1. (1) $\sqrt{x^2+1}$；(2) $\dfrac{2\sin x^2}{x}$；(3) $-x^2\arcsin 2x$；(4) $2x\cos x^2+\cos x$.

2. (1) 1；(2) $\dfrac{3}{2}$；(3) $\dfrac{1}{2}$；(4) $-\dfrac{1}{2}$.

3. (1) $\dfrac{17}{6}$；(2) $\dfrac{3}{\ln 2}+\dfrac{1}{2}$；(3) $\dfrac{\ln 5}{2}$；(4) $\dfrac{\pi}{3}$；

    (5) $\dfrac{\pi}{3a}$；(6) $2(e-1)$；(7) $\dfrac{\pi}{2}$；(8) 2.

4. $\dfrac{8}{3}$.

习题 5.3

1. (1) $e-\sqrt{e}$；(2) $\dfrac{3}{2}$；(3) $\dfrac{1}{3}$；(4) $1-2\ln 2$；

    (5) $\ln(e+1)-\ln 2$；(6) $\sqrt{2}(\pi+2)$.

2. (1) $1-\dfrac{2}{e}$；(2) $\dfrac{\pi}{4}-\dfrac{1}{2}$；(3) $\dfrac{e^\pi}{5}-\dfrac{1}{5}$；(4) $-\dfrac{1}{2}$.

3. (1) 0；(2) $\dfrac{2\sqrt{3}}{3}\pi-2\ln 2$；(3) 0；(4) π.

4. 约 9266 辆.

习题 5.4

1. (1) $\dfrac{1}{3}$；(2) 1；(3) 发散；(4) π.

2. (1) $\dfrac{\pi}{2}$；(2) 发散；(3) $\dfrac{8}{3}$；(4) 发散.

3. 发散.

习题 5.5

1. (1) 4；(2) $\dfrac{1}{2}$；(3) $10\dfrac{2}{3}$；(4) $\dfrac{3}{2}-\ln 2$.

2. $3\pi a^2$.

3. $\dfrac{128}{7}\pi$，$\dfrac{64}{5}\pi$.

4. 0.9 J.

5. 约 9.84 J.

6. (1) 20；(2) $14\dfrac{5}{8}$；(3) 3.2；(4) 20.48，15.08，5.4.

第六章

习题 6.1

1. $\{x,y,z\}$.

2. (1) 单位球面；(2) 单位圆；(3) 直线；(4) 相距为 2 的两点.

3. 相等的向量对是(2)(3)和(5)；互为反向量的向量对是(1)和(4).

4. (1) a，b 所在的直线垂直时有 $|a+b|=|a-b|$；

(2) a, b 同向时有 $|a+b|=|a|+|b|$;

(3) $|a|\geqslant|b|$ 且 a, b 反向时有 $|a+b|=|a|-|b|$;

(4) a, b 反向时有 $|a-b|=|a|+|b|$.

5. $\overrightarrow{EF}=3a+3b-5c$.

6. 略.

7. $P(2,-3,-1)$关于 xOy 平面的对称点坐标为$(2,-3,1)$;

   $P(2,-3,-1)$关于 yOz 平面的对称点坐标为$(-2,-3,-1)$;

   $P(2,-3,-1)$关于 xOz 平面的对称点坐标为$(2,3,-1)$;

   $P(2,-3,-1)$关于 x 轴的对称点坐标为$(2,3,1)$;

   $P(2,-3,-1)$关于 y 轴的对称点坐标为$(-2,-3,1)$;

   $P(2,-3,-1)$关于 z 轴的对称点坐标为$(-2,3,-1)$;

   $P(2,-3,-1)$关于原点的对称点坐标为$(-2,3,1)$.

8. 提示：用向量法或坐标法证明.

习题 6.2

1. (1) 利用向量垂直的充要条件来证；(2) 注意它们都是平面上的向量.

2. (1) $(a+b)^2=a^2+2a\cdot b+b^2=1+2\times0+2^2=5$;

   (2) $(a+b)(a-b)=a^2-b^2=1-2^2=-3$.

3. $\dfrac{\pi}{3}$.

4. $\lambda=40$.

5. $\overrightarrow{AD}=\left\{\dfrac{8}{3},\dfrac{8}{3},-4\right\}$, $\cos\alpha=\dfrac{2}{\sqrt{17}}$, $\cos\beta=\dfrac{2}{\sqrt{17}}$, $\cos\gamma=\dfrac{-3}{\sqrt{17}}$.

6. 利用定义证明.

7. 利用相等向量的定义证明，它们的模长都是三角形面积的两倍.

8. $S_{\triangle ABC}=12\sqrt{2}$, $h_1=\dfrac{8\sqrt{33}}{11}$, $h_2=2\sqrt{3}$, $h_3=8$.

习题 6.3

1. (1) $4x-3y+2z-7=0$；(2) $7x-2y-17=0$.

2. $z=18$.

3. (1) $z-1=0$，$x+y-1=0$；(2) $12x+8y+19z+24=0$；

   (3) 过 x、y、z 轴的平面分别为 $2y+z=0$，$2x+5z=0$，$x-5y=0$；

   (4) $x-y-3z+2=0$；(5) $2x+9y-6z-121=0$.

4. $x^2+y^2+z^2-6x+10y+4z-18=0$.

5. 平面为 $35y+12z=0$ 或 $3y-4z=0$

6. (1) $\dfrac{x+3}{1}=\dfrac{y}{-1}=\dfrac{z-1}{0}$；

   (2) $\dfrac{x-3}{1}=\dfrac{y+5}{\sqrt{2}}=\dfrac{z-3}{-1}$；

（3）$\dfrac{x-2}{6}=\dfrac{y+3}{-3}=\dfrac{z+5}{-5}$.

7. （1）$l=1$，（2）$l=4$，$m=-8$.

8. 所求平面为：$x-z+4=0$ 或 $x+20y+7z-12=0$.

习题 6.4

1. 略.

2. 略.

3. $x^2+y^2=1$　$(0 \leqslant z \leqslant 1)$.

■ 第七章

习题 7.1

1. 61，$x^2 y^2+(x+y)^3-(x+y)\tan\dfrac{\pi xy}{x+y}$.

2. （1）$D=\{(x+y) \mid x\in \mathrm{R}，y>0\}$；（2）$D=\{(x+y) \mid x^2-y^2>1\}$；

　　（3）$D=\{(x+y) \mid x+y>0\}$；（4）$D=\{(x，y) \mid -1\leqslant x\leqslant 1，-1<y<1\mid\}$.

3. （1）$\dfrac{1}{3}$；（2）0；（3）$\dfrac{\pi}{2}$；（4）4.

4. （1）$x+y+1=0$；（2）$x-y^2=0$.

习题 7.2

1. （1）$\dfrac{\partial z}{\partial x}=5x^4+12x^2 y+3y$，$\dfrac{\partial z}{\partial y}=4x^3+3x-6y^2+1$；

（2）$\dfrac{\partial z}{\partial x}=\dfrac{y^3-x^2 y}{(x^2+y^2)^2}$，$\dfrac{\partial z}{\partial y}=\dfrac{y^3-xy^2}{(x^2+y^2)^2}$；

（3）$\dfrac{\partial z}{\partial x}=(x^2+y^2)^{-\frac{1}{2}}-x(x^2+y^2)^{-\frac{3}{2}}$，$\dfrac{\partial z}{\partial y}=-y(x^2+y^2)^{-\frac{3}{2}}$；

（4）$\dfrac{\partial z}{\partial x}=2x\cos2y$，$\dfrac{\partial z}{\partial y}=-2x^2\sin2y$；

（5）$\dfrac{\partial z}{\partial x}=\dfrac{-y}{x^2+y^2}$，$\dfrac{\partial z}{\partial y}=\dfrac{x}{x^2+y^2}$；

（6）$\dfrac{\partial z}{\partial x}=\dfrac{1}{2x\sqrt{\ln(xy)}}$，$\dfrac{\partial z}{\partial y}=\dfrac{1}{2y\sqrt{\ln(xy)}}$.

2. 6，23.

3. （1）$\dfrac{\partial^2 z}{\partial x^2}=-y^2\cos(xy)$，$\dfrac{\partial^2 z}{\partial y^2}=-x^2\cos(xy)$，$\dfrac{\partial^2 z}{\partial x\partial y}=\dfrac{\partial^2 z}{\partial y\partial x}=-\sin(xy)-xy\cos(xy)$；

　　（2）$\dfrac{\partial^2 z}{\partial x^2}=y(y-1)x^{y-2}$，$\dfrac{\partial^2 z}{\partial y^2}=x^y\ln^2 x$，$\dfrac{\partial^2 z}{\partial x\partial y}=\dfrac{\partial^2 z}{\partial y\partial x}=x^{y-1}(1+y\ln x)$；

　　（3）$\dfrac{\partial^2 z}{\partial x^2}=\dfrac{x+2y}{(x+y)^2}$，$\dfrac{\partial^2 z}{\partial y^2}=-\dfrac{x}{(x+y)^2}$，$\dfrac{\partial^2 z}{\partial x\partial y}=\dfrac{\partial^2 z}{\partial y\partial x}=\dfrac{x}{(x+y)^2}$；

　　（4）$\dfrac{\partial^2 z}{\partial x^2}=2a^2\cos(2ax+2by)$，$\dfrac{\partial^2 z}{\partial y^2}=2b^2\cos(2ax+2by)$，$\dfrac{\partial^2 z}{\partial y\partial x}=2ab\cos(2ax+2by)$；

(5) $\dfrac{\partial^2 z}{\partial x^2}=\dfrac{xy^3}{[1-(xy)^2]^{\frac{3}{2}}}$，$\dfrac{\partial^2 z}{\partial y^2}=\dfrac{x^3 y}{[1-(xy)^2]^{\frac{3}{2}}}$，$\dfrac{\partial^2 z}{\partial x \partial y}=\dfrac{\partial^2 z}{\partial y \partial x}=\dfrac{1}{[1-(xy)^2]^{\frac{3}{2}}}$；

(6) $\dfrac{\partial^2 z}{\partial x^2}=\dfrac{e^{x+3y}-e^{2x+2y}}{(e^x+e^y)^3}$，$\dfrac{\partial^2 z}{\partial y^2}=\dfrac{e^{3x+y}-e^{2x+2y}}{(e^x+e^y)^3}$，$\dfrac{\partial^2 z}{\partial x \partial y}=\dfrac{\partial^2 z}{\partial y \partial x}=\dfrac{2e^{2x+2y}}{(e^x+e^y)^3}$.

4. 1，-1.

习题 7.3

1. $\Delta z=22.75$，$\mathrm{d}z=22.4$.

2. $\mathrm{d}z\Big|_{(1,1)}=\dfrac{4}{9}\mathrm{d}x+\dfrac{4}{9}\mathrm{d}y$.

3. (1) $\mathrm{d}z=(3x^2 y-y^3)\mathrm{d}x+(x^3-3xy^2)\mathrm{d}y$；

(2) $\mathrm{d}z=\dfrac{1}{2y}\sqrt{\dfrac{y}{x}}\mathrm{d}x-\dfrac{1}{2y^2}\sqrt{xy}\mathrm{d}y$；

(3) $\mathrm{d}z=ye^{xy}(\cos xy-\sin xy)\mathrm{d}x+xe^{xy}(\cos xy-\sin xy)\mathrm{d}y$；

(4) $\mathrm{d}z=\dfrac{-y}{x^2+y^2}\mathrm{d}x+\dfrac{x}{x^2+y^2}\mathrm{d}y$.

4. 略

习题 7.4

1. (1) $\dfrac{\partial z}{\partial x}=2xy^2\ln(x-2y)+\dfrac{(xy)^2}{x-2y}$，$\dfrac{\partial z}{\partial y}=2x^2 y\ln(x-2y)-\dfrac{2(xy)^2}{x-2y}$；

(2) $\dfrac{\partial z}{\partial x}=2(2x+y)(2x+y)^{(2x+y-1)}+2\ln(2x+y)(2x+y)^{(2x+y)}$，

$\dfrac{\partial z}{\partial y}=(2x+y)(2x+y)^{(2x+y-1)}+\ln(2x+y)(2x+y)^{(2x+y)}$；

(3) $\dfrac{\partial z}{\partial x}=\left(x\arctan\dfrac{y}{x}-y\ln\sqrt{x^2+y^2}\right)\dfrac{e^{\ln\sqrt{x^2+y^2}\arctan\frac{y}{x}}}{x^2+y^2}$，

$\dfrac{\partial z}{\partial y}=\dfrac{e^{\ln\sqrt{x^2+y^2}\arctan\frac{y}{x}}}{x^2+y^2}\left(y\arctan\dfrac{y}{x}-x\ln\sqrt{x^2+y^2}\right)$.

2. $\dfrac{\partial z}{\partial x}=2f_u+3xye^{xy}f_v$，$\dfrac{\partial z}{\partial y}=3f_u+3e^{xy}f_v(1+xy)$.

3. $\dfrac{\partial z}{\partial x}=f_u\cos y-y\sin x f_v+yx^{y-1}f_w$，$\dfrac{\partial z}{\partial y}=-x\sin y f_u+\cos x f_v+x^y\ln x f_w$.

4. 略.

习题 7.5

1. (1) 极大值 $f(0,0)=0$，极小值 $f(-2,-2)=-4$；(2) 极小值 $f\left(\dfrac{1}{2},-1\right)=-\dfrac{e}{2}$.

2. 极小值 $f\left(\dfrac{4}{5},\dfrac{2}{5}\right)=\dfrac{4}{5}$.

3. 极小值 $f(-1,-2)=-5$，极大值 $f(1,2)=5$.

4. 最大值是 $z(1,0)=1$，最小值是 $z=0$，在边界 $x^2+y^2\leqslant 2x$ 上取得.

5. 4379.

■ 第八章

习题 8.1

1. $\iint\limits_{D} \mu(x,y)\mathrm{d}x\mathrm{d}y.$

2. 题设积分小于 0.

3. (1) $0 \leqslant \iint\limits_{D} xy(x+y)\mathrm{d}x\mathrm{d}y \leqslant 2$；(2) $0 \leqslant \iint\limits_{D} \sin^2 x \sin^2 y \mathrm{d}x\mathrm{d}y \leqslant \pi^2$

习题 8.2

1. (1) $\int_0^\pi \mathrm{d}\theta \int_a^b r f(r\cos\theta, r\sin\theta)\mathrm{d}r = \int_a^b \mathrm{d}r \int_0^\pi r f(r\cos\theta, r\sin\theta)\mathrm{d}\theta$；

   (2) $\int_0^{\frac{\pi}{2}} \mathrm{d}\theta \int_0^{\sin\theta} r f(r\cos\theta, r\sin\theta)\mathrm{d}r = \int_0^1 \mathrm{d}r \int_{\arcsin r}^{\frac{\pi}{2}} r f(r\cos\theta, r\sin\theta)\mathrm{d}\theta.$

2. (1) $\mathrm{e}-2$；(2) $\dfrac{4}{9}$；(3) $\dfrac{20}{3}$；(4) $\dfrac{6}{55}$；(5) $\dfrac{p^5}{21}$.

3. (1) $\pi(\mathrm{e}^4-1)$；(2) $\dfrac{\pi}{4}(2\ln 2-1)$.

习题 8.3

1. (1) 9；(2) 256π.

2. 8π.

3. $\dfrac{\sqrt{2}\pi}{4}$.

4. $\sqrt{2}\pi$.

5. $\left(\dfrac{2a}{5}, \dfrac{2a}{5}\right)$.

■ 第九章

习题 9.1

1. (1) 一阶非线性微分方程；(2) 二阶线性常系数微分方程；

   (3) 五阶非线性微分方程；(4) 五阶线性非常系数微分方程.

2. 略.

3. 特解为 $y=\mathrm{e}^{x^2}$.

习题 9.2

1. (1) 通解为 $\dfrac{x^3 y}{3}+Cy=-1$.

   (2) 通解为 $y=c' \cdot \mathrm{e}^{\arcsin r}$，$c' \in \mathbf{R}$.

   (3) 通解为 $y=c' \cdot \mathrm{e}^{x+\frac{x^2}{2}+\frac{x^3}{3}}$，$c' \in \mathbf{R}$.

2. $y=x^3+1$.

3. $2\mathrm{e}^{3x}-3\mathrm{e}^{-y^2}=c$.

4. $1+\ln\dfrac{y}{x}=cy.$

5. $e^y=ce^x.$

6. $\arctan(x+y)=x+c.$

7. $y-\arctan(x+y)=c.$

8. $xy-y^2+y-x^2-x=c.$

习题 9.3

1. $y=ce^x-\dfrac{1}{2}(\sin x+\cos x)$ 是原方程的解.

2. $y=ce^{-3t}+\dfrac{1}{5}e^{2t}$ 是原方程的解.

3. $(1+y)(1-x)=C.$

4. $y=(\dfrac{1}{2}x+C)e^{-x}.$

5. $y=\dfrac{1}{3}x^2+\dfrac{3}{2}x+2+\dfrac{C}{x}.$

6. $x=\dfrac{mg}{k}t-\dfrac{m^2g}{k^2}(1-e^{-\frac{k}{m}t}).$

7. $x^3+3x^2y=c.$

8. $y=x\ (C-x).$

习题 9.4

1. $x=c_1t^5+c_2t^3+c_3t^2+c_4t+c_5$ 其中 $c_1,c_2,\cdots,c_5$ 为任意常数.

2. $y=\dfrac{1}{8}e^{2x}+C_1x^2+C_2x+C_3.$

3. $x^2=c_1t+c_2(c_1=2c).$

■ 第十章

习题 10.1

(1) 收敛，$\dfrac{1}{3}$；(2) 发散；(3) 收敛，$\dfrac{5}{6}$；(4) 发散.

习题 10.2

1. (1) 发散；(2) 收敛；(3) 收敛.

2. (1) 绝对收敛；(2) 条件收敛；(3) 发散.

习题 10.3

1. (1) $R=1,[-1,1)$；(2) $R=\dfrac{1}{2},[-\dfrac{1}{2},\dfrac{1}{2}]$；(3) $R=2,(-2,2]$；

(4) $R=1,[4,6)$；(5) $R=2,(-2,2)$；(6) $R=1,(-1,1).$

2. (1) $\cos 2x = 1 - \dfrac{(2x)^2}{2!} + \dfrac{(2x)^4}{4!} \cdots + (-1)^n \dfrac{(2x)^{2n}}{(2n)!} + \cdots, x \in (-\infty, +\infty)$;

(2) $e^{\frac{1}{2}x} = 1 + \dfrac{1}{2}x + \dfrac{\left(\dfrac{1}{2}x\right)^2}{2!} + \cdots + \dfrac{\left(\dfrac{1}{2}x\right)^n}{n!} + \cdots, x \in (-\infty, +\infty)$;

(3) $\dfrac{1}{1+x^3} = 1 - x^3 + x^6 + \cdots + (-1)^n x^{3n} + \cdots, x \in (-1, 1)$.

习题 10.4

1. (1) $f(x) = \dfrac{1}{2} + \displaystyle\sum_{n=1}^{\infty} \dfrac{2}{(2n-1)\pi} \sin(2n-1)x$; (2) $f(x) = \displaystyle\sum_{n=1}^{\infty} \dfrac{2(-1)^{n+1}}{n} \sin nx$; .

2. $f(x) = \dfrac{2}{\pi} + \dfrac{4}{\pi} \displaystyle\sum_{n=1}^{\infty} \dfrac{(-1)^{n+1}}{4n^2-1} \cos 2nx$.

3. 余弦级数是 $f(x) = \dfrac{\pi}{4} + \displaystyle\sum_{n=1}^{\infty} \dfrac{2}{\pi(2n-1)^2} \cos(2n-1)x$;

正弦级数是 $f(x) = \displaystyle\sum_{n=1}^{\infty} \dfrac{1}{n} \sin nx$.

参 考 文 献

[1]　刘必立. 经济应用数学[M]. 长沙：湖南师范大学出版社，2015.

[2]　叶春辉，王兰兰. 经济数学[M]. 成都：电子科技大学出版社，2011.

[3]　刘丽瑶，陈承欢. 高等数学及其应用[M]. 北京：高等教育出版社，2015.

[4]　刘辉，丁胜，朱怀朝，等. 应用数学基础[M]. 北京：高等教育出版社，2018.

[5]　侯阔林，刘秀梅，陈方芳，等. 高等数学[M]. 北京：高等教育出版社，2020.

[6]　薛峰，潘劲松. 应用数学基础[M]. 北京：高等教育出版社，2020.

[7]　马兰. 高等应用数学[M]. 北京：北京理工大学出版社，2019.

[8]　盛骤，等. 概率论与数理统计[M]. 北京：高等教育出版社，2009.

[9]　赵树嫄. 微积分[M]. 北京：中国人民大学出版社，2012.

[10]　卢刚. 线性代数中的典型例题分析与习题[M]. 北京：高等教育出版社，2015.

[11]　同济大学数学系. 高等数学[M]. 7 版. 北京：高等教育出版社. 2014.